· The Principle of Relativity ·

　　洛伦兹的成就对我产生了最伟大的影响⋯⋯然而，我们这个时代的物理学家多半没有充分了解洛伦兹在理论物理学基本概念的发展中所起的决定性作用。

——爱因斯坦

　　闵可夫斯基是第一个认识到空间坐标和时间坐标形式等价并在理论构建中利用这一点的数学家，他极大地促进了相对论的推广。

——爱因斯坦

　　外尔可以独自与 19 世纪的两个最伟大的全能数学家——希尔伯特和庞加莱媲美。他在世时一直在纯数学和理论物理学发展的主流之间建立生动的联系。

——戴森，美国理论物理学家和数学家

　　广义相对论把哲学的深奥、物理学的直观和数学的技艺令人惊叹地结合在一起。

——玻恩，德国物理学家和数学家

本书列入"十四五"国家重点图书出版规划

科学元典丛书

The Series of the Great Classics in Science

主　　编　任定成

执行主编　周雁翎

策　　划　周雁翎

丛书主持　陈　静

　　科学元典是科学史和人类文明史上划时代的丰碑，是人类文化的优秀遗产，是历经时间考验的不朽之作。它们不仅是伟大的科学创造的结晶，而且是科学精神、科学思想和科学方法的载体，具有永恒的意义和价值。

相对论原理

（原始文献集）

The Principle of Relativity

[荷兰] 洛伦兹　[美] 爱因斯坦
[德] 闵可夫斯基　[德] 外尔　　著
[德] 索末菲 选注　凌复华 译

北京大学出版社
PEKING UNIVERSITY PRESS

图书在版编目（CIP）数据

相对论原理／（荷）洛伦兹等著；（德）索末菲选注； 凌复华译. —北京：北京大学
出版社，2024.8
（科学元典丛书）
ISBN 978-7-301-35032-4

Ⅰ.①相… Ⅱ.①洛…②索…③凌… Ⅲ.①相对论-文集 Ⅳ.①O412.1-53

中国国家版本馆 CIP 数据核字（2024）第 095739 号

THE PRINCIPLE OF RELATIVITY

A COLLECTION OF ORIGINAL MEMOIRS ON

THE SPECIAL AND GENERAL THEORY OF RELATIVITY

By H. A. Lorentz, A. Einstein, H. Minkowski, H. Weyl. With notes by A. Sommerfeld

Translated by W. Perrett, G. B. Jeffery

书　　　名	相对论原理
	XIANGDUILUN YUANLI
著作责任者	［荷兰］洛伦兹　　［美］爱因斯坦　　［德］闵可夫斯基　　［德］外尔　著 ［德］索末菲 选注 凌复华 译
丛书策划	周雁翎
丛书主持	陈　静
责任编辑	孟祥蕊　陈　静
标准书号	ISBN 978-7-301-35032-4
出版发行	北京大学出版社
地　　址	北京市海淀区成府路 205 号　　100871
网　　址	http：//www. pup. cn　　　　新浪微博：@ 北京大学出版社
微信公众号	通识书苑（微信号：sartspku）　科学元典（微信号：kexueyuandian）
电子邮箱	编辑部 jyzx@ pup. cn　　　　总编室 zpup@ pup. cn
电　　话	邮购部 010-62752015　发行部 010-62750672　编辑部 010-62755446
印刷者	北京中科印刷有限公司
经销者	新华书店
	787 毫米×1092 毫米　16 开本　16 印张　彩插8　268 千字
	2024 年 8 月第 1 版　2024 年 8 月第 1 次印刷
定　　价	79.00 元

弁　言

• Preface to the Series of the Great Classics in Science •

这套丛书中收入的著作，是自古希腊以来，主要是自文艺复兴时期现代科学诞生以来，经过足够长的历史检验的科学经典。为了区别于时下被广泛使用的"经典"一词，我们称之为"科学元典"。

我们这里所说的"经典"，不同于歌迷们所说的"经典"，也不同于表演艺术家们朗诵的"科学经典名篇"。受歌迷欢迎的流行歌曲属于"当代经典"，实际上是时尚的东西，其含义与我们所说的代表传统的经典恰恰相反。表演艺术家们朗诵的"科学经典名篇"多是表现科学家们的情感和生活态度的散文，甚至反映科学家生活的话剧台词，它们可能脍炙人口，是否属于人文领域里的经典姑且不论，但基本上没有科学内容。并非著名科学大师的一切言论或者是广为流传的作品都是科学经典。

这里所谓的科学元典，是指科学经典中最基本、最重要的著作，是在人类智识史和人类文明史上划时代的丰碑，是理性精神的载体，具有永恒的价值。

一

科学元典或者是一场深刻的科学革命的丰碑，或者是一个严密的科学体系的构架，或者是一个生机勃勃的科学领域的基石，或者是一座传播科学文明的灯塔。它们既是昔日科学成就的创造性总结，又是未来科学探索的理性依托。

哥白尼的《天体运行论》是人类历史上最具革命性的震撼心灵的著作，它向统治西方思想千余年的地心说发出了挑战，动摇了"正统宗教"学说的天文学基础。伽利略《关于托勒密和哥白尼两大世界体系的对话》以确凿的证据进一步论证了哥白尼学说，更直接地动摇了教会所庇护的托勒密学说。哈维的《心血运动论》以对人类躯体和心灵的双重关怀，满怀真挚的宗教情感，阐述了血液循环理论，推翻了同样统治西方思想千余年、被"正统宗教"所庇护的盖伦学说。笛卡儿的《几何》不仅创立了为后来诞生的微积分提供了工具的解析几何，而且折射出影响万世的思想方法论。牛顿的《自然哲学之数学原理》标志着 17 世纪科学革命的顶点，为后来的工业革命奠定了科学基础。分别以惠更斯的《光论》与牛顿的《光学》为代表的波动说与微粒说之间展开了长达 200 余年的论战。拉瓦锡在《化学基础论》中详尽论述了氧化理论，推翻了统治化学百余年之久的燃素理论，这一智识壮举被公认为历史上最自觉的科学革命。道尔顿的《化学哲学新体系》奠定了物质结构理论的基础，开创了科学中的新时代，使 19 世纪的化学家们有计划地向未知领域前进。傅立叶的《热的解析理论》以其对热传导问题的精湛处理，突破了牛顿的《自然哲学之数学原理》所规定的理论力学范围，开创了数学物理学的崭新领域。达尔文《物种起源》中的进化论思想不仅在生物学发展到分子水平的今天仍然是科学家们阐释的对象，而且 100 多年来几乎在科学、社会和人文的所有领域都在施展它有形和无形的影响。《基因论》揭示了孟德尔式遗传性状传递机理的物质基础，把生命科学推进到基因水平。爱因斯坦的《狭义与广义相对论浅说》和薛定谔的《关于波动力学的四次演讲》分别阐述了物质世界在高速和微观领域的运动规律，完全改变了自牛顿以来的世界观。魏格纳的《海陆的起源》提出了大陆漂移的猜想，为当代地球科学提供了新的发展基点。维纳的《控制论》揭示了控制系统的反馈过程，普里戈金的《从存在到演化》发现了系统可能从原来无序向新的有序态转化的机制，二者的思想在今天的影响已经远远超越了自然科学领域，影响到经济学、社会学、政治学等领域。

科学元典的永恒魅力令后人特别是后来的思想家为之倾倒。欧几里得的《几何原本》以手抄本形式流传了 1800 余年，又以印刷本用各种文字出了 1000 版以上。阿基米德写了大量的科学著作，达·芬奇把他当作偶像崇拜，热切搜求他的手稿。伽利略以他的继承人自居。莱布尼兹则说，了解他的人对后代杰出人物的成就就不会那么赞赏了。为捍卫《天体运行论》中的学说，布鲁诺被教会处以火刑。伽利略因为其《关于托勒密和哥白尼两大世界体系的对话》一书，遭教会的终身监禁，备受折磨。伽利略说吉尔伯特的《论磁》一书伟大得令人嫉妒。拉普拉斯说，牛顿的《自然哲学之数学原理》揭示了宇宙的最伟大定律，它将永远成为深邃智慧的纪念碑。拉瓦锡在他的《化学基础论》出版后 5 年被法国革命法庭处死，传说拉格朗日悲愤地说，砍掉这颗头颅只要一瞬间，再长出这样的头颅 100 年也不够。《化学哲学新体系》的作者道尔顿应邀访法，当他走进法国科学院会议厅时，院长和全体院士起立致敬，得到拿破仑未曾享有的殊荣。傅立叶在《热的解析理论》中阐述的强有力的数学工具深深影响了整个现代物理学，推动数学分析的发展达一个多世纪，麦克斯韦称赞该书是"一首美妙的诗"。当人们咒骂《物种起源》是"魔鬼的经典""禽兽的哲学"的时候，赫胥黎甘做"达尔文的斗犬"，挺身捍卫进化论，撰写了《进化论与伦理学》和《人类在自然界的位置》，阐发达尔文的学说。经过严复的译述，赫胥黎的著作成为维新领袖、辛亥精英、"五四"斗士改造中国的思想武器。爱因斯坦说法拉第在《电学实验研究》中论证的磁场和电场的思想是自牛顿以来物理学基础所经历的最深刻变化。

在科学元典里，有讲述不完的传奇故事，有颠覆思想的心智波涛，有激动人心的理性思考，有万世不竭的精神甘泉。

二

按照科学计量学先驱普赖斯等人的研究，现代科学文献在多数时间里呈指数增长趋势。现代科学界，相当多的科学文献发表之后，并没有任何人引用。就是一时被引用过的科学文献，很多没过多久就被新的文献所淹没了。科学注重的是创造出新的实在知识。从这个意义上说，科学是向前看的。但是，我们也可以看到，这么多文献被淹没，也表明划时代的科学文献数量是很少的。大多数科学元典不被现代科学文献所引用，那是因为其中的知识早已成为科学中无须证明的常识了。即使这样，科学经典也会因为其中思想的恒久意义，而像人文领域里的经典一样，具有永恒的阅读价值。于是，科学经典就被一编再编、一印再印。

早期诺贝尔奖得主奥斯特瓦尔德编的物理学和化学经典丛书"精密自然科学经典"从 1889 年开始出版，后来以"奥斯特瓦尔德经典著作"为名一直在编辑出版，有资料说目前已经出版了 250 余卷。祖德霍夫编辑的"医学经典"丛书从 1910 年就开始陆续出版了。也是这一年，蒸馏器俱乐部编辑出版了 20 卷"蒸馏器俱乐部再版本"丛书，丛书中全是化学经典，这个版本甚至被化学家在 20 世纪的科学刊物上发表的论文所引用。一般把 1789 年拉瓦锡的化学革命当作现代化学诞生的标志，把 1914 年爆发的第一次世界大战称为化学家之战。奈特把反映这个时期化学的重大进展的文章编成一卷，把这个时期的其他 9 部总结性化学著作各编为一卷，辑为 10 卷"1789—1914 年的化学发展"丛书，于 1998 年出版。像这样的某一科学领域的经典丛书还有很多很多。

　　科学领域里的经典，与人文领域里的经典一样，是经得起反复咀嚼的。两个领域里的经典一起，就可以勾勒出人类智识的发展轨迹。正因为如此，在发达国家出版的很多经典丛书中，就包含了这两个领域的重要著作。1924 年起，沃尔科特开始主编一套包括人文与科学两个领域的原始文献丛书。这个计划先后得到了美国哲学协会、美国科学促进会、美国科学史学会、美国人类学协会、美国数学协会、美国数学学会以及美国天文学学会的支持。1925 年，这套丛书中的《天文学原始文献》和《数学原始文献》出版，这两本书出版后的 25 年内市场情况一直很好。1950 年，沃尔科特把这套丛书中的科学经典部分发展成为"科学史原始文献"丛书出版。其中有《希腊科学原始文献》《中世纪科学原始文献》和《20 世纪（1900—1950 年）科学原始文献》，文艺复兴至 19 世纪则按科学学科（天文学、数学、物理学、地质学、动物生物学以及化学诸卷）编辑出版。约翰逊、米利肯和威瑟斯庞三人主编的"大师杰作丛书"中，包括了小尼德勒编的 3 卷"科学大师杰作"，后者于 1947 年初版，后来多次重印。

　　在综合性的经典丛书中，影响最为广泛的当推哈钦斯和艾德勒 1943 年开始主持编译的"西方世界伟大著作丛书"。这套书耗资 200 万美元，于 1952 年完成。丛书根据独创性、文献价值、历史地位和现存意义等标准，选择出 74 位西方历史文化巨人的 443 部作品，加上丛书导言和综合索引，辑为 54 卷，篇幅 2 500 万单词，共 32 000 页。丛书中收入不少科学著作。购买丛书的不仅有"大款"和学者，而且还有屠夫、面包师和烛台匠。迄 1965 年，丛书已重印 30 次左右，此后还多次重印，任何国家稍微像样的大学图书馆都将其列入必藏图书之列。这套丛书是 20 世纪上半叶在美国大学兴起而后扩展到全社会的经典著作研读运动的产物。这个时期，美国一些大学的寓所、校园和酒吧里都能听到学生讨论古典佳作的声音。有的大学要求学生必须深研 100 多部名著，甚至在教学中不得使用最新的实验设备，而是借助历史上的科学大师所使用的方法和仪器复制品去再现划时代的著名实验。至 20 世纪 40 年代末，美国举办古典名著学习班的城市达 300 个，学员 50 000 余众。

　　相比之下，国人眼中的经典，往往多指人文而少有科学。一部公元前 300 年左右古希腊人写就的《几何原本》，从 1592 年到 1605 年的 13 年间先后 3 次汉译而未果，经 17 世纪初和 19 世纪 50 年代的两次努力才分别译刊出全书来。近几百年来移译的西学典籍中，成系统者甚多，但皆系人文领域。汉译科学著作，多为应景之需，所见典籍寥若晨星。借 20 世纪 70 年代末举国欢庆"科学春天"到来之良机，有好尚者发出组译出版"自然科学世界名著丛书"的呼声，但最终结果却是好尚者抱憾而终。20 世纪 90 年代初出版的"科学名著文库"，虽使科学元典的汉译初见系统，但以 10 卷之小的容量投放于偌大的中国读书界，与具有悠久文化传统的泱泱大国实不相称。

我们不得不问：一个民族只重视人文经典而忽视科学经典，何以自立于当代世界民族之林呢？

三

科学元典是科学进一步发展的灯塔和坐标。它们标识的重大突破，往往导致的是常规科学的快速发展。在常规科学时期，人们发现的多数现象和提出的多数理论，都要用科学元典中的思想来解释。而在常规科学中发现的旧范型中看似不能得到解释的现象，其重要性往往也要通过与科学元典中的思想的比较显示出来。

在常规科学时期，不仅有专注于狭窄领域常规研究的科学家，也有一些从事着常规研究但又关注着科学基础、科学思想以及科学划时代变化的科学家。随着科学发展中发现的新现象，这些科学家的头脑里自然而然地就会浮现历史上相应的划时代成就。他们会对科学元典中的相应思想，重新加以诠释，以期从中得出对新现象的说明，并有可能产生新的理念。百余年来，达尔文在《物种起源》中提出的思想，被不同的人解读出不同的信息。古脊椎动物学、古人类学、进化生物学、遗传学、动物行为学、社会生物学等领域的几乎所有重大发现，都要拿出来与《物种起源》中的思想进行比较和说明。玻尔在揭示氢光谱的结构时，提出的原子结构就类似于哥白尼等人的太阳系模型。现代量子力学揭示的微观物质的波粒二象性，就是对光的波粒二象性的拓展，而爱因斯坦揭示的光的波粒二象性就是在光的波动说和微粒说的基础上，针对光电效应，提出的全新理论。而正是与光的波动说和微粒说二者的困难的比较，我们才可以看出光的波粒二象性学说的意义。可以说，科学元典是时读时新的。

除了具体的科学思想之外，科学元典还以其方法学上的创造性而彪炳史册。这些方法学思想，永远值得后人学习和研究。当代诸多研究人的创造性的前沿领域，如认知心理学、科学哲学、人工智能、认知科学等，都涉及对科学大师的研究方法的研究。一些科学史学家以科学元典为基点，把触角延伸到科学家的信件、实验室记录、所属机构的档案等原始材料中去，揭示出许多新的历史现象。近二十多年兴起的机器发现，首先就是对科学史学家提供的材料，编制程序，在机器中重新做出历史上的伟大发现。借助于人工智能手段，人们已经在机器上重新发现了波义耳定律、开普勒行星运动第三定律，提出了燃素理论。萨伽德甚至用机器研究科学理论的竞争与接受，系统研究了拉瓦锡氧化理论、达尔文进化学说、魏格纳大陆漂移说、哥白尼日心说、牛顿力学、爱因斯坦相对论、量子论以及心理学中的行为主义和认知主义形成的革命过程和接受过程。

　　除了这些对于科学元典标识的重大科学成就中的创造力的研究之外，人们还曾经大规模地把这些成就的创造过程运用于基础教育之中。美国几十年前兴起的发现法教学，就是在这方面的尝试。近二十多年来，兴起了基础教育改革的全球浪潮，其目标就是提高学生的科学素养，改变片面灌输科学知识的状况。其中的一个重要举措，就是在教学中加强科学探究过程的理解和训练。因为，单就科学本身而言，它不仅外化为工艺、流程、技术及其产物等器物形态，直接表现为概念、定律和理论等知识形态，更深蕴于其特有的思想、观念和方法等精神形态之中。没有人怀疑，我们通过阅读今天的教科书就可以方便地学到科学元典著作中的科学知识，而且由于科学的进步，我们从现代教科书上所学的知识甚至比经典著作中的更完善。但是，教科书所提供的只是结晶状态的凝固知识，而科学本是历史的、创造的、流动的，在这历史、创造和流动过程之中，一些东西蒸发了，另一些东西积淀了，只有科学思想、科学观念和科学方法保持着永恒的活力。

　　然而，遗憾的是，我们的基础教育课本和科普读物中讲的许多科学史故事不少都是误讹相传的东西。比如，把血液循环的发现归于哈维，指责道尔顿提出二元化合物的元素原子数最简比是当时的错误，讲伽利略在比萨斜塔上做过落体实验，宣称牛顿提出了牛顿定律的诸数学表达式，等等。好像科学史就像网络上传播的八卦那样简单和耸人听闻。为避免这样的误讹，我们不妨读一读科学元典，看看历史上的伟人当时到底是如何思考的。

　　现在，我们的大学正处在席卷全球的通识教育浪潮之中。就我的理解，通识教育固然要对理工农医专业的学生开设一些人文社会科学的导论性课程，要对人文社会科学专业的学生开设一些理工农医的导论性课程，但是，我们也可以考虑适当跳出专与博、文与理的关系的思考路数，对所有专业的学生开设一些真正通而识之的综合性课程，或者倡导这样的阅读活动、讨论活动、交流活动甚至跨学科的研究活动，发掘文化遗产、分享古典智慧、继承高雅传统，把经典与前沿、传统与现代、创造与继承、现实与永恒等事关全民素质、民族命运和世界使命的问题联合起来进行思索。

　　我们面对不朽的理性群碑，也就是面对永恒的科学灵魂。在这些灵魂面前，我们不是要顶礼膜拜，而是要认真研习解读，读出历史的价值，读出时代的精神，把握科学的灵魂。我们要不断吸取深蕴其中的科学精神、科学思想和科学方法，并使之成为推动我们前进的伟大精神力量。

任定成

2005 年 8 月 6 日

北京大学承泽园迪吉轩

爱因斯坦（Albert Einstein，1879—1955），美国、瑞士双重国籍理论物理学家。

▶ 1853 年 7 月 18 日，洛 伦 兹（H. Lorentz，1853—1928）出生于荷兰阿纳姆，在那里读完小学和中学。洛伦兹的生母在他 4 岁时不幸去世，他是由继母抚养长大的。图为小时候的洛伦兹。

◀ 洛伦兹出生地的纪念铜牌，上面写着（荷兰语）：亨德里克·安东·洛伦兹 1853 年 7 月 18 日出生于此。

▶ 1870 年，洛伦兹考入莱顿大学，主攻数学和物理学，并得到了天文学教授凯塞（F. Kaiser，1808—1872）的赏识和器重。为了洛伦兹，凯塞特意恢复了停开多年的理论天文学课程。出人意料的是，洛伦兹只用了一年半就通过了学校所有课程的学位考试。图为莱顿大学收藏的凯塞肖像。

◀ 1871 年，洛伦兹回到阿纳姆的一所夜校任教，同时积极准备博士论文。1875 年 12 月 11 日，他获得了莱顿大学的博士学位。图为莱顿大学一角今貌。

▼ 1877 年，24 岁的洛伦兹获得荷兰唯一的理论物理学教授职位，自此他一直担任莱顿大学理论物理学教授，直到 1912 年。图为 1909 年洛伦兹（中间）及其学生在莱顿大学教室的合影。

▼ 洛伦兹主持了第一届（1911 年）国际理论物理学会议——索尔维会议，此后历任各届索尔维会议主持，直到去世。图为 1927 年召开的第五届索尔维会议的照片，也是洛伦兹生前主持的最后一届会议。众多一流物理学家都在其中，如普朗克（一排左二）、居里夫人（一排左三）、洛伦兹（一排左四）、爱因斯坦（一排中间）、德拜（二排左一）、狄拉克（二排左五）、玻尔（二排右一）、薛定谔（三排右六）、泡利（三排右四）、海森堡（三排右三）。

▶ 闵可夫斯基（H. Minkowski，1864—1909），1864年出生在俄国一个有犹太血统的商人家庭，后随家人迁居柯尼斯堡。闵可夫斯基自小就表现出了数学才能，被誉为小神童，和他的两位哥哥一同被称为"人间三奇才"，在柯尼斯堡曾轰动一时。后来大哥随父经商，成为一位艺术品收藏家，二哥奥斯卡（Oskar Minkowski，1858—1931）是著名医学家，被誉为"胰岛素之父"。

闵可夫斯基（左）和他的二哥奥斯卡（右）

◀闵可夫斯基在柯尼斯堡大学学习时，与希尔伯特（D. Hilbert，1862—1943）结为终生挚友，二人都师从林德曼（C. Lindemann，1852—1939）。1885年，21岁的闵可夫斯基获柯尼斯堡大学博士学位。此后他曾先后在波恩大学、柯尼斯堡大学（接任希尔伯特的教职）、苏黎世理工学院和哥廷根大学（1902年始，在这里和希尔伯特成为同事）任教。图为青年时代的闵可夫斯基。

▶ 闵可夫斯基在苏黎世任教期间，爱因斯坦是他的学生。爱因斯坦创建狭义相对论后，闵可夫斯基从几何角度更加明了地描述了相对论，加速了相对论的传播。他的四维时空理论，为爱因斯坦发展广义相对论做好了铺垫。图为苏黎世理工学院今貌。

▶ 外尔（H. Weyl，1885—1955）出生在德国汉堡附近的一个小镇，少年时在阿尔托纳一所中学读书。当时这所中学的校长是希尔伯特的表兄弟。外尔毕业后，校长将外尔介绍到希尔伯特所在的哥廷根大学攻读数学。他的博士学位就是在哥廷根大学获得的，导师就是希尔伯特。图为年轻时的外尔。

◀ 1913 年至 1930 年，外尔在苏黎世理工学院任教。这一时期爱因斯坦也曾在那里执教，他们经常交谈。当时爱因斯坦正在研究广义相对论，他的物理学新思想给外尔留下了深刻印象。受此影响，外尔迷上了数学物理。图为 1930 年前后的外尔。

▶ 爱因斯坦的广义相对论问世后，引起了外尔极大的兴趣。他不仅在大学讲授广义相对论的课程，还完成了名作《空间、时间、物质》，用自己的思想，严格、清晰地介绍了广义相对论。图为 1918 年出版的《空间、时间、物质》。

▼ 图为"科学元典丛书"列入的外尔著作《对称》和《数学与自然科学之哲学》的封面。

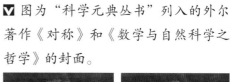

▲ 庆祝爱因斯坦 70 岁生日时的合影，其中左三为外尔。

◀ 索末菲（A. Sommerfeld, 1868—1951），1868 年生于德国柯尼斯堡，他和数学家闵可夫斯基就读于同一高中。毕业后，索末菲考进柯尼斯堡大学数学系，23 岁时获得博士学位。在柯尼斯堡大学，他还听过希尔伯特、林德曼的课，后者是其博士论文导师。图为年轻时的索末菲。

▶ 1894 年，索末菲担任数学家克莱因（F. Klein, 1849—1925）的助手，当时克莱因正研究与物理有关的课题，受此影响，索末菲对数学物理产生了浓厚兴趣。在担任克莱因助手期间，索末菲修改过包括洛伦兹在内的许多著名人物的手稿。索末菲曾说："我一直把克莱因视为我真正的老师，他不仅教授我数学知识，还有数学物理和力学方面的知识。"图为克莱因。

▼ 1900 年，32 岁的索末菲担任亚琛皇家工业大学（现在的亚琛工业大学）的应用力学系主任。在亚琛，他发展了流体动力学理论。图为亚琛工业大学主楼，建于 1870 年。

1906 年，38 岁的索末菲成为慕尼黑大学的物理学教授和新成立的理论物理研究所主任。他在慕尼黑执教 32 年之久，在这期间成功培养了一大批优秀学生，他们后来大都成为各自领域的领军人物。图为慕尼黑大学"索末菲演讲厅"中的索末菲铜像，基座上刻有他 1916 年引入的精细结构常数（亦称为索末菲常数）。

索末菲曾被提名诺贝尔奖 84 次，但遗憾的是一直未能获奖。他是一位成功的教育家，截至 1928 年，在德语世界，几乎三分之一的理论物理教授都是他的学生，其中有 7 位诺贝尔奖获得者。上排从左至右：海森堡（W. Heisenberg，1901—1976）、泡利（W. Pauli，1900—1958）、德拜（P. Debye，1884—1966）；下排从左至右：贝特（H. Bethe，1906—2005）、鲍林（L. Pauling，1901—1994）、拉比（I. Rabi，1898—1988）、劳厄（M. Laue，1879—1960）。

索末菲的生命因一场悲剧而结束。他年老时有些失聪，1951 年春天，在散步时因没有听到警笛声而被车撞到。两个月后，索末菲因伤势过重在慕尼黑离世，享年 83 岁。图为索末菲墓。

本书作者、选注者及相关学者关系图

外尔

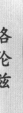

洛伦兹

朋友，同在苏黎世理工学院执教，后均到美国普林斯顿工作。

洛伦兹为相对论的创立奠定了基础。

爱因斯坦

外尔是希尔伯特的学生，后来继任了希尔伯特在哥廷根大学的教职。

因广义相对论结缘成友。

二人是朋友，索末菲在爱因斯坦之后出任德国物理学会主席。

爱因斯坦是闵可夫斯基的学生。

终生挚友

同一高中

希尔伯特

闵可夫斯基

索末菲

希尔伯特、闵可夫斯基、索末菲均为林德曼的学生，索末菲也听过希尔伯特的课。

林德曼

目 录

导　读

赵　峥

（北京师范大学物理学系　教授）

· Introduction to Chinese Version ·

　　1900 年，著名物理学家开尔文勋爵指出，物理学的大厦虽已经建成，但天空中还有两朵乌云，一朵与黑体辐射有关，另一朵与迈克尔逊实验有关。时隔不到一年，就从第一朵乌云中降生了量子论；五年之后，又从第二朵乌云中降生了相对论。

1900 年 4 月 27 日，在英国皇家学会迎接新世纪的庆祝大会上，著名物理学家开尔文勋爵(Lord Kelvin，即 William Thomson，1824—1907)充满信心地展望未来："物理学的大厦已经建成，未来的物理学家们只需要做些修修补补的工作就可以了。"然而有趣的是，科学家的慧眼还是使他看到，明朗的天空中还有两朵乌云，一朵与黑体辐射有关，另一朵与迈克尔逊(A. Michelson，1852—1931)实验有关。

时隔不到一年，就从第一朵乌云中降生了量子论；五年之后，又从第二朵乌云中降生了相对论。经典物理学的大厦被彻底突破，现代物理学的辽阔天空展现在人们面前。

本书集中了相对论诞生前后，物理学家们为创立这一理论而发表的重要论文。其中不仅包括洛伦兹(H. Lorentz，1853—1928)的前期探索，爱因斯坦(A. Einstein，1879—1955)建立狭义相对论和广义相对论的开创性论文以及他对宇宙学的创新性研究，还列出了闵可夫斯基(H. Minkowski，1864—1909)把四维时空概念引入相对论的重要工作，外尔(H. Weyl，1885—1955)试图把电磁场几何化而开创的规范场论的工作，以及索末菲(A. Sommerfeld，1868—1951)对闵可夫斯基论文中部分内容所加的注释。

上面这些文章再现了爱因斯坦等物理学家创建相对论的生动过程，有助于读者理解狭义相对论和广义相对论，也有利于培养读者的创新精神和创新能力。

下面，我将对这些文章以及相对论创建的经过作一个简单的介绍，特别是介绍两篇最重要的爱因斯坦的论文：建立狭义相对论的《论动体的电动力学》和建立弯曲时空理论的《广义相对论基础》。这两篇文章是爱因斯坦一生成就的精髓，最好地体现了他深刻的物理思想，正确地表达了他的狭义相对论与广义相对论的理论内容。

◀1896 年前后的爱因斯坦。

一、相对论诞生的前夜

这一部分包括本书的第一、第二两篇论文,《迈克尔逊的干涉实验》(发表于 1895 年)和《低于光速移动系统中的电磁现象》(发表于 1904 年),这两篇论文都是当时电磁学的权威洛伦兹所写,主要讨论了天文学的光行差现象与迈克尔逊实验的矛盾给物理学带来的严重困难,以及他本人提出的解决方案。

以太和绝对空间

我们先简单回顾一下物理学界对光的本质的争论。从 17 世纪开始,物理学界对光的本质就存在波动说和微粒说两种理论。先是笛卡儿(R. Descartes,1596—1650)、惠更斯(C. Huygens,1629—1695)和胡克(R. Hooke,1635—1703)等人主张的波动说占上风,年轻的牛顿(I. Newton,1642—1727)对这一理论提出挑战,主张光是微粒,不是波。

牛顿的微粒说遭到英国皇家学会干事长胡克的反对,不能在英国皇家学会的刊物上发表。牛顿一气之下从此不再给这家刊物投稿。

然而,波动说存在一个致命的弱点,即一直没有观察到光的干涉现象。后来,随着牛顿在力学研究上的巨大成功,学术界越来越信服牛顿的权威。他主张的微粒说也逐渐占了上风,最后压倒了波动说。此后微粒说统治光学领域长达 100 多年。直到 1801 年,以"神童"著称的英国物理学家托马斯·杨(Thomas Young,1773—1829),完成了光的双缝干涉实验,确认了光的本质是波动,而且是横波,光的波动说才重新占了上风。

电磁学发展起来以后,人们进一步认识到光波的本质是电磁波,从而把波动光学与电磁学统一起来。

光既然是波动,它的传播就要通过介质,光波就是介质的弹性振动。那么遥远恒星的光是怎么传到我们这里的呢?宇宙空间中存在介质吗?

人们想起了自古希腊时期就盛行的地心说,该学说最初由古希腊学者欧多克斯(Eudoxus of Cnidus,前 408—前 355)提出,后经亚里士多德(Aristotle,前

384—前 322）、托勒密（C. Ptolemaeus，约 90—168）进一步发展而逐渐建立和完善。他们认为地球是宇宙的中心，月亮、太阳和金、木、水、火、土等行星全部镶嵌在各自的透明天球上，例如月亮镶在月亮天上，太阳镶在太阳天上，金星镶在金星天上……所有天球都围绕地球转动，其中离地球最近的天球是月亮天。月亮天把宇宙分为月上世界和月下世界。月下世界（包括我们的地球），充满了不断变化的万物，这些东西都是低级的、会腐朽的。而月上世界（月亮天以上的宇宙）则是永恒不变的，充满了轻而透明的"以太"。

于是，人们猜想，光波就是以太的弹性振动，遥远恒星的光，正是靠充满宇宙空间的以太传播（把以太作为介质）到地球人眼中的。

一个自然的问题是，以太相对于地球静止吗？早在 16 世纪和 17 世纪的时候，哥白尼（N. Copernicus，1473—1543）的日心说就逐渐战胜了地心说。既然地球肯定不是宇宙的中心，那么以太就不可能相对地球静止。布鲁诺（G. Bruno，1548—1600）已经认识到恒星是遥远的太阳，显然太阳也不是宇宙的中心，因此以太也不可能相对太阳静止。

那么以太相对于什么静止呢？人们想起了牛顿所说的"绝对空间"。牛顿在《自然哲学之数学原理》中说：

绝对空间，就其本性而言，与任何外部事物无关，它总是相同的和不可动的。相对空间是绝对空间的某个可动的部分或量度……

也就是说，牛顿主张存在一个绝对空间，它与物质的存在和运动无关，与时间也无关，它总是不变的、不动的。

于是，许多物理学家和天文学家认为，以太似乎应该相对于绝对空间静止。如果是这样，在绝对空间中运动的地球就应该在以太中穿行。

光行差现象与迈克尔逊实验的矛盾

天文学家发现，在地球上每天用望远镜观测同一颗恒星时，望远镜镜筒指向这颗恒星方向的角度，一年四季会有周期性变化。这就是光行差现象。人们认为，这一现象的出现，是由于地球围绕太阳转时，在以太中穿行造成的。

长期的天文观测确认了光行差现象的存在。不过这一观测的精度不够高。人们想精确地测定地球在以太中穿行的速度，由于以太相对于绝对空间静止，测出这一穿行速度，就相当于测出了地球相对于绝对空间的绝对速度，这当然是十分有意义的事情。

为了精确测量地球相对于以太的运动速度，美国物理学家迈克尔逊用自己设计的干涉仪进行了多次精密测量，却没有测出以太相对于地球的运动。这一实验结果与光行差现象矛盾。这就是开尔文所说的第二朵乌云。

洛伦兹收缩与洛伦兹变换

洛伦兹坚信牛顿的绝对空间观，也坚信以太理论。在反复思考迈克尔逊实验与光行差现象这一对难以克服的矛盾之后，洛伦兹作出重大"决定"：放弃伽利略（G. Galilei，1564—1642）的相对性原理，承认存在优越参考系。

洛伦兹认为，相对做匀速直线运动的各个惯性系并不等价，其中相对于绝对空间静止，也就是相对于以太静止的参考系，是优越惯性系。

尺子相对于以太（也就是相对于绝对空间）静止时最长，当它相对于以太运动时，就会沿运动方向缩短；洛伦兹给出了收缩的公式，这一设想的效应被称为洛伦兹收缩。

由于洛伦兹收缩，迈克尔逊干涉仪沿以太运动方向设置的臂就会缩短，沿这条臂的光路也就会相应缩短。正是由于这一效应的存在，迈克尔逊实验观测不到地球相对于以太的运动。

因为从大家熟悉的惯性系之间的伽利略变换推不出洛伦兹收缩，洛伦兹给出了一个新坐标变换来取代伽利略变换，这一新坐标变换被法国数学家兼理论物理学家庞加莱（H. Poincaré，1854—1912）命名为洛伦兹变换。

洛伦兹变换不仅在数学形式上与伽利略变换不同，其物理解释也与伽利略变换不同。伽利略变换是两个做相对运动的平等的惯性系之间的变换。洛伦兹变换则是相对于绝对空间静止（也就是相对于以太静止）的"绝对惯性系"与一般惯性系之间的变换。

从洛伦兹变换可以推出洛伦兹收缩。洛伦兹认为，洛伦兹收缩是一种真实的物理收缩，这种收缩将使构成动尺的原子沿运动方向变扁，从而影响其中物质的电荷分布。

庞加莱批评了洛伦兹放弃相对性原理的做法。庞加莱不承认绝对空间的存在，认为一切运动都是相对的，应该坚持相对性原理。不过，庞加莱虽然不承认绝对空间，却认为存在以太。而以太参考系实际上还是一个优越参考系。所以他对相对性原理坚持得不够彻底。

斐兹杰惹等人的贡献

洛伦兹收缩和洛伦兹变换这两个重要研究成果，虽然学术界首先是从洛伦兹的工作中了解到的，但洛伦兹并不是这两个成果的唯一提出者，甚至也不是最先提出者。

洛伦兹在 1892 年给出收缩公式。但是爱尔兰物理学家斐兹杰惹（G. Fitz-Gerald，1851—1901）声称他从 1889 年就开始在课堂上讲授这一公式，他的学生们也证实了这一事实。然而学术界最早看到的他给出这一公式的论文发表在 1895 年，比洛伦兹要晚。所以学术界认为洛伦兹有发现这一公式的优先权。斐兹杰惹去世后，他的一些学生想为老师讨还公道，就去查阅各种资料。他们想起老师曾给一家杂志社投过这方面的稿，但这家杂志社很快就倒闭了。斐兹杰惹以为自己的论文没有登出来。他的学生不肯罢休，又去查阅了相关杂志。结果发现在杂志社倒闭前的倒数第二期杂志上登出了斐兹杰惹的这篇论文，时间是 1889 年，比洛伦兹还要早。所以，洛伦兹收缩应该称作洛伦兹–斐兹杰惹收缩或者斐兹杰惹–洛伦兹收缩。

另外，洛伦兹也不是洛伦兹变换的唯一提出者。他是在 1904 年首先公布这一变换的。但是，另一位物理学家佛格特（W. Voigt，1850—1919）在 1887 年给出了一个与洛伦兹变换相似的变换，但有错误。据说洛伦兹知道佛格特的变换，但他并没有特别注意。正确的变换式是 1898 年英国物理学家拉莫尔（J. Larmor，1857—1942）首先给出的。还有就是正如上文提到的，斐兹杰惹也曾在洛伦兹之前给出过这一变换。

尽管有人在洛伦兹之前做出过工作，但对洛伦兹收缩和洛伦兹变换做过比较深入的研究并进行广泛传播的肯定是洛伦兹本人。

二、狭义相对论的创立

这一部分包括书中第三至第五三篇论文。第三、第四篇论文是爱因斯坦创建相对论，即今天所说的狭义相对论的主要论文，分别是《论动体的电动力学》（1905 年 6 月提交，同年 9 月发表）和《物体惯性与其所含能量有关吗?》（1905 年 9 月提交，同年 11 月发表），第五篇是闵可夫斯基提出的四维时空理论，名为《空间与时间》（1908 年 9 月作报告），是对爱因斯坦相对论的数学改进和重新认识。

菲佐实验与光行差现象的矛盾

当时爱因斯坦是一位突然出现在科学界的初出茅庐的青年。他注意到了以太理论造成的混乱。当时包括洛伦兹在内的大多数物理学家注意的都是迈克尔逊实验与光行差现象的矛盾，但爱因斯坦注意的不是迈克尔逊实验和光行差现象的矛盾，而是菲佐实验与光行差现象的矛盾。

法国物理学家菲佐（H. Fizeau，1819—1896）做了一个研究流动的水是否带动以太的实验。这一实验的结论与迈克尔逊实验有相似之处，但又不完全相同。迈克尔逊实验没有测出地球相对于以太的运动，似乎作为介质的地球带动了周围的以太一起运动。而菲佐实验表明，作为运动介质的流水，部分地带动了周围的以太，但又没有完全带动。这两个实验都与光行差现象矛盾。光行差现象表明，作为介质的地球完全没有带动以太。

菲佐实验和迈克尔逊实验与光行差现象的矛盾，都暴露了以太理论的困难，都会导致新理论，即相对论的诞生。在相对论诞生之后，有记者问爱因斯坦："当时你是怎么通过对迈克尔逊实验的考虑，创建相对论的?"爱因斯坦回答说："迈克尔逊实验? 我当时不知道迈克尔逊实验。"

爱因斯坦居然说自己不知道迈克尔逊实验! 这可是前所未闻的新闻，这位记者越想越兴奋。第二天，他再次找爱因斯坦追问这个问题，爱因斯坦想了一下，说："我当时也可能知道迈克尔逊实验，不过我主要考虑的是菲佐实验。"

由此看来，爱因斯坦确实和当时大多数物理学家不同，大多数人考虑的是迈克尔逊实验，而他主要考虑的却是菲佐实验。这两个实验都与光行差现象矛盾，对它们的考虑都能导致相对论的建立。

实际上，那时的学术交流不够方便，爱因斯坦所生活的瑞士伯尔尼，并不是当时的科研中心，他确实不一定能及时、方便地看到重要的学术刊物。

少年爱因斯坦

爱因斯坦出生于德国一个犹太工厂主的家庭，幼年的他平时沉默寡言，学习成绩一般，不受老师和同学的喜爱。他一生对学校都没有好印象，只有上大学前在瑞士阿劳中学那一年的补习班是个例外。他认为学校的教育过于呆板，因而不喜欢课堂教学，喜欢自学和独立思考。他最大的一个特点是能够长时间地集中注意力。别小看了这一特点，这是一般人难以做到的。

爱因斯坦自己回顾，青少年时代，对他的科研思想和能力产生重大影响的事情有两件。一件是他十岁左右，上小学、中学的时候，家中来了一位犹太大学生。当时德国的犹太人有一个传统：中等以上的犹太家庭会接待一位贫困的犹太大学生到家中度周末。于是一位学医的犹太青年经常出现在他家中，给他带来不少科普书籍以及几何书籍。平时不爱讲话的爱因斯坦非常喜欢和这位大学生交流。

爱因斯坦注意到这些科普书中对光的性质的介绍，特别是有的书中讲到，光速可能是最快的速度，而且没有发现光速和光源的运动是否有关。对光速的思考一直伴随着爱因斯坦的成长。他一直想不通一个问题：既然光是波动，假如一个人能追上光，和光以相等速度跑，他应该看到一个不随时间变化的波场，但是似乎没有人见过这种情况。对这个问题的思考一直伴随着他的青少年时代，直到把他引向相对论的发现。

奥林匹亚科学院

另一件事是他大学毕业后在伯尔尼发明专利局工作时，与几个意气相投的年轻人自发组织了一个自由读书的俱乐部。他们戏称这个俱乐部为"奥林匹亚科学院"。年龄最小的爱因斯坦被大家推为"院长"。

他们在这个俱乐部中读了许多有关科学和数学的书籍。其中对爱因斯坦影响最大的是物理学家马赫（E. Mach，1838—1916）写的《力学史评》。他们还曾热烈讨论过数学家庞加莱的高级科普著作，例如短文《时间的测量》以及图书《科学与假设》等。

马赫对物理学的直接贡献并不大，也就是做了如提出"马赫数"概念等三流水平的工作。但他有一点很了不起，他敢说"祖师爷"不对，敢于否定牛顿的一些重要思想。他认为凡是看不见、摸不着的东西，都不应该承认其存在。牛顿说的"绝对空间"谁见过？谁感知过？没有人见过、感知过，所以根本不存在绝对空间，一切运动都是相对的，应该坚持相对性原理。"以太"谁见过、摸过？谁也没有见过、摸过，所以"以太"也不存在。

爱因斯坦觉得马赫说得太对了，根本就不存在绝对空间，也不存在以太，应该坚持相对性原理。所以，爱因斯坦一开始思考光行差现象和菲佐实验的矛盾时，就少走了不少弯路。他坚信相对性原理应该坚持，应该推广。

伽利略提出的相对性原理仅针对力学规律，现在电磁理论发展起来了，爱因斯坦认为相对性原理也应适用于电磁理论。伽利略认为"力学规律在所有惯性系中都相同"，爱因斯坦认为"一切物理规律（包括力学规律、电磁学规律等）在所有惯性系中都相同"，从而发展了相对性原理。

相对性原理与光速恒定性原理

"相对性原理"成了爱因斯坦构建新物理学的一块重要基石，然而不是唯一的基石。还有另一块重要基石——"光速恒定性原理"。

光速恒定性原理实际上由两部分组成。第一部分是"约定"或者说"规定"，即在惯性系里真空中的光速均匀各向同性，也就是约定"往返光速"相同。通过这一约定来校准静置于空间不同地点的钟，使它们"同时、同步"，从而可以在全空间定义统一的时间。

第二部分就是我们通常所说的光速不变原理。这一原理是说，真空中的光速与光源相对于观测者的运动速度无关。

爱因斯坦认为他的新理论，即相对论建立在相对性原理和光速恒定性原理这两块基石之上。然而，他指出，相对论与经典物理学的分水岭不是相对性原理，而是光速恒定性原理。这是因为经典物理学中原来就存在伽利略的相对性原理，爱因斯坦只不过是坚持了这一原理，并把电磁学规律也加了进去。爱因斯坦认为，想到坚持和发展相对性原理还是比较容易的。而光速恒定性原理则完全是他自己新创建的。

顺便说一句，"相对论"这个名称，是洛伦兹为了区分爱因斯坦的理论和自己的理论，而给爱因斯坦的理论起的名字。对于这个名字，爱因斯坦并不十分满意。

爱因斯坦之所以能提出光速恒定性原理，与他从青年时代就一直思考的"追光实验"有关。这一思想实验首先使他认识到光相对于任何观测者都不可能静止，都一定是运动的。他坚信的相对性原理又告诉他，麦克斯韦(J. Maxwell, 1831—1879)的电磁理论在任何惯性系中都应该成立，而在这一理论中，电磁场在真空中的传播速度(也即光速)是一个常数。所以从相对性原理来看，不同惯性系中的光速应该是同一个常数。

天文观测发现，遥远的双星的轨道是椭圆，并不变形。如果光速与光源运动速度有关，双星中向着我们运动的和远离我们运动的两颗恒星发出的光的速度会不一样。当这些光通过遥远的距离来到地球时，已经经历了很长时间，我们同时看到的双星的光，不会是双星在同一时刻发出的。这样，双星的轨道就会变形。但天文观测从来没有看到任何一对双星的轨道出现变形。这表明构成双星的两颗恒星发出的光的速度与它们的运动无关。

正是这些思考，使爱因斯坦创造性地猜出了光速恒定性原理，特别是其中的光速不变原理。

欧几里得几何的影响

爱因斯坦和牛顿一样，都深受欧几里得几何体系的影响。

牛顿在《自然哲学之数学原理》一书中，模仿欧几里得《几何原本》的结构，首先给出了几个重要的定义(例如质量、动量、外力、绝对空间和相对空间、绝对时间和相对时间等)，然后以公理的形式列出了力学三定律，再以推论和命题的方式从力学三定律推出了大量的研究成果。由于当时万有引力定律正处在总结、发展中，所以对这一定律的精确表述出现在这部巨著的稍后部分(见

《自然哲学之数学原理》命题 76 的推论Ⅲ和推论Ⅳ）。

在爱因斯坦建立狭义相对论和广义相对论的开创性论文中，也很容易看到欧几里得《几何原本》对他的影响。

由于狭义相对论是一个关于时间和空间的理论，在创建狭义相对论的《论动体的电动力学》一文中，爱因斯坦首先给出了时间和距离的定义，然后给出两条公理，从这两条公理推出相对论的核心公式"洛伦兹变换"，再从此变换得出"同时的相对性""动钟变慢""动尺缩短""速度叠加公式"等推论，并证明了相对论与麦克斯韦电磁理论的相容性。

在这篇论文中，爱因斯坦只简单提到了用刚尺度量空间两点的距离，没有对此做更多的讨论。他把重点放在"同时性"的定义和时间的度量上。

同时性的定义和时间的度量确实是摆在科学家和哲学家面前的一个难题。这主要是因为时间存在流逝性，"过去"的时间不能再回来，未来的"时间"又还没有到来。不可能把"一个时间段"前后移动去与"另一个时间段"比较长短。而且由于任何信号传播都需要时间，如何校准静置于空间不同地点的时钟也是一个难题。

庞加莱关于时间测量的思考

在相对论诞生之前，庞加莱曾对时间的测量和同时性的定义发表过重要议论。他说，时间必须变成可测量的东西，不能测量的东西不能作为科学的对象。他认为时间的测量分为两个问题。

第一个问题是异地时钟的同时（或同步），即校准静置于空间各点的时钟，使它们同时（或同步）；第二个问题是确定相继时间段的相等。他推测这两个问题相互关联。

庞加莱的创新想法是，上述两个问题的解决依赖于对信号传播速度的约定。他推测真空中的光速各向同性，可能是一个常数，还可能是最快的信号传播速度，也就是"极限速度"。他主张通过约定（或者说规定）真空中的光速各向同性，简单地说，通过约定"往返光速相同"，来校准静置于空间不同地点的钟，但他没有具体叙述如何操作。

爱因斯坦读过庞加莱关于通过约定光速各向同性，来校准静置于空间不同地点的钟的文章，并曾与"奥林匹亚科学院"的伙伴们热烈讨论过这些文章。而且，他在专利局时，经常接触到校准不同城市的时钟的工作。

那时是用电报传递信号来对钟，电报信号的传递速度就是光速。所以，爱因斯坦在自己的论文中讨论"同时性"的定义时，就使用了光信号，通过"约定"往返光速相同来定义异地时钟的"同时"。

约定光速来定义"同时"

爱因斯坦在《论动体的电动力学》这篇文章一开始的同时性定义部分，对如何校准不同地点的时钟作了具体描述：

如果在空间中 A 点有一个钟，一个在 A 点的观察者通过找到与这些事件同时的指针位置，就可以确定紧靠 A 的事件的时间值。如果在空间 B 点有另一个钟，它在各方面都与在 A 的钟相同，在 B 的观察者就可以确定紧靠 B 的事件的时间值。如果没有进一步的假设，就不可能把在 A 的事件与在 B 的事件在时间上进行比较。到目前为止，我们只定义了一个" A 时间"和一个" B 时间"，我们没有为 A 和 B 定义一个"公共时间"，因为后者根本无法定义，除非我们用定义规定，光从 A 到 B 所需的"时间"，等于它从 B 到 A 所需的"时间"。

爱因斯坦通过"约定"光从 A 到 B 的传播时间，等于它从 B 反射回 A 所需的时间，成功地定义了 A 和 B 两点的钟的"同时"。

值得注意的"公理"

爱因斯坦又进一步假设"同步"的这个定义是无矛盾的，适合于空间任意多个点。他提出如下公理：

（1）如果 B 处的钟与 A 处的钟同步，那么 A 处的钟与 B 处的钟也同步。（"同时"具有可逆性）

（2）如果 A 处的钟与 B 处的钟同步，并且也与 C 处的钟同步，那么 B 处的钟也与 C 处的钟彼此同步。（"同时"具有传递性）

这样，他解决了把静置于空间各点的钟全部调整为同时、同步，从而在全空间定义统一的时间的问题。

他又进一步假定真空中的光速 c 是一个常数。后来，人们用光从 A 传播到

B 的时间，乘以光速 c，来定义 A、B 两点的空间距离，从而在空间距离的测量上不再需要用具体的"刚尺"。所以，在相对论中，空间距离的测量从属于对时间的测量。

这样，爱因斯坦认为自己已经彻底解决了相对论中时间和空间的测量与定义的问题。

"光速恒定性原理"与"光速不变原理"

之后，爱因斯坦为自己的理论(相对论)提出了两条公理：

(1) 相对性原理(包括电磁理论在内)；

(2) 光速恒定性原理。

光速恒定性原理分为两个部分，第一部分就是上面在定义时间和距离时所用过的假设(或者说公理)：约定在惯性系里真空中的光速均匀各向同性，而且是一个常数，并假定"同时"具有"传递性"和"可逆性"。从而可以校准静置于全空间各点的钟，在全空间定义统一的时间。

光速恒定性原理的第二部分是，光速与光源相对于观测者的运动无关。这一部分也就是我们通常所说的"光速不变原理"。

如果把对光速各向同性的约定作为单独列出的规定，那么作为相对论基础的两条公理就是：

(1) 相对性原理；

(2) 光速不变原理。

相对论与洛伦兹理论的区别

爱因斯坦在这两条公理的基础上推出了相对论的核心公式——洛伦兹变换。此公式在形式上与洛伦兹得到的公式相同，但物理解释却完全不同。

洛伦兹认为，自己的变换公式是从绝对参考系，即相对于绝对空间和以太静止的优越参考系到一般惯性系的变换。而爱因斯坦认为自己得到的变换则是两个普通的、平等的惯性系之间的变换，根本不存在绝对空间和以太，当然也就不存在优越参考系。由于历史的原因，大家把相对论中得到的两个惯性系之间的变换仍称为洛伦兹变换。

然后，爱因斯坦在自己的论文中用洛伦兹变换推出了"同时的相对性""动钟变慢""动尺缩短""速度叠加公式"等一系列重要推论。

其中"同时的相对性"是理解狭义相对论的核心，是光速不变原理直接导致的结论。"动尺缩短"和"动钟变慢"都是相对的。两个做相对运动的惯性系中的观察者都认为自己的钟是"静钟"，对方的钟是"动钟"，"动钟"会变慢，这种变慢是相对的；自己的尺是"静尺"，对方的尺是"动尺"，"动尺"会缩短，这种收缩也是相对的。洛伦兹则认为静置于绝对空间中的尺最长，相对于绝对空间运动的尺会缩短，尺的这种收缩是绝对的。

《论动体的电动力学》这篇文章的后半部分，论证了麦克斯韦电磁理论在相对论的洛伦兹变换下不变，所以电磁理论是符合相对论的理论。

后来，四维时空的张量理论引入相对论之后，麦克斯韦电磁理论的协变性就是一目了然的了。

"'同时'具有传递性"的条件

值得注意的是关于"同时性"的两条公理，特别是其中第二条关于"'同时'具有传递性"的公理。爱因斯坦的论文发表之后，学术界把注意力都放在了他如何推出洛伦兹变换，以及由洛伦兹变换导致的"同时的相对性""动钟变慢""动尺缩短"等结论上，没有人怀疑这两条关于"同时性"的公理。

后来，苏联物理学家朗道(D. Landau，1908—1968)等人对"'同时'具有传递性"这条公理提出疑义。他们证明，并不是在任何参考系中"同时"这个概念都有传递性，只有在"时轴正交系"中，这条公理才成立，才能在全空间定义统一的时间，建立同时面。所谓时轴正交系，就是时间轴与三条空间轴都垂直（空间轴之间不一定相互垂直）。

爱因斯坦建立狭义相对论用的是惯性系，而且使用的是直角坐标，时轴肯定正交，"同时"肯定具有传递性，因而这条公理是成立的。但是在弯曲时空中使用任意参考系，甚至在平直时空中使用某些非惯性系，这条公理就可能不成立。例如平直的时空中匀速转动的圆盘，时轴就不正交，"同时"就不具有传递性。也就是说，在转盘参考系中，不能定义统一的时间，不能建立同时面。

在"同时"不具有传递性的时空中，利用光信号的传递把静置于 A 点的钟与

静置于 B 点的钟校准"同时",并把静置于 B 点的钟与静置于 C 点的钟也校准"同时",结果却发现 A 点的钟与 C 点的钟并不"同时"。这真有点匪夷所思。

"钟速同步的传递性"与 Z 类系

然而朗道的结论已经得到学术界的公认。笔者曾对这个问题做过深入探讨,发现还存在一个不同于朗道的"时轴正交"的新的对钟等级。满足我们给出的数学条件的参考系,静置于各点的钟虽不能校准"同时",却能把这些钟的速率调整为"同步"。也就是说,这些钟虽然不能有统一的"同时"时刻,却可以有统一的钟速,即所有的钟可以走得一样快。例如,上面提到的匀速转动的圆盘参考系,就属于这类参考系。在圆盘参考系中,各空间点不存在统一的时刻,却可以保持统一的钟速。

笔者发现这类参考系并给出其成立的数学条件后,称这类参考系为"钟速同步具有传递性"的参考系。后来,高思杰、梁灿彬等人对这类参考系作了进一步研究,在他们写的论文和书籍(梁灿彬、周彬:《微分几何入门与广义相对论》中册,167 页,科学出版社,2009)中称这类参考系为 Z 类系。

质能关系的提出与证明

现在我们简单介绍书中的第四篇论文,即爱因斯坦在 1905 年发表的有关相对论的第二篇论文《物体惯性与其所含能量有关吗?》。这里所说的"惯性"指的是"惯性质量"。在这篇文章中,爱因斯坦天才地指出了质能关系 $E = mc^2$ 的存在。

实际上,在爱因斯坦发表相对论之前,物理学家们已在实验中发现电子质量会随速度的增加而增加,并推测电磁场存在能量的同时,也存在质量。1904 年,洛伦兹把他的收缩假设用于运动的电子,得到了正确的动质量与静质量的关系式。上述实验和理论的进展,肯定对爱因斯坦产生了启发。

在爱因斯坦的这篇论文中,他首次明确地给出了质能关系的表达式,不过他的证明是针对一个具体的例子给出的,不够理想。他后来又曾对质能关系给出过几个证明,但都有不足之处。

质能关系的第一个完备证明,是德国物理学家劳厄(M. Laue, 1879—

1960)在 1911 年给出的。但最先正确给出质能关系表达式的是爱因斯坦。劳厄的工作是对爱因斯坦天才发现的严格支持。

通常认为，爱因斯坦建立狭义相对论的主要工作由论文《论动体的电动力学》和给出质能关系的工作共同构成。

闵可夫斯基的四维时空

下面再介绍一下第五篇，即闵可夫斯基的论文《空间与时间》。

闵可夫斯基是爱因斯坦大学时代的数学老师。相对论发表之后，闵可夫斯基对爱因斯坦的工作从数学角度进行了深入研究。

他认为，从相对论的角度看，时间和空间不再是分离的，应该把时间和空间看作一个整体——四维时空（时间被看作第四维的空间）；能量和动量也不再是分离的，应该把它们看作一个整体——四维动量（能量被看作第四维的动量）。

他把四维时空中的每一个点称为一个"世界点"，全体世界点构成"世界"，也就是四维时空。一个点的运动会在四维时空（世界）中描出一条曲线，他称之为"世界线"。

闵可夫斯基在四维时空中引入了光锥的概念。描述质点运动的世界线一定是亚光速的世界线，称为类时线，存在于光锥内部；描述光信号运动的世界线是光速的世界线，称为类光线，恰好存在于光锥面上；描述超光速运动的世界线称为类空线，存在于光锥外部。由于光速是极限速度，这种类空线描述的运动不可能在现实世界中存在，完全是虚拟的。

他利用光锥直观地呈现了一个世界点（后来被称为"事件"）的未来和过去，清楚地表现了时空的因果结构。

类时线的长度称为原时，又称为固有时，是描绘出这条曲线的质点真实经历的时间。

闵可夫斯基的"四维时空"概念，超出了爱因斯坦当时的思维。在闵可夫斯基思想的影响下，爱因斯坦开始从更高的角度审视、理解自己的相对论，从而为广义相对论的创建作了初步准备。

三、广义相对论的创立

这一部分包括本书的第六至第八这三篇论文。

这三篇是创建广义相对论的开创性论文，都是爱因斯坦一个人完成的。特别是其中的第七篇，给出了广义相对论的全部数学和物理内容，是创建广义相对论最重要的一篇文章。

狭义相对论的困难

我们先介绍其中的第六篇《论引力对光线传播的影响》（发表于 1911 年 6 月 21 日）。这一篇介绍了爱因斯坦创建广义相对论之前的一些重要的物理思考。

相对论（今天所说的狭义相对论）发表之后，科学界能够看懂这一理论的人凤毛麟角，一般老百姓更是认为莫名其妙。赞美之声和批评之声不绝于耳。不过高度赞美的人和批评指责的人有一个共同点，就是都没有看懂相对论。

爱因斯坦认为那些批评相对论的人所说的问题，其实都不是相对论的问题，完全是批评者没有看懂而导致的误解。那么他的相对论有没有问题呢？爱因斯坦认为有问题，而且有大问题，但不是那些批评者提的问题。

第一个问题是惯性系的定义出了问题。在牛顿力学中，惯性系是用绝对空间定义的，认为惯性系就是相对于绝对空间静止或者做匀速直线运动的参考系。相对论不承认存在绝对空间和以太，那么以前对惯性系的定义就不能再用了。惯性系是相对论讨论的基础，现在却无法定义了，这当然是严重问题。

另一个问题是万有引力定律不能纳入相对论的框架。当时一共就知道两种力：电磁力和万有引力。麦克斯韦的电磁理论自然满足相对论，这是因为相对论诞生之前，麦克斯韦创立的电磁理论实际上已经是相对论性的理论了。正是相对论性的电磁理论，与当时公认的非相对论性的牛顿绝对时空观、以太理论及伽利略变换存在矛盾，才导致了相对论诞生前夜的第二朵乌云。爱因斯坦创建相对论之后，这朵乌云就自然消散了。遗憾的是万有引力定律却不能写成相对论的形式。爱因斯坦多次努力均未能克服此困难。一共就知道两种力，其中一种的理论表述就与相对论矛盾，这当然也是个大问题。

爱因斯坦反复考虑相对论的这两个困难。这篇文章就是记述爱因斯坦对这两个困难的思考，是如何把他引向新的理论——广义相对论的。

"广义相对性原理"与"等效原理"

由于在相对论中找不到惯性系的合适定义，爱因斯坦的思想产生了一个飞跃：干脆放弃惯性系的特殊地位，把相对性原理从惯性系推广到任意参考系。原来的相对性原理说，物理规律在所有惯性系中都相同。爱因斯坦把它推广为，物理规律在一切参考系中都相同，称之为广义相对性原理。这样，就可以避开惯性系的定义了。

但是，非惯性系中存在惯性力，如何处理惯性力是一个难题。爱因斯坦注意到了惯性力与万有引力的相似性。他讨论了光线在加速系中的运动，以及光线在引力场中的运动，指出了二者的相似性。这时，他的思想又产生了第二个重大飞跃：惯性力与万有引力等效。他进而推测惯性场与万有引力场等效，惯性质量与引力质量相等，这就是等效原理。

广义相对性原理和等效原理后来成了他的新理论——广义相对论的两块重要基石。

光线偏转与引力红移

爱因斯坦从加速场中光的频率会发生变化，推测引力场中光的频率也会发生变化，最后他得到引力场中光的频率会发生红移，时钟会变慢的结论。

他还把光传播的惠更斯原理、万有引力定律这两个经典理论与等效原理相结合，得到了光线会在引力场中发生偏转的结论，并预言遥远恒星的光穿过太阳附近的引力场时会发生偏转。当然，把光的微粒性、万有引力定律与等效原理相结合也会得到类似的光线偏转结论。不过这样得到的偏转角，都只有后来建立的广义相对论的预言值的一半。此后的天文观测支持了更为完整、更为成熟的理论——广义相对论的结论。

创建广义相对论最重要的论文

现在介绍第七篇文章《广义相对论基础》(此文正式发表于 1916 年 3 月 20

日）。这是爱因斯坦创建广义相对论的最重要的文章。

在这篇文章的第一部分，爱因斯坦首先对狭义相对论作了评述。

他指出，狭义相对论有两块基石，即相对性原理和光速恒定性原理。他进一步明确指出，狭义相对论与经典物理学的分水岭，不是相对性原理，而是他首创的光速恒定性原理，特别是这一原理所含的"光速和光源相对于观测者的运动无关"的公理，即光速不变原理。

然后他指出了狭义相对论的两个困难，一个是作为相对论基础的惯性系竟然无法定义，另一个是万有引力理论不能纳入狭义相对论的框架。

为了克服第一个困难，他把仅适用于惯性系的相对性原理发展为"广义相对性原理"，认为物理规律不仅在一切惯性系中相同，而且在任何参考系中都相同。为了解决非惯性系中出现的"惯性力"的问题，他注意到惯性力与万有引力性质上的相似性，创造性地提出了"等效原理"，认为惯性力与万有引力等效，惯性质量与引力质量相等，惯性场等价于引力场（严格说来，应该是在一个时空点的邻域，引力场与惯性场不可区分）。

这一时期，爱因斯坦开始在自己的研究中引入闵可夫斯基的四维时空理论。他把自己提出的"广义相对性原理"用数学语言表述成物理规律具有"广义协变性"，即物理规律的表达式在四维时空的任何坐标变换下都是协变的。也就是说，描述物理规律的方程在四维时空的一切坐标系下都相同。

为了描述任意参考系，他引入了与时间和空间测量有关的"时空度规"$g_{\mu\nu}$，并把它与引力场联系起来。

黎曼几何

在第七篇文章的第二部分，他全面介绍了新理论（广义相对论）的数学基础：黎曼几何与张量分析。这是因为，引力与惯性力的等效性使爱因斯坦创造性地猜测：时空可能是弯曲的。万有引力不同于一般的力，可能是时空弯曲的表现。实际上，数学家黎曼（B. Riemann，1826—1866）在创立黎曼几何时，就曾推测，真实的空间可能是弯曲的。注意，黎曼推测的是"空间"弯曲，还不是"时空"弯曲。爱因斯坦曾读过不少与科学哲学及数学有关的书籍，特别是庞加莱的文章，所以爱因斯坦可能知道黎曼的上述推测。

爱因斯坦感到自己需要新的数学工具，他求助于自己的好友格罗斯曼（M. Grossmann，1878—1936）。格罗斯曼是爱因斯坦在苏黎世理工学院师范系上学时的同班同学。这个师范系是为了培养大学和中学的数学、物理师资而设立的。格罗斯曼毕业后留校任教，最初担任闵可夫斯基的助教。

当时格罗斯曼已经是该校的数学系主任了。他放下自己的工作，帮爱因斯坦查阅文献。他发现，意大利数学家列维-齐维塔（T. Levi-Civita，1873—1941）等人正在研究的黎曼几何可能对爱因斯坦有用，于是他和爱因斯坦一起学习、钻研有关的数学理论，帮助爱因斯坦很快掌握了黎曼几何与张量分析。

顺便说一下，黎曼几何是当时物理界不熟悉的数学理论。历史上，几何学曾对物理研究起过重大作用。欧氏几何曾是物理学家最熟悉的、最常用的数学工具。

牛顿是微积分的创始人之一，但当时微积分刚起步，还不成熟。因此牛顿在他的《自然哲学之数学原理》和《光学》等著作中，所用的主要数学工具仍然是欧氏几何。所以在牛顿写的书中有大量几何图形。

后来，微积分发展起来，并逐步取代欧氏几何成为物理学家常用的主要的数学工具。特别典型的是，在拉格朗日（J. Lagrange，1736—1813）所著的《分析力学》一书中，他把几何彻底赶了出去，全书400多页竟然没有一张图。所以，在19世纪的物理学中，微积分一直是主要的数学工具。

现在，爱因斯坦使几何重返物理学研究。他在闵可夫斯基的启发下，在格罗斯曼和希尔伯特（D. Hilbert，1862—1943）等人的帮助下，成功地掌握了黎曼几何，使黎曼几何和张量分析成了广义相对论的数学基础。而且，从爱因斯坦开始，几何学开始重新全面地返回了物理学的各个研究领域。

在这一章中，爱因斯坦假定读者完全不熟悉黎曼几何与张量分析（这一假定符合实际情况，直到今天也基本上是这样），从零开始介绍这些数学工具。

他首先介绍四维时空中的矢量、张量和标量（不变量），指出矢量和张量都分协变与逆变两类，张量可以有不同的阶数；他介绍了张量在坐标变换下的变换规律、张量的对称性、张量代数和协变微分。又具体介绍了度规张量、克里斯多菲符号、张量的散度和旋度运算、曲率张量及其缩并等，还介绍了如何用变分法求得弯曲时空中的测地线方程。学习完上述关于黎曼几何与张量分析知识，零基础的读者就具备了进一步学习广义相对论这一深奥的物理理论的必要数学基础。

广义相对论的核心：场方程与运动方程

《广义相对论基础》这篇文章的第三部分是广义相对论的核心内容。爱因斯坦在这一章中给出了广义相对论的两个基本方程：场方程和运动方程。

场方程告诉我们物质的存在和运动如何造成时空弯曲，运动方程告诉我们一个自由质点（即除万有引力外，不受其他外力的质点）在弯曲时空中如何运动。

后来，著名的美国相对论专家惠勒（J. Wheeler，1911—2008）曾形象地形容，广义相对论这个理论，是描述"物质告诉时空如何弯曲，时空告诉物质如何运动"的理论。

爱因斯坦首先给出了自由质点的运动方程。按照他的物理思想，万有引力不是普通的力，只是时空弯曲的表现。只受到万有引力的质点，实际上没有受到任何力，因而实际上是自由质点，它在弯曲时空中的运动，应该仍是惯性运动。在平直时空中，做惯性运动的自由质点，沿直线运动。在弯曲时空中，不存在直线，但存在测地线（粗略地说就是短程线），测地线是直线在弯曲时空中的推广。爱因斯坦认为在弯曲时空中自由质点的运动轨迹就应该是测地线。所以他在第二章§9用变分原理得到的测地线方程，就是广义相对论中自由质点的运动方程。

运动方程实际上原来就知道，就是几何中的测地线方程，数学家们早已给出。只不过在这篇文章中，爱因斯坦重新确认了此测地线方程就是弯曲时空中自由质点的运动方程。

然后，他开始寻找场方程，为此他进行了艰难的探索，与希尔伯特进行过讨论，两人还产生过令人不愉快的竞争和争执。

这是因为场方程原来没有，需要爱因斯坦从零开始创建。他从简单情况开始，首先探讨了真空情况下的引力场方程。又从哈密顿原理、动量守恒定律和能量守恒定律、作为对应原理的泊松方程（在弱引力场下回到牛顿理论的要求）等多角度进行反复思考，最后猜出了场方程的正确表达式。正如苏联物理学家福克(V. Fock, 1898—1974)所说，"伟大的以及不仅是伟大的发现，都不是按照逻辑的法则得来的，而是由猜测得来的。换句话说，大都是凭着创造性的直觉得来的"。

在创建场方程的前后，爱因斯坦加速了他的思考，与希尔伯特的讨论，肯定对他有一定的启发。另外，牛顿理论无法解释的水星轨道近日点的进动，也是指引爱因斯坦的实验之光，而且几乎是唯一的实验之光。爱因斯坦认为自己的理论如果正确，应该能够解决这一个天文观测上的困难。

引力场的能量与动量，引力波

另一个值得注意之点是，爱因斯坦在上述讨论中，指出了引力场本身具有能量和动量，给出了引力场的第一个能量动量密度表述，并指出他给出的这个引力场的能量动量密度不是张量。这一点和广义相对论中其他的物理量都不同，也与电动力学不同，电动力学中物质的能量、动量、电磁场强、电磁场能量动量等都是张量。

事实上，引力场的能量动量表述是一个难题。爱因斯坦提出这一能量表述后受到其他物理学家的批评。他们指出爱因斯坦的"表述"有严重缺点。于是一些人开始寻找更好的引力场能量动量表述，先后给出了朗道表述、穆勒表述、段一士表述等多种表述。不过，后来的研究表明，所有这些表述均存在各自的问题。但是，在一些有关引力波的计算中，这些有缺点的表述一般又都还可以用。现在的看法是，引力场不存在完全局域化的能量表述。换句话说，引力场的能量动量密度不能像电磁场那样逐点定义。

爱因斯坦给出了包含引力场能量和动量的守恒定律，他指出在引力场中研究物质的能量和动量，不能只考虑物质本身，还必须考虑引力场的存在和影响。

引力场具有能量和动量，预示了引力波的存在。爱因斯坦不久(1916 年 6 月 22 日)就明确指出存在引力波。虽然此后他的观点出现过反复，但最后他还是肯定了引力波的存在。

总之，爱因斯坦在这篇文章的第三部分中，给出了广义相对论的全部基本理论。我们看到，广义相对论的基本方程有两个，即场方程和运动方程。

到了 20 世纪 30 年代，爱因斯坦和苏联物理学家福克各自独立地从场方程推出了运动方程。所以，今天相对论界认为，广义相对论的基本方程只有一个，那就爱因斯坦场方程。

广义相对论与经典物理学的关系，实验验证

在《广义相对论基础》这篇文章的第四部分中，爱因斯坦尝试把他的广义相对论用到电磁学领域，给出了弯曲时空中麦克斯韦电磁理论的表达式。同时尝试把无摩擦绝热流体的欧拉方程推广到弯曲时空情况。

在这篇文章的第五部分，爱因斯坦在一阶近似下，让自己的广义相对论回到了万有引力定律，以及引力场中的牛顿第二定律。

他还介绍了广义相对论的实验验证。包括弯曲时空中的时钟变慢（引力红移），太阳附近光线的偏转。特别是他得到了水星轨道近日点进动的正确值，这是他梦寐以求的结果。

上述结果都表明，广义相对论是一个得到实验观测支持的、逻辑完美的、正确的物理理论。

寻找场方程之路，爱因斯坦与希尔伯特的合作与竞争

现在我们介绍第八篇论文《哈密顿原理与广义相对论》（发表于 1916 年 10 月 26 日）。这篇论文与建立广义相对论的核心论文（第七篇论文）发表在同一年，是对第七篇论文的补充与支持。

这篇文章一开始，爱因斯坦就谈到最近洛伦兹和希尔伯特对广义相对论的研究，说他们仅仅从一条变分原理出发就得出了广义相对论的场方程。爱因斯坦说自己写这篇文章的目的也是做这件事，并谈到自己的工作与希尔伯特工作的不同点。

如果我们回顾一下爱因斯坦与希尔伯特在创建广义相对论时的讨论和竞争，会有助于我们对这篇文章的理解。

爱因斯坦迁居德国后的那段时期，正是他创建广义相对论的关键时期。爱因斯坦的工作引起了数学家希尔伯特的兴趣，二人进行过有益的讨论，既有合作，也有一定的竞争，有时二人的竞争还比较紧张。大致情况如下：

1915 年 6 月，受希尔伯特之邀，爱因斯坦在哥廷根大学用了大约一个星期的时间报告自己有关广义相对论的研究工作。在此期间，爱因斯坦住在希尔伯特家中。

10 月，爱因斯坦发现自己的工作有误，而且听说希尔伯特也发现了他的工作有误。于是爱因斯坦紧张起来，担心希尔伯特与他争夺科研成果。爱因斯坦加快了工作进度，从 11 月 4 日开始，每周四在科学院作一次报告，报告广义相对论的研究进展。

11 月 18 日，爱因斯坦得出了水星轨道近日点进动的正确值和经过太阳附近的光线偏转的正确值，这是对他的广义相对论理论的实验支持。他把自己的成功和喜悦写信告诉了希尔伯特。

11 月 19 日，希尔伯特致信爱因斯坦，祝贺他算出了水星轨道近日点进动的正确值。

11 月 25 日，爱因斯坦在报告中给出了广义相对论场方程的正确表达式。爱因斯坦当天把这篇文章投给了科研杂志，并在 1915 年 12 月 2 日发表出来。

而希尔伯特在 1915 年 11 月 20 日就完成了自己的论文，并比爱因斯坦早 5 天投给了科研杂志，但到 1916 年 3 月 1 日才发表出来。

不过，据科学史专家研究，希尔伯特的这篇论文，在投稿时上面还没有正确的广义相对论场方程，他是在看到了爱因斯坦发表的文章后，才在对自己论文的清样作修改补充时，加上了基本正确的场方程。而且希尔伯特最终给出的场方程仍然有缺陷。

爱因斯坦在科研成果的归属上并不客气。他认为广义相对论是自己独创的，与希尔伯特的讨论虽然对自己有一定帮助，但主要成果是自己一个人得到的。

广义相对论发表后，希尔伯特在给爱因斯坦的信中，曾提到"我们的工作"如何如何。爱因斯坦很不客气地回信给他："这是我一个人的工作，什么时候成了我们的工作了?"此后，希尔伯特再也不提"我们的工作"，改提"爱因斯坦教授的广义相对论"了。不过，这没有影响他们二人的友谊，此后他们一直还是朋友。

爱因斯坦最初是通过分析、推测，猜出了广义相对论场方程的正确表达式。然后希尔伯特通过变分原理也得到了基本正确的场方程。爱因斯坦发表这篇文章的目的，是想说明自己也能从变分原理得到正确的场方程，所以第八篇论文可以看作是对第七篇论文的支持与补充。

另外，爱因斯坦在这篇文章中再次给出了引力场的能量动量表述，再次确认了引力场是独立存在的场，具有能量和动量。

爱因斯坦广义相对论场方程的左边是描述时空曲率的几何量，右边是表述物质场能量动量的张量。右边的形式比较好确定，可以从狭义相对论得到启发。困难的是寻找场方程左边几何量的正确表达式。

其实，从能量动量守恒定律可以知道，场方程右边的物质场能量–动量张量的散度必须为零。这将使得场方程左端与时空曲率有关的几何量的散度也必须为零。而左端几何量散度为零正是黎曼几何中的比安基恒等式缩并后的形式。

那时，数学家已经得到了关于曲率张量的比安基恒等式。只可惜，不仅爱因斯坦当时不知道比安基恒等式，希尔伯特也不知道这一恒等式。如果知道的话，他们就能更容易地找到场方程的正确形式。

当然，通过对曲率标量的变分，也会对他们寻找场方程左边的正确形式有所启发。希尔伯特和爱因斯坦当年通过哈密顿原理寻找场方程的时候，可能就是在对曲率标量进行变分时得到了启发。

四、广义相对论在宇宙学和粒子物理学中的应用

这一部分包括第九至第十一这三篇论文。前两篇是爱因斯坦写的论文。第九篇讲述爱因斯坦把广义相对论应用于宇宙研究，开创现代宇宙学的工作。第十篇是爱因斯坦探讨把广义相对论应用于核物理和基本粒子研究的可能性，结果是否定的。第十一篇是数学家外尔的工作。外尔在爱因斯坦统一场论思想的启发下，试图把电磁场几何化。这一尝试是失败的，但是却意外地开创了对粒子物理研究产生巨大影响的规范场论。

现代宇宙学的开创：爱因斯坦有限无边的静态宇宙模型

我们先介绍第九篇文章《基于广义相对论的宇宙学考虑》（1917 年 2 月 8 日

提交）。当时只知道两种力，电磁力和万有引力。宇宙中的星体和星系都是电中性的，它们之间的相互作用力基本上是万有引力。也就是说，支配星体和星系运动的主要是时空弯曲效应。宇宙，恰好是广义相对论可以大展身手的舞台。

爱因斯坦那个时代，人们通过望远镜对星空的观测，已经积累了不少关于宇宙的知识。望远镜的观测表明，卫星围绕行星转，行星围绕恒星转，银河系中的恒星围绕银心转。

宇宙中存在大量与银河系类似的星系，这些星系又组成大的星系团（小一点的称为星系群）。在星系团以下这样的尺度上，即大约 10^8 光年以下（也就是一亿光年以下）的尺度上，物质好像都是成团结构的。

但在更大的尺度上，即 10^8 光年以上的尺度上，星系团却是均匀各向同性分布的。也就是说，望远镜无论指向哪个方向，看起来星系团的密度都差不多。而且远方的星系团密度和近处的星系团密度看来也差不多。

由于光的传播需要时间，我们看到的远方星系的情况，是它们以前的形象。远方星系团的密度和近处差不多，说明星系团的密度过去和现在都差不多。于是爱因斯坦总结出一条"宇宙学原理"：在宇观尺度（10^8 光年以上）上，宇宙中的物质分布始终是均匀各向同性的。

这就是爱因斯坦当时头脑中的宇宙图像。他想用他的广义相对论场方程来解出这样的宇宙结构。然而，求解微分方程需要边界条件和初始条件。初始条件好解决，爱因斯坦头脑中的宇宙模型是不随时间变化的，宇宙始终是现在这个图像。但是宇宙的边界条件不好办，谁也不知道宇宙的"边"是什么样子。

在这篇文章中，他先讨论了选择无限大宇宙模型的可能性，探讨了无限大宇宙的一些可能的边界条件，结果都存在难以克服的困难。他在研究太阳系中的广义相对论效应时，曾把充分远离太阳处的时空近似看作平直的。不过，他认为研究整个宇宙时，设想无穷远处的时空平直是不可取的。

然后，他的思想产生了一次飞跃：设想宇宙是有限的，是有限而无边的。因为无边，自然也就不需要边界条件了。

在一般人的头脑中，往往以为有限等同于有边，无限等同于无边。例如，一个桌子的表面，有限大小，同时有边。欧几里得平面则无限也无边。但是如果考虑一个球的表面，面积大小肯定有限，然而却没有边。一个二维的甲虫在上面爬，肯定不会碰到边。爱因斯坦要求读者发挥想象力，设想我们宇宙的三维空间，是一个四维时空中的三维"超球面"，大小有限，但是没有边。这就是爱因斯坦头脑中的宇宙模型。按照这个模型，一艘飞船一直向前飞，不用拐弯，一定会在漫长的时间后，从我们的背后飞回来。

宇宙项的引入

然后，爱因斯坦试图用自己的广义相对论场方程，解出这个静态的、有限无边的宇宙模型。但是，在求解中碰到了困难，他得不到一个不随时间变化的有限无边的三维宇宙。爱因斯坦很快明白了，他的广义相对论是牛顿万有引力定律的推广，场方程中只包含吸引效应，不包含排斥效应。一个只存在吸引效应的宇宙不可能保持稳定，一定会在引力效应下坍缩。必须在场方程中引入"排斥效应"，与"吸引效应"相抗衡，才能使解出的宇宙模型是静态的，即不随时间变化的。

于是爱因斯坦在自己的场方程中加了一个"排斥项"，他称为"宇宙项"。这一项的表达很简单，只用一个常数 Λ 乘以度规张量来表示。爱因斯坦早年在寻找场方程正确形式的探索中，就知道这样的项会产生排斥效应。但他最早得到的场方程只用来求解太阳系中的物理效应，用不上这类排斥效应，所以最早的场方程不含这个排斥项。现在，在宇宙学的研究中，这一排斥项终于派上了用场。宇宙项中的常数 Λ 被称为宇宙学常数，是一个极小的数。在太阳系范围内，这一项过于微弱，完全不必考虑。

在这篇文章中，爱因斯坦第一次引入宇宙项，得到了静态的有限无边的宇宙模型。当时爱因斯坦沉浸在喜悦之中，认为自己彻底弄清了我们生活的宇宙的结构。

膨胀与脉动的宇宙，火球模型

不过，几年后，苏联数学家弗里德曼（A. Friedmann, 1888—1925）就用不含宇宙项的爱因斯坦场方程，解出了膨胀或脉动（胀缩交替）的宇宙模型。不久之后比利时神父勒梅特（G. Lemaître, 1894—1966）又用含宇宙项的爱因斯坦场方程，同样解出了膨胀或脉动的宇宙模型，并使爱因斯坦的静态宇宙模型成了自己的动态宇宙模型中的一个特例。

与此同时，天文学家发现了远方星系的红移，并总结出哈勃定律。宇宙学红移和哈勃定律有力地支持了膨胀宇宙模型。

爱因斯坦最初反对弗里德曼的膨胀宇宙模型。后来在天文观测事实的影响下，放弃了自己的静态宇宙模型，转而支持膨胀宇宙模型。

与此同时，爱因斯坦主张放弃宇宙项，认为自己的场方程不应该含宇宙项，不过物理和天文界的大多数人不愿放弃宇宙项。爱因斯坦遗憾地表示，引进宇宙项可能是自己一生中所犯的最大的错误。

现在，相对论界的大多数人仍然在使用含宇宙项的场方程。对于暗能量这个未解之谜，许多人认为就是宇宙项引起的。宇宙项将来或许会在时空弯曲和宇宙演化的研究中发挥重要作用。

1948 年，伽莫夫（G. Gamow，1904—1968）等人提出了宇宙膨胀的火球模型，开始把核物理、粒子物理引入宇宙学研究。此后，天体物理界把量子理论和广义相对论相结合，不断推动宇宙学研究向前发展。

不过，我们要强调，开创现代宇宙学研究的第一人是爱因斯坦，把宇宙项引入广义相对论的也是爱因斯坦。

一次失败的探索

下面我们对文献十简单说几句。这篇名为《引力场在物质基本粒子的结构中起重要作用吗?》（1919 年发表）的文章，可以看作爱因斯坦统一场论工作的第一次尝试。爱因斯坦在完成狭义与广义相对论的创建之后，把大量精力放在"统一场论"的研究上。当时只知道两种力：万有引力和电磁力，爱因斯坦的目标就是想把这两种相互作用统一起来。

在这篇文章中，他设想带电粒子是由万有引力结合在一起的。他假设物质场的能量-动量张量 $T_{\mu\nu}$ 完全来自电磁场，电磁场又反过来束缚着引力。

当然，他的这一尝试在今天看来是失败的。后来发现，原子核中的核子之间存在强相互作用力。再后来又发现基本粒子之间不仅存在强相互作用，还存在弱相互作用。这是两种短程力，没有直接的宏观效应。与强作用、弱作用和电磁作用相比，引力相互作用在微观尺度上是完全可以忽略的。

爱因斯坦思想上闪现的这一朵火花熄灭了。但它可以看作是后来的弱电统一和大统一工作的一次失败的，然而却是最先的尝试。

外尔试图统一引力与电磁力

现在我们简单介绍一下第十一篇文章，数学家外尔写的《引力和电》（发表于1918年）。在爱因斯坦生活的那个时代，一共只知道两种力，一种是万有引力，另一种是电磁力。建立广义相对论之后，爱因斯坦想，既然万有引力本质上是时空弯曲的表现，是一种几何效应，那么电磁力会不会也是一种几何效应呢？能不能把这两种力统一起来呢？这就是爱因斯坦关于"统一场论"的思想。这一思想引起了部分物理学家和数学家的兴趣。德国数学家外尔就是其中之一。

外尔的研究很快就有了进展。他想，按照黎曼几何，位于时空某一点上的一个矢量，如果离开这个点在时空中转一圈，重新回到原来的点，一般说来此矢量的指向会和它出发前不同，会转动一个角度。转动角度的大小与时空的曲率有关，也与矢量移动的路径有关。这是黎曼几何中的常识。学习、研究广义相对论的人都知道这一点。广义相对论的内容正是描述物质的能量和动量的存在如何造成时空弯曲，如何使时空产生曲率，时空的曲率又如何决定物质的运动。这些都与时空中一点的矢量移动转圈返回后，指向发生变化的效应有关。

外尔觉得，爱因斯坦的广义相对论只考虑了矢量离开原来的点转一圈回来，角度会变化，但没有考虑转一圈后矢量的"长度"是否会发生变化。四维时空中矢量的长度，反映的是尺的长度（空间间隔）或钟的快慢（时间间隔）。

爱因斯坦的广义相对论认为，静置于时空各点的钟会走得不一样快，同一刚尺静置于时空不同点，长度也会不同。这是时空弯曲造成的，也就是广义相对论效应，决定于不同时空点的时空曲率。但是，一个钟到外面转一圈回到原来的点，钟的快慢不会变化；刚尺到外面转一圈回到原来的点，长度也不会发生变化。也就是说矢量离开原来的点，到外面转圈后返回原来的位置，其长度不会变化。

外尔的新思想就是，钟离开原来的位置，到外面转圈回来，这个钟的快慢会变化；刚尺到外面转圈回来，长度会发生变化。也就是说，矢量离开原位置到外面转一圈或几圈后回来，不仅矢量的指向会发生变化（时空曲率造成的广义相对论效应），而且矢量的长度也会发生变化。后一点正是外尔的创新之处。他认为矢量长度受移动路径的影响，是电磁场的存在造成的，是电磁效应。这样他就把引力场和电磁场都作为几何效应统一起来了。

总起来说，就是四维时空中的一个矢量，离开原位置，到外面转圈后返回，矢量的角度指向会发生变化，矢量的长度也会发生变化。矢量角度指向的变化，是时空弯曲造成的，是广义相对论效应，也就是引力效应；矢量长度的变化，是电磁场的存在造成的，是电磁效应。在外尔的新理论中，引力和电磁力都被作为几何效应统一在一起了。

外尔在1918年前后发表了几篇文章，讲述自己把引力和电磁都作为几何效应统一起来的新理论。此文是其中有代表性的一篇。

爱因斯坦的反驳

爱因斯坦刚开始看到外尔的文章时很高兴，想不到有人这么快就实现了自己把引力效应和电磁效应统一起来的设想。但不久，他就发现外尔的理论大有问题。如果外尔的理论正确，我们看到空间某点有一个钟，但不知道它曾经到哪里转过，路径如何，转了多少圈，我们就无法确知这个钟的速率。这样就不会有靠得住的钟，不会有确定的时间。刚尺也是这样，我们将不会有确知其长度的刚尺，不可能有确定的长度。这样，物理学都不可能存在了。于是，爱因斯坦对外尔的工作改持否定态度。最后在普朗克（M. Planck，1858—1947）等人的斡旋下，一家杂志刊登了外尔的论文，后面附加了爱因斯坦的意见，又附加了外尔对爱因斯坦意见的答复。不过，外尔的答复显得比较无力。外尔统一"引力与电"的工作就这样发表了。

现代规范场论的开拓与发展

到了1927年左右，苏联物理学家福克和德国物理学家伦敦（F. London，1900—1954）分别独立地发现，如果在外尔理论中描述矢量长度的"尺度因子"l的前面加上一个虚数因子i，就恰好能够正确地描述电磁效应了。加上虚数因子 i 后的尺度因子，变成了"相因子"，就不再描述尺度，即不再描述刚尺的长度和钟的快慢了。爱因斯坦所批评的问题就不再存在了。外尔理论中的问题不存在了，但是这一理论也不再能统一电磁效应和引力效应了。

外尔的理论成了一个数学模型，虽然没有了错误，但似乎也没有多大用处了。外尔在 1929 年，把这里的相因子变换称为"规范变换"。"规范"的原意是"尺度"，不过，现在含义已经变成与尺度无关的相因子了。

杨振宁长期研究基本粒子间的相互作用，一直尝试建立描述基本粒子相互作用的模型。他知道外尔的不成功的规范理论。经过多年考虑和尝试后，终于和米尔斯（R. Mills，1927—1999）合作，在 1954 年创立了非阿贝尔规范理论——杨-米尔斯理论。这一理论成了后来描述基本粒子相互作用的弱电统一理论、色动力学和大统一理论的基石和模板。

外尔的规范理论所用的是比较特殊、比较简单的阿贝尔群，$U(1)$ 群，属于阿贝尔规范理论。杨振宁用的是比较一般的 $SU(2)$ 群，是比较复杂的非阿贝尔规范理论。弱电统一、色动力学和大统一理论用到的都是非阿贝尔规范理论 [弱电统一用的是 $U(1)$ 和 $SU(2)$ 的直积群]。

所以说，对于支配现代粒子物理学的规范场论，外尔走了第一步，福克和伦敦又走了一小步，然后杨振宁走了关键的一大步。

杨振宁的工作之所以十分重要，还因为万有引力和电磁力是长程力，而强作用和弱作用是短程力。从伽利略、牛顿、库仑（C. Coulomb，1736—1806）、安培（A. Ampère，1775—1836）、法拉第（M. Faraday，1791—1867）到麦克斯韦和爱因斯坦，引力和电磁力这些宏观相互作用的规律早已逐步搞清楚了，研究基本粒子时只需要把这些宏观规律改进应用到微观世界中就可以了。而强相互作用和弱相互作用是短程力，没有宏观表现，所以没有宏观规律可以参考借鉴，粒子物理学家们必须从零开始来探寻强作用和弱作用的规律。科学家们觉得无从下手，只能从实验中逐步积累一些知识。杨振宁的非阿贝尔规范场论的思想，彻底改变了这一局面，为学术界指出了一条解决微观粒子相互作用的光明大道。

五、马赫、庞加莱对爱因斯坦的影响

在创建相对论的过程中，有几位学者曾经对爱因斯坦产生过重大影响，特别是物理学家马赫和数学家庞加莱。

马赫对爱因斯坦的影响

在相对论创建之后，爱因斯坦曾多次谈到马赫的物理思想对自己的启发。本文前面我曾提到过这种影响，下面再详细讲一讲。

在创建狭义相对论时，马赫对牛顿绝对时空观的批判，对绝对空间和以太的坚决否定，对"一切运动都是相对的"这一观点的支持，促使爱因斯坦认识到相对性原理必须坚持，从而少走了不少弯路。

在创建广义相对论的过程中，当爱因斯坦思考惯性力的起源时，他再次想到了马赫的观点。牛顿曾经用水桶实验来论证绝对空间的存在。牛顿认为只有相对于绝对空间的转动才是"真转动"，做"真转动"的物体和物质（例如桶中的水），才会受到惯性离心力。推而广之，只有相对于绝对空间做加速运动的物体，才是在"真加速"，才会受到与加速方向相反的惯性力。

马赫在否定绝对空间的同时，重新解释了惯性力的起源。他认为，不存在什么绝对空间，惯性力起源于加速物体相对于宇宙中所有物质的加速；惯性离心力起源于转动物体（或物质）相对于全宇宙所有物质的转动。马赫认为，相对加速（包括相对转动）的物质间产生了一种相互作用，这种相互作用的力就是惯性力。

爱因斯坦赞同马赫的看法，认为惯性力起源于相对加速的物质间的相互作用。他想到万有引力也起源于物质间的相互作用。而且，他知道惯性力和万有引力都与物质的质量成正比。虽然惯性质量和引力质量有各自的定义，但爱因斯坦注意到，实验似乎没有发现同一物体的惯性质量和引力质量有什么差异。

爱因斯坦觉得惯性力与万有引力之间可能有相同或者相似的根源。进一步的思考使他产生了惯性力与万有引力等效的思想，并最终导致他提出"等效原理"。所以，马赫的思想的确对爱因斯坦创建广义相对论起了很大作用。

爱因斯坦后来把马赫的上述思想总结为"马赫原理"。并在 1918 年指出，他的广义相对论建立在三条原理的基础上，即"广义相对性原理""等效原理"和"马赫原理"。

不过，爱因斯坦在 1915 年前后创立广义相对论时，还没有"马赫原理"这一提法。而且，"马赫原理"也始终没有一种标准说法，更没有数学表达式，只不过是马赫关于运动相对性、关于惯性力起源等思想的一个总称。

爱因斯坦后来高度评价马赫的贡献，认为马赫实在是太伟大了，正是马赫的思想先引导自己创建了狭义相对论，又引导自己创建了广义相对论。

马赫是 1916 年去世的。他看到了爱因斯坦的狭义相对论，但不一定看到了他的广义相对论。大煞风景的是，他表示自己坚决拒绝接受爱因斯坦的相对论，认为相对论和自己的思想毫无共同之处。说完不久他就去世了。

后来的理论研究和实验检验表明，相对论和马赫原理确实不完全相符。不过，马赫的思想的确可以看作狭义和广义相对论的"催生婆"。

庞加莱对爱因斯坦的影响

在相对论诞生前夜，庞加莱对时间测量的思考和论述，以及他对光信号在时间测量中的重要地位的推测，都对爱因斯坦产生了重要影响。由于相对论是一个时空理论，所以这一影响非常重要。

庞加莱指出，时间必须成为可以测量的东西，不能测量的东西不能进入自然科学。他猜测真空中的光速均匀各向同性，可能是一个常数，还可能是极限速度。他主张可以通过"规定"或者说"约定"真空中的光速各向同性，来定义异地时钟的"同时"和"同步"。不过，他没有谈论具体的操作步骤。

爱因斯坦的朋友们后来回忆，他们在"奥林匹亚科学院"中曾热烈讨论过庞加莱论述时间测量的著作。在爱因斯坦开创狭义相对论的第一篇论文中，也不难看出庞加莱上述思想对他的影响。

另外，庞加莱坚持相对性原理，否定绝对空间的存在，对爱因斯坦也有积极的影响。不过，庞加莱依然相信存在以太，而以太参考系仍然是一个优越参考系，从这个角度讲，他对"相对性原理"的坚持不够彻底。

然而，与对待马赫的态度不同，爱因斯坦在后来发表的文章和谈话中，很少提到和赞扬庞加莱对自己的影响。这与两个人的关系不太融洽有关。

爱因斯坦一开始对庞加莱寄予很大希望，希望这位数学物理大师能够支持他的相对论。爱因斯坦与庞加莱只见过一次面，那是在一次索尔维会议上。会后，他失望地对朋友们说"庞加莱根本不懂相对论"。

庞加莱从来没有表示过赞同相对论。他在应苏黎世理工学院之邀，对爱因斯坦申请教授发表意见的信中写道：

爱因斯坦先生是我所知道的最有创造思想的人物之一，尽管他还很年轻，但已经在当代第一流科学家中享有崇高地位。……不过，我想说，并不是他的所有期待都能在实验可能的时候经得住检验。相反，因为他在不同方向上探索，我们应该想到他所走的路，大多数都是死胡同；不过，我们同时也应该希望，他所指的方向中会有一个是正确的。这就足够了。

写完这封信不久，庞加莱就去世了。

但是，历史与这位数学大师开了个很大的玩笑，爱因斯坦在 1905 年前后的工作全部都是正确而且重要的。

六、洛伦兹、闵可夫斯基、外尔、索末菲小传

本书除爱因斯坦之外的几位作者，都是一般读者不熟悉的。下面，我将略加介绍。

洛伦兹小传

洛伦兹是荷兰物理学家，是著名的电磁学权威。他 1853 年出生于荷兰的阿纳姆，父亲是一家婴儿托管所的经营者。洛伦兹学生时代成绩优异，记忆力出众，具有很强的语言能力，精通德、法、英、希腊和拉丁等多种语言。他1870 年考入莱顿大学，学习数学、物理和天文。1875 年获博士学位。24 岁开始任莱顿大学理论物理教授。

洛伦兹是经典"电子论"的创立者，并得出了著名的洛伦兹力（电磁场中运

动电荷所受的力）公式。他用电子论预言了塞曼效应，并从理论上算出了电子的"荷质比"。由于塞曼效应在实验上的发现，他和他的学生塞曼（P. Zeeman，1865—1943）一起获得了 1902 年的诺贝尔物理学奖。

洛伦兹曾对迈克尔逊实验和光行差像差现象的矛盾进行过深入研究，提出了著名的洛伦兹收缩假设。认为相对于绝对空间（即相对于以太）运动的刚尺，会在运动方向上发生收缩，从而对迈克尔逊实验为何没有观测到以太相对于地球的漂移，给出了一种解释。为了支持洛伦兹收缩效应的存在，他设计了洛伦兹变换来取代伽利略变换。

上述工作有成功的一面，但代价是放弃了相对性原理这一物理学中的根本性原理。他放弃相对性原理的做法，曾受到庞加莱的批评。庞加莱认为不存在绝对空间，相对性原理应该坚持。但庞加莱又相信存在以太，以太参考系仍是一个优越参考系。所以庞加莱对相对性原理的坚持不够彻底。

洛伦兹部分地接受了庞加莱的批评意见，但仍然放弃了相对性原理。他运用自己在电磁学方面的丰富知识，和他的学生开始探讨在刚尺发生洛伦兹收缩时，原子中电荷分布可能发生的变化。

由于对"绝对空间"和"以太"结论的迷信，洛伦兹没有在混乱中找到出路，最终与相对论的创立擦肩而过。但是，洛伦兹的上述探索，为爱因斯坦的革命性突破做了非常有益的前期铺垫。

他的洛伦兹变换和洛伦兹收缩的重要公式，后来保存在了爱因斯坦的相对论中。洛伦兹变换的数学公式还成了相对论的核心公式。当然它们的物理解释与物理意义在相对论中已经发生了根本性变化。

洛伦兹是爱因斯坦创建相对论的先驱者。1918 年他去世时，爱因斯坦在他的墓前致辞说："洛伦兹的成就对我产生了最伟大的影响。"爱因斯坦还称他为"我们时代最伟大、最高尚的人"。

闵可夫斯基小传

闵可夫斯基是德国数学家，1864 年出生于俄国的亚力克索塔斯（今立陶宛的考纳斯），其父是一位成功的犹太商人。他 8 岁时随父母定居于德国的柯尼斯堡（今俄罗斯加里宁格勒）。

他自幼思维敏捷，记忆力极好，表现出很强的数学天赋和文学天赋。闵可夫斯基几兄弟都才华横溢，使他们的同学、后来大器晚成的希尔伯特一度对自己的能力产生怀疑。八年的预科学校课程，闵可夫斯基只用五年就完成了。闵可夫斯基虽然比希尔伯特小两岁，却比他早一年毕业。

闵可夫斯基先后进入柏林大学、柯尼斯堡大学学习。在柯尼斯堡大学，闵可夫斯基与希尔伯特重逢。另一位数学天才胡尔维茨（A. Hurwitz，1859—1919）也来到柯尼斯堡，三人从此建立起终生的友谊。人们经常看到他们三人下午在苹果园中漫步，讨论各种数学问题。

闵可夫斯基于 1885 年在柯尼斯堡大学获得博士学位，此后曾先后在波恩大学、柯尼斯堡大学、苏黎世理工学院和哥廷根大学任教。他在数论和代数领域的研究都成就卓著。

在苏黎世理工学院任教期间，爱因斯坦曾是他的学生。不过，爱因斯坦不喜欢常规的课堂教学，经常逃课自学。闵可夫斯基亲切地称他为"懒狗"。爱因斯坦毕业后创建的相对论，引起了闵可夫斯基极大的兴趣，他开始把更多的研究精力投入数学物理的领域。

他敏锐地发现，在爱因斯坦的相对论中，时间和空间可以看作一个整体，他称为"四维时空"；能量和动量也可以看作一个整体，他称为"四维动量"。于是他把"伪欧几何"（"闵氏几何"）引入了相对论研究，创建了四维闵可夫斯基时空。

另外，闵可夫斯基把四维时空中的每一点，称为一个世界点，全体世界点构成世界，他还提出了世界线和光锥的概念。这些理论为研究时空的因果结构打下了基础。

他对时间和空间的上述认识，是爱因斯坦原来没有想到的。爱因斯坦曾对他开玩笑说："你这么一改造，我都看不懂我的相对论了。"

四维时空理论，给了爱因斯坦很大的启发，使爱因斯坦能够站在更高的角度来重新审视自己的相对论，并为爱因斯坦进一步创建描述弯曲时空的广义相对论做好了铺垫。

闵可夫斯基本来还可能为相对论研究做出更多的贡献，遗憾的是，他 45岁就英年早逝了。他最后的岁月是在哥廷根大学教授的任上度过的。他去世后，遗作由他的好友兼同事希尔伯特帮助整理出版。

闵可夫斯基留下的"四维时空"遗产，至今仍在相对论的教学和研究中发挥重要作用。

外尔小传

外尔1885年出生在德国汉堡附近的小镇，他的父亲是一位银行家。外尔从小就在数学和科学上表现出很大的天赋，中学时代就读过康德（I. Kant，1724—1804）的《纯粹理性批判》。这本书对他产生了很大影响。

1904年他中学毕业后，受数学大师希尔伯特的影响，到当时的数学中心哥廷根大学攻读数学。他不仅在学校安排的课程上十分努力，还抓紧在假期自学。他在一年级的暑假把希尔伯特的《数论报告》带回家，在没有数论的准备知识的情况下，刻苦钻研这本书，度过了"一生中最快乐的几个月"。他后来在哥廷根大学获得博士学位，导师是希尔伯特。

爱因斯坦的广义相对论问世后，引起了外尔极大的兴趣。他认为"爱因斯坦1916年发表的《广义相对论基础》宣告了一个新时代的到来"。他在大学中讲授广义相对论课程，在此期间，他努力把哲学思想、数学方法和物理理论相结合，完成了名著《空间、时间、物质》，用自己的思想，严格、清晰地介绍了广义相对论，深受读者欢迎。

外尔受到爱因斯坦在广义相对论中把引力场几何化的启发，试图把电磁场也几何化，从而完成爱因斯坦把引力场和电磁场统一起来的设想。

在广义相对论中，一个矢量离开四维时空中的一点，移动一周后返回原位置，该矢量在时空中的指向会发生改变，造成这种改变的是时空弯曲效应，也就是广义相对论效应，即万有引力效应。不过在广义相对论中，在转动一周返回原位置后，该矢量的指向虽然发生变化，但是长度没有发生变化。

外尔认为，矢量移动一周后，返回原位置时，长度也会发生变化，造成矢量长度变化的则是电磁效应。这样，外尔就把电磁场也几何化了，从而向统一场论的建立迈出了一大步。但是，外尔的这一理论遭到爱因斯坦的质疑而最终失败。不过外尔的这个理论可以看作建立现代规范场论的第一次尝试。

外尔同时也参加了当时蓬勃发展的量子力学研究。他力图把当时物理界一般不熟悉的群论引进量子力学。他出版了《群论和量子力学》这一影响极大的著作。

外尔从 1930 年起，接替希尔伯特担任哥廷根大学的数学教授，后来又担任哥廷根大学数学研究所所长，美国普林斯顿高等研究院数学教授。外尔是 20 世纪上半叶最杰出的数学家之一。

索末菲小传

索末菲是德国物理学家，1868 年出生于德国柯尼斯堡，并在那里度过了他的小学、中学和大学生涯。他 23 岁时在柯尼斯堡大学获得博士学位。此后曾在哥廷根大学等校任教。1906 年，38 岁的索末菲接替玻尔兹曼（L. Boltzmann，1844—1906）出任慕尼黑大学的理论物理教授。

索末菲的研究兴趣在 X 射线和 γ 射线方面，在金属电子论、温差电和金属导电性方面也有研究成绩。

玻尔（N. Bohr，1885—1962）在 1913 年提出的氢原子轨道模型，引起索末菲的极大兴趣。他努力把爱因斯坦的相对论和普朗克的量子论相结合，对玻尔模型进行"精细加工"。他对玻尔模型做了相对论修正，用电子的椭圆轨道取代了原模型中的圆轨道，并引入了轨道的空间量子化方案，从而成功地解释了原子光谱的精细结构和正常塞曼效应。

索末菲研究工作的特点是：尽可能把当时最先进的物理理论与最新的实验结果相结合，因此有人形容他为"量子工程师"。

索末菲的数学物理知识全面而丰富，思想细致而敏捷，所以能够对当时新出现的闵可夫斯基四维时空理论作出一些注释。

索末菲在培养学生方面卓有成就。他有四个博士生 [海森堡（W. Heisenberg，1901—1976）、德拜（P. Debye，1884—1966）、泡利（W. Pauli，1900—1958）和贝特（H. Bethe，1906—2005）] 和三个博士后 [劳厄、鲍林（L. Pauling，1901—1994）和拉比（I. Rabi，1898—1988）] 先后获得诺贝尔物理学奖或化学奖。

特别值得称道的是，他在慕尼黑大学办了一个由研究生和优秀本科生组成的研讨班，被誉为"人才特别快车"。著名物理学家泡利曾在这个"人才特别快车"上学习，毕业后又长时间担任这个研讨班的助教。另一位著名物理学家海森堡从上大学本科开始，就在索末菲的鼓励下参加了这个研讨班的活动。

索末菲平时西装革履，留着两撇胡子，一副普鲁士军官的威严模样。但实际上他说话和蔼，待人亲切，出自他门下的学者都曾得到过他的鼓励和帮助，一时遇到挫折的学生也会从他的宽容和期望中获得力量与信心。

他鼓励学生们要立大志，但不要一开始就做大而难的题目。在科研选题上应该先易后难。先做一些容易的题目，积累经验后再钻研大而难的题目。他勉励学生们要勤奋地做练习，通过做练习来深入理解和掌握学习到的知识和方法，为以后的科研攻关做好准备。

由此可见，索末菲不仅是一位卓有成就的物理学家，也是一位优秀的导师，他培养人才的模式与方法，非常值得后人效仿。

（感谢天文学社李月航同学协助整理文稿）

英译者前言

· *The English Translator's Preface* ·

> 广义相对论把哲学的深奥、物理学的直观和数学的技艺令人惊叹地结合在一起。
>
> ——玻恩

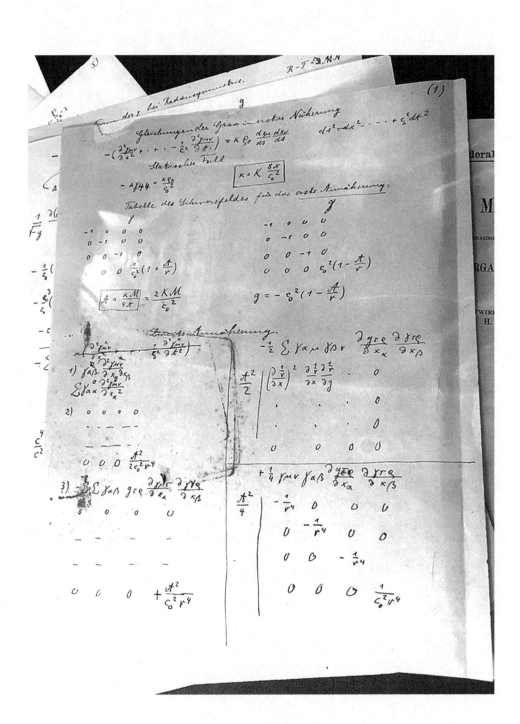

目前关于相对论的研究主要在以下两个方面：一是力求以合乎逻辑和简洁的形式表达其原理，二是与阻碍其进一步发展的分析上的困难作斗争。纠葛于这些问题之中，人们很容易忘记理论是怎么在物理实验的刺激下逐渐成长起来的，从而错过了它的很多意义。

这本论文集的主要目的就是为了展示这种成长过程。前几篇论文中的一些东西，作者现在无疑会以不同的方式表达；后面几篇论文涉及的问题尚未完全解决。最终我们必须承认，相对论仍然是一个很大的问题，因此值得我们研究。

除了闵可夫斯基，论文的其他作者仍在积极研究这个课题。闵可夫斯基关于"空间与时间"的论文反映了数学物理因他早逝而遭受的损失。

英译本译自德语论文集 *Des Relativitatsprinzip*（Teubner，4th ed.，1922）。但洛伦兹的第二篇论文是例外，该文转载自《阿姆斯特丹科学院论文集》（*Proceedings of the Academy of Sciences of Amsterdam*）的英文原版。译者对之做了一些小的改动，并使其中的符号与其他论文中所使用的符号更加一致。

佩雷特（W. Perrett）

杰弗里（G. B. Jeffery）

◀爱因斯坦关于相对论的手稿。

1879 年 3 月 14 日，爱因斯坦出生在德国乌尔姆的这幢楼房里。

一

迈克尔逊的干涉实验

洛伦兹

· *Michelson's Interference Experiment* ·

· H. A. Lorentz ·

实验——收缩假设——收缩与分子力之间的关系——
收缩与分子力之间的关系(续)

英文版译自 *Versuch einer Theorie der elektrischen und optischen Erscheinungen in bewegten Körpern*(《动体中电和光现象的理论研究》),Leiden,1895,§§89~92。

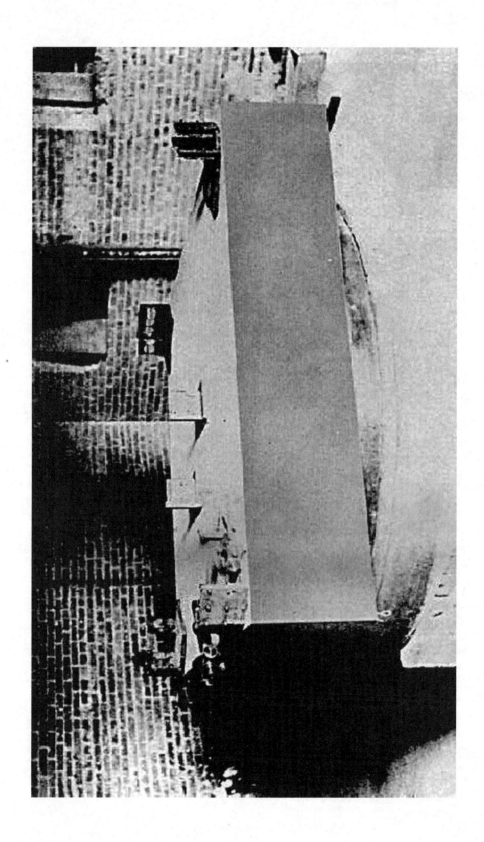

§1. 实验

如同麦克斯韦首先注意到的，也由很简单的计算可知，如果 A 和 B 两点一起移动但不带动以太，一束光线从 A 至 B 再回到 A 的时间一定会发生变化。这个时间差值肯定是二阶小量，但它足够大，可以用某种灵敏的干涉方法探测到。

迈克尔逊于 1881 年进行了这项实验。[①] 他使用的设备是一种干涉仪，有两条互相垂直的等长水平臂 P 和 Q。其中有两束互相干涉的光线，一束沿着臂 P 传播并返回，另一束沿着臂 Q 传播并返回。整套仪器，包括光源和观测装置，都可以环绕一根竖直轴旋转；要特别考虑臂 P 或臂 Q 尽可能靠近地球运动方向时的两个位置。根据菲涅耳(A. Fresnel，1788—1827)的理论可以预测出，当这个设备由一个主位置转动到另一个时，干涉条纹将发生位移。

但是未能找到这样一种因传播时间变化而导致的位移——为简单起见我们将之称为麦克斯韦位移，因此迈克尔逊认为有理由作出结论：当地球运动时，以太并不是静止的。这个结论的正确性很快就受到了质疑，因为迈克尔逊的疏忽，他所取的应该与理论值一致的相位差值，是正确值的两倍。如果我们做必要的修正，我们得到的位移值将不大于被观测误差所掩盖的值。[②]

后来，迈克尔逊又与莫雷(E. Morley，1838—1923)[③]合作重新做了实验，通过使光线在许多镜面之间来回反射来改进实验的精度，因为反射相当于把设

◀迈克尔逊-莫雷实验的干涉装置。

---

① Michelson, *American Journal of Science*, 22, 1881, p. 120.

② 迈克尔逊预期的干涉条纹位移值是干涉条纹间距的 0.04 倍，但他实测的最大值是这个间距的 0.018 倍，大部分实测值还更小，因此他认为位移不存在。但是如上文所述，其正确理论值只有一半，即 0.02 倍，因此，位移不存在的结论受到质疑。当然，下文提到的迈克尔逊-莫雷实验，令人信服地证明了位移不存在。在后一个实验中，上述倍数为 0.4，而测得结果≤0.02 或≤0.01。——中译者注

③ Michelson and Morley, *American Journal of Science*, 34, 1887, p. 333; *Phil. Mag.*, 24, 1887, p. 449.

备的臂延长了很多。这些镜面安装在浮在水银上的巨大石盘上，因而容易转动。现在每束光线必须要经过 22 米，根据菲涅耳的理论，从一个主位置到另一个主位置的位移，预期是干涉条纹间距的 0.4 倍。然而旋转造成的位移却不超过这个间距的 0.02 倍，因此很容易相信它们在观测误差范围之内。

现在，这个结果可以使我们认为以太随着地球运动，从而斯托克斯(G. Stokes, 1819—1903)给出的光行差理论是正确的吗？用这个理论解释光行差时遇到的困难对我来说太大，因此我不能同意这个观点，我更愿意尝试去消除菲涅耳的理论与迈克尔逊的结果之间的矛盾。我曾在一段时间以前提出过的一个假设[①]可以使我们解决这个问题，后来我得知斐兹杰惹也有这个想法。[②] 下一节将从这个假设出发。

§2. 收缩假设

为了简单起见，我们假定使用的是第一次实验中使用的设备，并且假设在第一个主位置处，臂 P 精确地在地球运动的方向上。设 v 是地球的运动速度，L 是每条臂的长度，从而 $2L$ 是光线经过的长度。理论上，把设备转动 90°，使得一束光沿着臂 P 传播并返回的时间，比另一束光完成往返传播的时间多出

$$\frac{Lv^2}{c^3}。 \quad ③$$

如果平移对结果没有影响并且臂 P 比臂 Q 长 $\frac{1}{2}\frac{Lv^2}{c^2}$，那么得到的差值相同。第二个主位置有相似的结果。

因此我们看到，如果设备旋转时，首先是一条臂较长，然后是另一条臂较长，那么理论预期的相位差也会出现。由此可知，相位差可以通过尺寸的相反变化来补偿。

---

① Lorentz, *Zittingsverslagen der Akad. v. Wet. te Amsterdam*, 1892-1893, p. 74.

② 斐兹杰惹友好地告诉我，他在讲课中应用这个假设有很长时间了。关于这个假设的已发表文献我只找到了 Lodge, Aberration Problems(《光行差问题》), *Phil. Trans. R. S.*, 184A, 1898。

③ Lorentz, *Arch. Néerl.*, 2, 1887, pp. 168-176.

如果我们假设在地球运动方向上的臂比另一条臂短 $\dfrac{1}{2}\dfrac{Lv^2}{c^2}$，并且与此同时，平移产生了菲涅耳理论所预期的影响，那么就完全可以解释迈克尔逊实验的结果了。

因此，我们不得不设想，固体（例如黄铜棒或在第二次实验中用到的石盘）通过静止的以太的运动会对固体的尺寸产生影响，而该影响会随着物体相对于运动方向的方位而变化。例如，如果平行于这个方向的尺寸按照 $1:(1+\delta)$ 的比例改变，而垂直于这个方向的尺寸按照 $1:(1+\varepsilon)$ 的比例改变，那么我们应当有方程

$$\varepsilon - \delta = \frac{1}{2}\frac{v^2}{c^2}, \quad\cdots\cdots\cdots\cdots\cdots\cdots\cdots\cdots\cdots\quad (1)$$

其中量 δ 和 ε 的值中有一个是不确定的。可能是 $\varepsilon=0$，$\delta=-\dfrac{1}{2}\dfrac{v^2}{c^2}$，但也可能是 $\varepsilon=\dfrac{1}{2}\dfrac{v^2}{c^2}$，$\delta=0$，或者 $\varepsilon=\dfrac{1}{4}\dfrac{v^2}{c^2}$ 和 $\delta=-\dfrac{1}{4}\dfrac{v^2}{c^2}$。

§3. 收缩与分子力之间的关系

乍一看，这个假设可能令人惊讶，但我们不得不承认，只要我们假设分子力也像电力和磁力[①]一样通过以太传递，这完全不是不着边际的。就后两种力而言，我们现在已经可以肯定地作出这个结论。如果它们是这样传递的，平移将非常可能以类似于两个带电粒子之间的吸引或排斥的方式，影响两个分子或两个原子之间的作用。而由于固体的形状和尺寸最终受到分子作用强度的制约，所以它不可能没有尺寸的变化。

因此从理论角度来看，这个假设不成问题。至于实验证明，我们首先必须注意到，所述的伸长和收缩都是极其微小的。我们有 $\dfrac{v^2}{c^2}=10^{-8}$，因此，如果

---

① 电力和磁力（electric and magnetic force），指电荷之间或磁体之间的吸引力或排斥力。——中译者注

$\varepsilon = 0$，地球的一条直径约缩短 6.5 厘米。从一个主位置移动到另一个时，米标尺的长度改变约为 $\dfrac{1}{200}$ 微米。能够成功感知到这样微小的量是几乎不可能的，除非应用干涉方法。我们应当用两根相互垂直的杆和两束相互干涉的光线，使一束光线沿着第一根杆，另一束光线沿着第二根杆来回传播。但是这样一来我们又回到了迈克尔逊实验，设备的旋转应当不会使我们察觉条纹的位移。反过来，我们现在可以说，长度变化引起的位移被麦克斯韦位移抵消。

§4. 收缩与分子力之间的关系(续)

值得注意的是，如果我们，首先，不考虑分子运动，假设在固体中，只有作用于任何分子的吸引力和排斥力把它们保持于平衡状态，其次(虽然肯定没有理由这样做)，如果对这些分子力应用我们在别处[①]对静电作用导出的法则，那么我们就会得到正如前面所假设的相同的尺寸变化。因为，如果我们现在不能像以前那样，把 S_1 和 S_2 看作两个带电粒子系统，而把它们看作两个分子系统(第二个系统静止，第一个系统以速度 v 在 x 轴方向运动)，它们的尺寸之间仍满足以前所述的关系。如果我们假设两个系统中力的 x 分量相同，力的 y 分量和 z 分量相差一个因子 $\sqrt{1-\dfrac{v^2}{c^2}}$，那么很清楚，当 S_2 中的力处于平衡状态时，S_1 中的力也将处于平衡状态。如果因此 S_2 是静止固体的平衡状态，那么 S_1 中的分子正好处于使它们在位移影响下保持不变的那些位置。这个位移自然会导致分子的这种自行配置，并且由此导致运动方向的收缩比为 $1 : \sqrt{1-\dfrac{v^2}{c^2}}$，与上一节给出的公式一致。这产生了与(1)式一致的以下诸值

$$\delta = -\frac{1}{2}\frac{v^2}{c^2}, \quad \varepsilon = 0 。$$

---

① Versuch einer Theorie der elektrischen und optischen Erscheinungen in bewegten Körpern(《动体中电和光现象的理论研究》), §23.

　　在现实中，物体的分子并非处于静止状态，而是在每一个"平衡状态"中都有一种平稳运动。关于这种情况对我们刚才考虑的现象会有什么样的影响，这里未曾触及。无论如何，由于不可避免的观测误差，迈克尔逊和莫雷的实验为 δ 和 ε 的值提供了相当大的自由度。

爱因斯坦与喜剧演员卓别林(C. Chaplin, 1889—1977)在《城市之光》首映式时的合照。

二

低于光速移动系统中的电磁现象

洛伦兹

· *Electromagnetic Phenomena in a System Moving with any Velocity less than that of Light* ·

· H. A. Lorentz ·

实验佐证——庞加莱对收缩假设的批评——关于运动轴线的麦克斯韦方程——修改后的矢量——推迟位势——静电场——极化粒子——相应的状态——电子的动量——地球运动对光学现象的影响——应用——分子运动——考夫曼的实验

（英译本）转载自 *Proceedings of the Academy of Sciences of Amsterdam*（《阿姆斯特丹科学院论文集》），6，1904。

§1. 实验佐证

如果只需要考虑那些与平移速度 v 和光速 c 之比的一次幂成正比的项，那么关于确定平移（例如任何系统由于地球的年运动都具有的平移）对电和光现象产生的影响，可以有一个相对简单的解决方案。当二阶量即 $\dfrac{v^2}{c^2}$ 量级可察觉时，则存在更多困难。第一个这种类型的例子是迈克尔逊著名的干涉实验，其否定结果使得斐兹杰惹和我得出结论：固体的尺寸因其在以太中的运动而略有改变。

最近发表了一些寻找二阶效应的新实验。瑞利[①]（J. Rayleigh，1842—1919）和布雷斯[②]（B. Brace，1859—1905）探讨了地球运动是否可能导致物体产生双折射的问题。乍一看，如果容许刚才提到的尺寸变化，答案可能是肯定的。然而，这两位物理学家都得出了否定的结果。

然后是特劳顿（F. Trouton，1863—1922）和诺布尔（H. R. Noble）[③]，他们努力检测了作用在带电电容器上的转动力偶，其中电容器极板与平移方向成一定角度。除非通过一些新的假设修改关于电子[④]的理论，否则它无疑需要这样一个力偶的存在。为了理解这一点，考虑电介质为以太的电容器就足够了。这可以证明，在每一个以速度 $\boldsymbol{v}$ [⑤]运动的静电系统中，都有一定大小的"电磁动量"[⑥]。

◀书房中的洛伦兹，他后面的墙上挂着爱因斯坦的照片。

---

① Rayleigh, *Phil. Mag.* (6)，4，1902，p. 678.
② Brace, *Phil. Mag.* (6)，7，1904，p. 317.
③ Trouton and Noble, *Phil. Trans. Roy. Soc. Lond.*，A 202，1903，p. 165.
④ "电子"（electron）是汤姆森（J. J. Thomson，1856—1940）于 1897 年发现并命名的，但当时对原子的结构和电子的形态并无十分明确的概念，它只是泛指"带电粒子"而已。本书中多处用到的电子，就是这个意思，对此爱因斯坦在本书第三篇论文的 §10 中有明确的说明。原子中电子环绕中心质子回转的模型，是卢瑟福（E. Rutherford，1871—1937）于 1911 年根据实验观察结果提出的。——中译者注
⑤ 矢量用黑体字标记，其量值用相应的拉丁字母标记。
⑥ "电磁动量"（electromagnetic momentum）的定义在下页中给出（用 G 表示），这个概念以后很少用到。——中译者注

如果用矢量 G 表示它的大小和方向，那么所述的力偶将由以下矢量积确定[1]，

$$[G \cdot v]。\cdots\cdots\cdots\cdots\cdots\cdots\cdots\cdots\cdots\cdots\cdots (1)$$

现在，如果选择 z 轴垂直于电容器极板，速度 v 为任意方向。如果 U 是以通常方式计算出的电容器能量，那么 G 的分量由以下精确到一阶项的公式给出，[2]

$$G_x = \frac{2U}{c^2}v_x, \quad G_y = \frac{2U}{c^2}v_y, \quad G_z = 0。$$

把这些值代入（1）中，我们会得到力偶的精确到二阶项的分量为

$$\frac{2U}{c^2}v_y v_z, \quad -\frac{2U}{c^2}v_x v_z, \quad 0。$$

这些表达式说明，力偶的轴线在与平移方向垂直的极板平面上。如果 α 是速度方向与极板法线之间的夹角，那么这个力偶的矩将是 $U\left(\dfrac{v^2}{c^2}\right)\sin 2\alpha$；它倾向于将电容器转向极板平行于地球运动方向的位置。

在特劳顿和诺布尔的设备中，电容器固定在扭力天平的梁上，这根梁足够柔韧而能被上述数量级的力偶偏转。然而在实验中未能观察到这个效应。

§2. 庞加莱对收缩假设的批评

我刚才所说的实验，并非想要重新检验与地球的运动相联系的问题的唯一原因。庞加莱[3]不同意运动物体中电与光现象的现有理论，他认为，为了解释迈克尔逊的否定结果，需要引入新的假设，并且每当发现新的事实时，都有可能出现同样的需求。这种对每个新的实验结果都提出特别假设的做法肯定是颇为牵强的。如果可以不忽略一个或另一个数量级的量，并借助某些基本假设，证明许多电磁作用完全独立于系统的运动，那会是更令人满意的。几年前，我已经尝试构建这种类型的理论。[4] 我相信现在研究这个课题会有更好的结果。

---

① 见我的论文 Weiterbildung der Maxwell'schen Theorie：Electronentheorie（《麦克斯韦理论的进一步发展：电子理论》），*Mathem. Encyclopädie*，V. 14，§21，a。（这篇论文以下将之简写为"M. E."。——中译者注）

② "M. E." §56，c.

③ Poincaré, *Rapports du Congrès de physique de 1900*, Paris, 1, pp. 22-23.

④ Lorentz, *Zittingsverslag Akad. v. Wet.*, 7, 1899, p. 507; *Amsterdam Proc.*, 1898-1899, p. 427.

对速度的唯一限制将是它小于光速。

§3. 关于运动轴线的麦克斯韦方程

我将从电子理论的基本方程开始。[①] 设 D 为以太中的电位移，H 为磁力，ρ 为电子的电荷的体积密度，v 是这样一个粒子的速度，F 是有质动力[②]，即以太施加于一个电子体积元的按每单位电荷计算的力。如果我们使用固定坐标系，就有

$$
\left.
\begin{aligned}
&\mathrm{div}\, D = \rho, \ \ \mathrm{div}\, H = 0 \\
&\mathrm{curl}\, H = \frac{1}{c}\left(\frac{\partial D}{\partial t} + \rho v\right) \\
&\mathrm{curl}\, D = -\frac{1}{c}\frac{\partial H}{\partial t} \\
&F = D + \frac{1}{c}[v \cdot H]
\end{aligned}
\right\} \quad \cdots\cdots\cdots\cdots\cdots\cdots\cdots (2)
$$

我现在将假设该系统作为一个整体以恒速 v 沿 x 方向移动，并用 u 表示一个电子可能有的任何附加速度，故

$$
v_x = v + u_x, \quad v_y = u_y, \quad v_z = u_z \text{。}
$$

如果方程组（2）同时也参考随着系统运动的坐标系，那么它们成为

$$
\mathrm{div}\, D = \rho, \ \ \mathrm{div}\, H = 0,
$$

$$
\frac{\partial H_z}{\partial y} - \frac{\partial H_y}{\partial z} = \frac{1}{c}\left(\frac{\partial}{\partial t} - v\frac{\partial}{\partial x}\right)D_x + \frac{1}{c}\rho(v + u_x),
$$

$$
\frac{\partial H_x}{\partial z} - \frac{\partial H_z}{\partial x} = \frac{1}{c}\left(\frac{\partial}{\partial t} - v\frac{\partial}{\partial x}\right)D_y + \frac{1}{c}\rho u_y,
$$

$$
\frac{\partial H_y}{\partial x} - \frac{\partial H_x}{\partial y} = \frac{1}{c}\left(\frac{\partial}{\partial t} - v\frac{\partial}{\partial x}\right)D_z + \frac{1}{c}\rho u_z,
$$

---

① "M. E." §2.

② 有质动力（ponderomotive force），正文中给出了它的定义。根据维基百科，ponderomotive force 这个名词现在的意义是带电粒子在不均匀振荡电磁场中所受到的非线性力。——中译者注

$$\frac{\partial D_z}{\partial y} - \frac{\partial D_y}{\partial z} = -\frac{1}{c}\left(\frac{\partial}{\partial t} - v\frac{\partial}{\partial x}\right)H_x,$$

$$\frac{\partial D_x}{\partial z} - \frac{\partial D_z}{\partial x} = -\frac{1}{c}\left(\frac{\partial}{\partial t} - v\frac{\partial}{\partial x}\right)H_y, \quad \frac{\partial D_y}{\partial x} - \frac{\partial D_x}{\partial y} = -\frac{1}{c}\left(\frac{\partial}{\partial t} - v\frac{\partial}{\partial x}\right)H_z,$$

$$F_x = D_x + \frac{1}{c}(u_y H_z - u_z H_y),$$

$$F_y = D_y - \frac{1}{c}v H_z + \frac{1}{c}(u_z H_x - u_x H_z),$$

$$F_x = D_z + \frac{1}{c}v H_y + \frac{1}{c}(u_x H_y - u_y H_x)\text{。}$$

§4. 修改后的矢量

我们将通过改变变量进一步变换这些公式。取

$$\frac{c^2}{c^2 - v^2} = \beta^2, \quad \cdots\cdots\cdots\cdots\cdots\cdots\cdots\cdots\cdots\cdots \quad (3)$$

并把 l 理解为另一个待定数值量，又取新的独立变量

$$x' = \beta l x, \quad y' = ly, \quad z' = lz, \quad \cdots\cdots\cdots\cdots\cdots\cdots \quad (4)$$

$$t' = \frac{l}{\beta}t - \beta l\frac{v}{c^2}x, \quad \cdots\cdots\cdots\cdots\cdots\cdots\cdots \quad (5)$$

并由以下公式定义两个新的矢量 $\boldsymbol{D'}$ 和 $\boldsymbol{H'}$，

$$D_x' = \frac{1}{l^2}D_x, \quad D_y' = \frac{\beta}{l^2}\left(D_y - \frac{v}{c}H_z\right), \quad D_z' = \frac{\beta}{l^2}\left(D_z + \frac{v}{c}H_y\right),$$

$$H_x' = \frac{1}{l^2}H_x, \quad H_y' = \frac{\beta}{l^2}\left(H_y + \frac{v}{c}D_z\right), \quad H_z' = \frac{\beta}{l^2}\left(H_z - \frac{v}{c}D_y\right),$$

根据(3)，我们也可以将其写成

$$\left.\begin{aligned} D_x = l^2 D_x', \quad D_y = \beta l^2\left(D_y' + \frac{v}{c}H_z'\right), \quad D_z = \beta l^2\left(D_z' - \frac{v}{c}H_y'\right) \\ H_x = l^2 H_x', \quad H_y = \beta l^2\left(H_y' - \frac{v}{c}D_z'\right), \quad H_z = \beta l^2\left(H_z' + \frac{v}{c}D_y'\right) \end{aligned}\right\} \quad \cdots\cdots \quad (6)$$

至于系数 l，它被看作 v 的函数，对 $v=0$，它的值等于 1，对小的 v 值，它与一单位相差不超过一个二阶量。

变量 t' 可以被称为"当地时间"。事实上，对 $\beta=1$，$l=1$，它等同于我以前用这个名称表示的量。

如果最后我们取

$$\frac{1}{\beta l^3}\rho = \rho', \quad \cdots\cdots\cdots\cdots\cdots\cdots\cdots\cdots \quad (7)$$

$$\beta^2 u_x = u_x', \quad \beta u_y = u_y', \quad \beta u_z = u_z', \quad \cdots\cdots\cdots\cdots \quad (8)$$

并把后面这些量看作一个新矢量 $\boldsymbol{u}'$ 的分量，则方程取以下形式：

$$\left. \begin{aligned} &\operatorname{div}'\boldsymbol{D}' = \left(1 - \frac{vu_x'}{c^2}\right)\rho', \ \operatorname{div}'\boldsymbol{H}' = 0 \\ &\operatorname{curl}'\boldsymbol{H}' = \frac{1}{c}\left(\frac{\partial \boldsymbol{D}'}{\partial t'} + \rho'\boldsymbol{u}'\right) \\ &\operatorname{curl}'\boldsymbol{D}' = -\frac{1}{c}\frac{\partial \boldsymbol{H}'}{\partial t'} \end{aligned} \right\} \quad \cdots\cdots\cdots \quad (9)$$

$$\left. \begin{aligned} F_x &= l^2\left\{D_x' + \frac{1}{c}(u_y'H_z' - u_z'H_y') + \frac{v}{c^2}(u_y'D_y' + u_z'D_z')\right\} \\ F_y &= \frac{l^2}{\beta}\left\{D_y' + \frac{1}{c}(u_z'H_x' - u_x'H_z') - \frac{v}{c^2}u_x'D_y'\right\} \\ F_z &= \frac{l^2}{\beta}\left\{D_z' + \frac{1}{c}(u_x'H_y' - u_y'H_x') - \frac{v}{c^2}u_x'D_z'\right\} \end{aligned} \right\} \quad \cdots\cdots \quad (10)$$

(9) 中符号 div' 和 curl' 的意义与 (2) 中符号 div 和 curl 的意义相似，只是用对 x'，y'，z' 的微分代替了相应的对 x，y，z 的微分。

§5. 推迟位势

方程 (9) 导致以下结论：矢量 $\boldsymbol{D}'$ 和 $\boldsymbol{H}'$ 可以用一个标量势 ϕ' 和一个矢量势 $\boldsymbol{A}'$ 表示。这些势满足以下方程①

————————————

① "M. E." §§4, 10.

$$\nabla'^2 \phi' - \frac{1}{c^2}\frac{\partial^2 \phi'}{\partial t'^2} = -\rho', \quad\cdots\cdots\cdots\cdots\cdots\cdots\quad (11)$$

$$\nabla'^2 \boldsymbol{A}' - \frac{1}{c^2}\frac{\partial^2 \boldsymbol{A}'}{\partial t'^2} = -\frac{1}{c}\rho'\boldsymbol{u}', \quad\cdots\cdots\cdots\cdots\quad (12)$$

且据之可得 $\boldsymbol{D}'$ 和 $\boldsymbol{H}'$ 为

$$\boldsymbol{D}' = -\frac{1}{c}\frac{\partial \boldsymbol{A}'}{\partial t'} - \mathrm{grad}'\phi' + \frac{v}{c}\mathrm{grad}'A_x', \quad\cdots\cdots\cdots\quad (13)$$

$$\boldsymbol{H}' = \mathrm{curl}'\boldsymbol{A}'. \quad\cdots\cdots\cdots\cdots\cdots\cdots\quad (14)$$

符号 ∇'^2 是 $\dfrac{\partial^2}{\partial x'^2}+\dfrac{\partial^2}{\partial y'^2}+\dfrac{\partial^2}{\partial z'^2}$ 的缩写，$\mathrm{grad}'\phi'$ 表示一个矢量，其分量为

$$\frac{\partial \phi'}{\partial x'}, \quad \frac{\partial \phi'}{\partial y'}, \quad \frac{\partial \phi'}{\partial z'} \,。$$

表达式 $\mathrm{grad}'A_x'$ 有相似的意义。

为了得到(11)和(12)的一个形式简单的解，我们可以取 x'，y'，z' 为点 P' 在空间 S' 中的坐标，并且对 t' 的每个值，对这个点指定 ρ'，$\boldsymbol{u}'$，ϕ'，$\boldsymbol{A}'$ 值属于电磁系统的相应点 $P(x, y, z)$。对于第四个独立变量 t' 的一个确定值，在系统中的点 P 或在空间 S' 中的相应点 P'，势 ϕ' 和 $\boldsymbol{A}'$ 为[①]

$$\phi' = \frac{1}{4\pi}\int \frac{[\rho']}{r'}\mathrm{d}S' \quad\cdots\cdots\cdots\cdots\cdots\cdots\quad (15)$$

$$\boldsymbol{A}' = \frac{1}{4\pi c}\int \frac{[\rho'\boldsymbol{u}']}{r'}\mathrm{d}S' \,。 \quad\cdots\cdots\cdots\cdots\quad (16)$$

这里 $\mathrm{d}S'$ 是空间 S' 的一个单元，r' 是它与 P' 的距离，方括号用于表示当第四个独立变量的值为 $t'-\dfrac{r'}{c}$ 时，数量 ρ' 和矢量 $\rho'\boldsymbol{u}'$ 在单元 $\mathrm{d}S'$ 中的值。

考虑到(4)和(7)，代替(15)和(16)我们也可以写出，

$$\phi' = \frac{1}{4\pi}\int \frac{[\rho]}{r}\mathrm{d}S, \quad\cdots\cdots\cdots\cdots\cdots\cdots\quad (17)$$

$$\boldsymbol{A}' = \frac{1}{4\pi c}\int \frac{[\rho\boldsymbol{u}]}{r}\mathrm{d}S, \quad\cdots\cdots\cdots\cdots\cdots\quad (18)$$

积分现在扩张到电磁系统本身。需要记住，这些公式里的 r' 并不表示单元 $\mathrm{d}S$

① "M. E." §§5, 10.

与要进行计算的点(x, y, z)之间的距离。如果单元位于点(x_1, y_1, z_1)，我们必须取

$$r' = l\sqrt{\beta^2(x - x_1)^2 + (y - y_1)^2 + (z - z_1)^2}\ 。$$

还需要记住的是，如果我们想要确定在 P 中当地时间为 t' 时 ϕ' 和 $\boldsymbol{A}'$ 的值，我们必须在 ρ 和 $\rho\boldsymbol{u}'$ 在单元 dS 中和该单元在当地时间为 $t'-\dfrac{t'}{c}$ 的瞬时取值。

§6. 静电场

对我们的目的而言，考虑两种特殊情况就足够了。第一种是静电（electrostatic）系统，即除了以速度 v 平移外没有其他运动的一个系统。在这种情况下，$\boldsymbol{u}' = 0$，因此由（12），$\boldsymbol{A}' = 0$。又有 ϕ' 与 t' 无关，故方程（11），（13）和（14）可简化为

$$\left.\begin{array}{l} \nabla'^2\phi' = -\rho' \\[2mm] \boldsymbol{D}' = -\operatorname{grad}'\phi' \\[2mm] \boldsymbol{H}' = 0 \end{array}\right\} \cdots\cdots\cdots\cdots\cdots\cdots\cdots\cdots (19)$$

借助这些方程确定了矢量 $\boldsymbol{D}'$ 以后，我们也就知道了作用在属于该系统的电子的有质动力。对此，由于 $\boldsymbol{u}' = 0$，公式（10）成为

$$F_x = l^2 D'_x, \quad F_y = \frac{l^2}{\beta}D'_y, \quad F_z = \frac{l^2}{\beta}D'_z 。 \cdots\cdots\cdots\cdots (20)$$

这个结果可以用一种简单的形式表示，如果把我们关心的运动系统 Σ 与另一个保持静止的静电系统 Σ' 相比较，这里 Σ' 是通过把平行于 x 轴的尺寸乘以 βl，以及把在 y 或 z 方向上的尺寸乘以 l，由 Σ 变换得到的，对这个变换，$(\beta l, l, l)$ 是一个合适的记号。在这个我们认为可以放置在上面提到的空间 S' 中的新系统中，我们将给出由（7）确定的密度值 ρ'，使得 Σ 和 Σ' 中相应体积单元中的电荷数与相应的电子数相同。然后，我们将得到作用于运动系统 Σ 的电子上的力，如果我们首先确定在 Σ' 中相应的力，然后把它们在 x 轴方向上的分量乘以 l^2，把垂直于该轴的方向上的分量乘以 $\dfrac{l^2}{\beta}$。这可以方便地用以下公式表示，

$$\boldsymbol{F}(\Sigma) = \left(l^2, \frac{l^2}{\beta}, \frac{l^2}{\beta} \right) \boldsymbol{F}(\Sigma')。 \quad \cdots\cdots\cdots\cdots\cdots \quad (21)$$

还需要指出的是，在由(19)找到 $\boldsymbol{D}'$ 之后，我们可以很容易计算出运动系统中的电磁动量，或者更确切地说，计算出电磁动量在运动方向的分量。事实上，公式

$$\boldsymbol{G} = \frac{1}{c} \int [\boldsymbol{D} \cdot \boldsymbol{H}] \, \mathrm{d}S$$

表明

$$G_x = \frac{1}{c} \int (D_y H_z - D_z H_y) \, \mathrm{d}S。$$

因此，根据(6)，由于 $\boldsymbol{H}' = 0$，所以

$$G_x = \frac{\beta^2 l^4 v}{c^2} \int (D_y'^2 + D_z'^2) \, \mathrm{d}S = \frac{\beta l v}{c^2} \int (D_y'^2 + D_z'^2) \, \mathrm{d}S'。 \quad \cdots\cdots\cdots \quad (22)$$

§7. 极化粒子

我们的第二个特例是具有电矩[①]的粒子，即一个总电荷 $\int \rho \mathrm{d}S = 0$ 的小空间 S，但其密度分布使得积分 $\int \rho x \mathrm{d}S$，$\int \rho y \mathrm{d}S$ 和 $\int \rho z \mathrm{d}S$ 都不为零。设 ξ，η，ζ[②] 为相对于粒子中一个固定点 A 的坐标，A 可以称为它的中心，并把电矩定义为矢量 $\boldsymbol{P}$，其分量为

$$P_x = \int \rho \xi \mathrm{d}S, \quad P_y = \int \rho \eta \mathrm{d}S, \quad P_z = \int \rho \zeta \mathrm{d}S。 \quad \cdots\cdots\cdots\cdots \quad (23)$$

于是，

$$\frac{\mathrm{d}P_x}{\mathrm{d}t} = \int \rho u_x \mathrm{d}S, \quad \frac{\mathrm{d}P_y}{\mathrm{d}t} = \int \rho u_y \mathrm{d}S, \quad \frac{\mathrm{d}P_z}{\mathrm{d}t} = \int \rho u_z \mathrm{d}S。 \quad \cdots\cdots\cdots\cdots \quad (24)$$

---

① 电矩(electric moment)如文中所述，指总电荷为零的小空间内各点电荷与它到中心距离乘积的积分。这个概念似乎仅在本文中出现。——中译者注
② 原文误作 ξ, μ, ζ。——中译者注

当然，如果 ξ，η，ζ 被视为无穷小，那么 u_x，u_y，u_z 也一定是无穷小。我们将忽略这 6 个量的平方及它们之间的乘积。

我们现在将应用方程(17)来确定一个外点 $P(x, y, z)$ 的标量势 ϕ'，该点在极化粒子的有限距离处，并且其当地时间有某个确定值 t'。当这样做时，我们将赋予符号 $[\rho]$ 略微不同的意义，在(17)中，它与 $\mathrm{d}S$ 中当地时间为 $t' - \dfrac{r'}{c}$ 的瞬时相联系。对中心 A，把 r' 值记为 r_0'，我们将把 $[\rho]$ 理解为在瞬时 t_0，即 A 的当地时间为 $t' - \dfrac{r_0}{c}$ 时，存在于单元 $\mathrm{d}S$ 中的点 (ξ, η, ζ) 的密度。

由(5)可以看出，这一瞬时先于我们对(17)式中的分子取以下单位时间值的瞬时，

$$\beta^2 \frac{v\xi}{c^2} + \frac{\beta(r_0' - r')}{lc} = \beta^2 \frac{v\xi}{c^2} + \frac{\beta}{lc}\left(\xi \frac{\partial r'}{\partial x} + \eta \frac{\partial r'}{\partial y} + \zeta \frac{\partial r'}{\partial z}\right)。$$

在最后一个表达式中，微分系数可以在 A 点取值。

在(17)中，我们现在必须用

$$[\rho] + \beta^2 \frac{v\xi}{c^2}\left[\frac{\partial \rho}{\partial t}\right] + \frac{\beta}{lc}\left(\xi \frac{\partial r'}{\partial x} + \eta \frac{\partial r'}{\partial y} + \zeta \frac{\partial r'}{\partial z}\right)\left[\frac{\partial \rho}{\partial t}\right] \quad \cdots\cdots\cdots \quad (25)$$

代替 $[\rho]$，其中 $\left[\dfrac{\partial \rho}{\partial t}\right]$ 又与时间 t_0 相关。现在，将对之进行计算的 t' 值已经选定，这个时间 t_0 将是关于外点 P 的坐标 x，y，z 的一个函数。因此，$[\rho]$ 值将按照以下方式依赖于这些坐标，

$$\frac{\partial [\rho]}{\partial x} = -\frac{\beta}{lc} \frac{\partial r'}{\partial x}\left[\frac{\partial \rho}{\partial t}\right]，\cdots，$$

由之，(25)成为

$$[\rho] + \beta^2 \frac{v\xi}{c^2}\left[\frac{\partial \rho}{\partial t}\right] - \left(\xi \frac{\partial [\rho]}{\partial x} + \eta \frac{\partial [\rho]}{\partial y} + \zeta \frac{\partial [\rho]}{\partial z}\right)。$$

再则，如果此后我们把以前所说的 r_0' 理解为 r'，则因子 $\dfrac{1}{r'}$ 必须替换为

$$\frac{1}{r'} - \xi \frac{\partial}{\partial x}\left(\frac{1}{r'}\right) - \eta \frac{\partial}{\partial y}\left(\frac{1}{r'}\right) - \zeta \frac{\partial}{\partial z}\left(\frac{1}{r'}\right)，$$

故最终，在积分(17)中，单元 $\mathrm{d}S$ 要乘以

$$\frac{[\rho]}{r'} + \frac{\beta^2 v \xi}{c^2 r'} \left[\frac{\partial \rho}{\partial t} \right] - \frac{\partial}{\partial x} \frac{\xi[\rho]}{r'} - \frac{\partial}{\partial y} \frac{\eta[\rho]}{r'} - \frac{\partial}{\partial z} \frac{\zeta[\rho]}{r'} 。$$

这比原始形式更简单，因为无论是 r'，还是括号中的量取值的时间，都与 x，y，z 无关。应用 (23) 并记起 $\int \rho dS = 0$，我们得到

$$\phi' = \frac{\beta^2 v}{4pc^2 r'} \left[\frac{\partial P_x}{\partial t} \right] - \frac{1}{4p} \left\{ \frac{\partial}{\partial x} \frac{[P_x]}{r'} + \frac{\partial}{\partial y} \frac{[P_y]}{r'} + \frac{\partial}{\partial z} \frac{[P_z]}{r'} \right\} ,$$

这个公式中所有括号中的量都取粒子中心在当地时间为 $t' - \dfrac{r'}{c}$ 时的瞬时值。

我们将通过引入一个新的矢量 $\boldsymbol{P}'$ 来结束这些计算，其分量为

$$P_x' = \beta l P_x , \quad P_y' = l P_y , \quad P_z' = l P_z , \quad \cdots\cdots\cdots\cdots\cdots (26)$$

同时设 x'，y'，z'，t' 为独立变量。最终结果是

$$\phi' = \frac{v}{4pc^2 r'} \frac{\partial [P_x']}{\partial t'} - \frac{1}{4p} \left\{ \frac{\partial}{\partial x'} \frac{[P_x']}{r'} + \frac{\partial}{\partial y'} \frac{[P_y']}{r'} + \frac{\partial}{\partial z'} \frac{[P_z']}{r'} \right\} 。$$

就矢量势的公式 (18) 而言，它的变换较为简单，因为它包含了无穷小矢量 $\boldsymbol{u}'$。考虑到 (8)，(24)，(26) 和 (5)，我发现

$$\boldsymbol{A}' = \frac{1}{4\pi c r'} \frac{\partial [\boldsymbol{P}']}{\partial t'} 。$$

于是由极化粒子所产生的场现在是完全确定的。由公式 (13) 可得

$$\boldsymbol{D}' = -\frac{1}{4\pi c^2} \frac{\partial^2}{\partial t'^2} \frac{[\boldsymbol{P}']}{r'} + \frac{1}{4\pi} \mathrm{grad}' \left\{ \frac{\partial}{\partial x'} \frac{[P_x']}{r'} + \frac{\partial}{\partial y'} \frac{[P_y']}{r'} + \frac{\partial}{\partial z'} \frac{[P_z']}{r'} \right\} , \quad (27)$$

而矢量 $\boldsymbol{H}'$ 由 (14) 给出。如果我们想要考虑极化粒子作用于一定距离处一个相似粒子上的力，我们可以进一步用方程 (20) 来替代原始公式 (10)。事实上，对于第二个粒子以及第一个粒子，速度 $\boldsymbol{u}$ 可以被认为是无穷小的。

需要注意的是，前面的公式都隐含着系统没有平移。对这样一个系统，带撇号与相应的不带撇号的量是相同的；也有 $\beta = 1$ 和 $l = 1$。(27) 的分量同时也是一个极化粒子作用于另一个极化粒子的电力的分量。

§8. 相应的状态

到目前为止，我们只使用了没有任何新假设的基本方程。我现在将假定，

电子(我取在静止状态下半径为 R 的球)的尺寸因为平移的影响而改变，沿运动方向的尺寸成为原来的 $\dfrac{1}{\beta l}$，垂直于运动方向的尺寸成为原来的 $\dfrac{1}{l}$。

在这个可以表示为 $\left(\dfrac{1}{\beta l},\ \dfrac{1}{l},\ \dfrac{1}{l}\right)$ 的变形中，认为每个体积元都保持其电荷不变。

我们的假设相当于说，在以速度 v 运动的一个静电系统 Σ 中，所有电子都是扁平椭球体，且其短轴在运动方向上。现在，为了应用 §6 的定理，对系统作变形 $(\beta l,\ l,\ l)$，我们将再次得到半径为 R 的球形电子。因此，如果我们通过应用变形 $(\beta l,\ l,\ l)$ 改变 Σ 中电子中心的相对位置，且若我们将保持静止的电子的中心置于这样得到的点中，我们将得到等同于虚拟系统 Σ' 的一个系统，对之我们曾在 §6 中提到过。该系统中的力与 Σ 中的力将具有(21)表示的关系。

其次，我将假定不带电粒子之间的力，以及这些粒子与电子之间的力，在受平移的影响方面与静电系统中的电力完全一样。换句话说，无论组成一个有重(ponderable)物体的粒子的性质如何，只要它们彼此间无相对运动，并且如果就粒子的相对位置而言，Σ' 通过变形 $(\beta l,\ l,\ l)$ 从 Σ 得到，或者 Σ 通过变形 $\left(\dfrac{1}{\beta l},\ \dfrac{1}{l},\ \dfrac{1}{l}\right)$ 从 Σ' 得到，那么在作用于无平移系统(Σ')中的力与作用于有平移的相同系统(Σ)中的力之间，我们有(21)所体现的关系。

由此我们看出，只要 Σ' 中的一个粒子的合力为零，那么 Σ 中的相应粒子也必定有相同的结果。因此，忽略分子运动的影响，如果我们假定固体的每个粒子在其邻近粒子施加的吸引力和排斥力的作用下处于平衡状态，又若我们确定只有一种平衡构形，我们可以得出结论，如果系统 Σ' 的速度为 v，那么它会自行改变为系统 Σ。换句话说，平移会产生变形 $\left(\dfrac{1}{\beta l},\ \dfrac{1}{l},\ \dfrac{1}{l}\right)$。

分子运动的案例将在 §12 中考虑。

容易看出，以前提出的与迈克尔逊的实验有关的假设隐含在刚才所说的内容中。然而，目前的假设更具一般性，因为对运动所加的限制只有速度小于光速。

§9. 电子的动量

我们现在可以计算单个电子的电磁动量了。为了简单起见，假设只要电子保持静止，电荷 e 就均匀分布在表面上。那么，同样的分布将存在于系统 Σ' 中，对于系统 Σ'，我们已在(22)的最后一个积分中予以考虑。因此

$$\int (D_y'^2 + D_z'^2)\,\mathrm{d}S' = \frac{2}{3}\int D'^2\mathrm{d}S' = \frac{e^2}{6\pi}\int_R^\infty \frac{\mathrm{d}r}{r^2} = \frac{e^2}{6\pi R},$$

以及

$$G_x = \frac{e^2}{6\pi c^2 R}\beta l v\,。$$

必须注意到，乘积 βl 是 v 的函数，并且由于对称性，矢量 $\boldsymbol{G}$ 的方向与平移的方向相同。一般用 $\boldsymbol{v}$ 表示这个运动的速度，我们有矢量方程

$$\boldsymbol{G} = \frac{e^2}{6\pi c^2 R}\beta l\boldsymbol{v}\,。 \quad\cdots\cdots\cdots\cdots\cdots\cdots\cdots\cdots \text{(28)}$$

然而，系统运动的每一个变化都将导致电磁动量的相应变化，因此将需要一定的力，其方向和大小由下式给出，

$$\boldsymbol{F} = \frac{\mathrm{d}\boldsymbol{G}}{\mathrm{d}t}\,。 \quad\cdots\cdots\cdots\cdots\cdots\cdots\cdots\cdots \text{(29)}$$

严格说来，公式(28)只适用于匀速直线平移的情况。考虑到这种情形——尽管(29)总是正确的——电子快速变化运动的理论就会变得非常复杂，更有甚者，因为 §8 的假设意味着变形的方向和程度不断变化。电子的形状确实几乎不可能仅由所考虑的那一瞬间的速度决定。

然而，如果运动状态变化得足够慢，应用(28)将在每时每刻都得到令人满意的近似结果。把(29)应用于亚伯拉罕(M. Abraham, 1875—1922)[①]所谓的这种准平稳平移，是一件非常简单的事情。在某个瞬时，设 $\boldsymbol{a}_1$ 是路径方向上的加速度，$\boldsymbol{a}_2$ 是垂直于路径方向的加速度，如果

---

① Abraham, *Wied. Ann.*, 10, 1903, p. 105.

$$m_1 = \frac{e^2}{6\pi c^2 R} \frac{\mathrm{d}(\beta l v)}{\mathrm{d}v}, \quad m_2 = \frac{e^2}{6\pi c^2 R} \beta l, \quad \text{................} \quad (30)$$

那么力 $\boldsymbol{F}$ 将由两个分量组成，它们具有这些加速度的方向并由下式给出，

$$\boldsymbol{F}_1 = m_1 \boldsymbol{a}_1 \quad \text{和} \quad \boldsymbol{F}_2 = m_2 \boldsymbol{a}_2 \text{。}$$

因此，在运动方向上有加速度的现象中，电子的行为就好像它有质量 m_1；而在加速度方向垂直于路径法向的现象中，电子的行为就好像它有质量 m_2。因此这些量 m_1 和 m_2 可以被恰当地称为电子的"纵向"电磁质量和"横向"电磁质量。我将假定没有什么"真实的"或"物质的"质量。

由于 β 和 l 与单位量之差的数量级为 $\dfrac{v^2}{c^2}$，对非常小的速度，我们发现

$$m_1 = m_2 = \frac{e^2}{6\pi c^2 R} \text{。}$$

这就是在无平移系统中电子做微小振动运动时我们所关心的质量。相反，如果这种类型的运动发生在以速度 $\boldsymbol{v}$ 沿 x 轴方向运动的物体中，而且如果我们考虑的是平行于该轴的振动，那么我们必须用由(30)给出的质量 m_1 进行计算，如果我们处理的是平行于 OY 或 OZ 的振动，那么用质量 m_2 进行计算。因此，简而言之，用 Σ 表示一个移动系统，并用 Σ' 表示一个保持静止的系统，则

$$m(\Sigma) = \left(\frac{\mathrm{d}(\beta l v)}{\mathrm{d}v}, \ \beta l, \ \beta l \right) m(\Sigma') \text{。} \quad \text{................} \quad (31)$$

§10. 地球运动对光学现象的影响

我们现在可以继续探讨地球运动对透明物体系统中光学现象的影响。在讨论这个问题时，我们将把注意力集中于系统的粒子或"原子"中的可变电矩。对这些电矩我们可以应用在 §7 中已经说过的内容。为简单起见，我们将假定在每个粒子中，电荷都集中于一定数量的分离电子中，并且作用于其中一个电子的"弹性"力，与电力一起，决定了它的运动，这些力的起点位于同一个原子的范围内。

我将证明，在一个无平移系统中，如果我们从任意给定的运动状态开始，

那么我们可以由之推断出一个相应的运动状态，它可以存在于加上平移条件后的同一系统中，对应的类型将表述如下：

（a）设 A'_1，A'_2，A'_3，…为无平移系统（Σ'）中粒子的中心；忽略分子运动，我们假设这些点保持静止。由运动系统 Σ 中粒子的中心形成的点 A_1，A_2，A_3，…的系统，是由 A'_1，A'_2，A'_3，…通过变形 $\left(\dfrac{1}{\beta l}, \dfrac{1}{l}, \dfrac{1}{l}\right)$ 得到的。根据 §8 中所述，如果在平移以前，这些粒子中心占据的位置是 A_1，A_2，A_3，…，那么它们会自行转到位置 A'_1，A'_2，A'_3，…。

我们可以设想系统 Σ' 的空间中的任意点 P' 都会因上述变形而产生位移，使得系统 Σ 的一个确定的点 P 与之相应。对于两个相应点 P' 和 P，我们将定义相应的两个瞬时，其中一个属于 P'，另一个属于 P，其间的关系是：在第一个瞬时的真实时间等于由式（5）确定的点 P 在第二个瞬时的当地时间。至于两个对应粒子的对应时间，可以理解为当我们专注于这些粒子的中心 A' 与 A 时所对应的时间。

（b）就原子的内部状态而言，我们将假设 Σ 中的粒子 A 在某一时间的构形，可以通过变形 $\left(\dfrac{1}{\beta l}, \dfrac{1}{l}, \dfrac{1}{l}\right)$ 由 Σ' 中相应粒子在相应瞬时的构形导出。至于这个假设与电子本身的形状有关，这隐含在 §8 的第一个假设中。

显然，如果我们从真正存在于系统 Σ' 中的一个状态开始，我们现在就已经完全定义了运动系统 Σ 的一种状态。然而，这种状态是否同样是可能的这个问题仍然存在。

为了对这一点作出判断，首先指出，我们假定存在于运动系统中的电矩（对之我们将用 $\boldsymbol{P}$ 表示），将是粒子的中心 A 的坐标 x，y，z 的某个确定的函数，或者如我们将要说的，是粒子本身的坐标及时间 t 的函数。表示 $\boldsymbol{P}$ 与 x，y，z，t 之间关系的这些方程，可以用包含由（26）定义的矢量 $\boldsymbol{P}'$ 和由（4）和（5）定义的量 x'，y'，z'，t' 的其他方程来代替。现在，由以上的假设（a）和（b），在运动系统中的坐标为 x，y，z 的粒子 A 中，如果我们找到了在时间 t，或在当地时间 t' 的电矩 $\boldsymbol{P}$，那么由（26）给出的矢量 $\boldsymbol{P}'$ 是存在于另一个系统中坐标为 x'，y'，z' 的粒子在真实时间 t' 的电矩。这样看来，关于 $\boldsymbol{P}'$，x'，y'，z'，t' 的方程对于两个系统似乎是相同的，区别仅在于，对于无平移的系统 Σ'，这些符号表示电矩、坐标和真实时间，而对于运动系统，它们的含义不同，这里的 P'，x'，y'，z'，t' 通过（26），（4）和（5）与电矩 P，坐标 x，y，z 和一般时间 t 有关。

已经说过，方程（27）对两个系统都适用。因此，只要我们总是在对应的地点和时间作比较，矢量 D' 在 Σ 和 Σ' 中将是相同的。然而，这个矢量在两种情况下的意义不同。在 Σ' 中它代表电力，在 Σ 中，它与电力的关系由（20）表示。因此我们可以得出结论，在 Σ 和 Σ' 中，相应瞬时作用于相应粒子的有质动力之间的关系由（21）决定。鉴于我们的假设（b），再结合 §8 的第二个假设，在"弹性"力之间将存在相同的关系；因此，公式（21）也可以看作是表示在相应瞬时作用于相应电子的总力之间的关系。

很明显，在 Σ 和 Σ' 中，如果一个电子的质量 m 与加速度的乘积之间的相互关系与力的关系相同，即如果

$$ m\boldsymbol{a}(\Sigma) = \left(l^2, \ \frac{l^2}{\beta}, \ \frac{l^2}{\beta} \right) m\boldsymbol{a}(\Sigma'), \quad \cdots\cdots\cdots\cdots\cdots (32) $$

那么我们假定存在于运动系统中的状态将真正成为可能。

现在，我们对加速度有

$$ \boldsymbol{a}(\Sigma) = \left(\frac{l}{\beta^2}, \ \frac{l}{\beta^2}, \ \frac{l}{\beta^2} \right) \boldsymbol{a}(\Sigma'), \quad \cdots\cdots\cdots\cdots\cdots (33) $$

这可以由（4）和（5）导出，并将其与（32）结合，我们就会得到关于质量的如下式子，

$$ m(\Sigma) = (\beta^3 l, \ \beta l, \ \beta l) m(\Sigma')。 $$

如果将其与（31）进行比较，似乎无论 l 取什么值，就我们在考虑垂直于平移方向的振动时必须计算的质量而言，该条件总是满足的。因此我们必须对 l 施加的唯一条件是

$$ \frac{\mathrm{d}(\beta l v)}{\mathrm{d}v} = \beta^3 l。 $$

但是根据（3），

$$ \frac{\mathrm{d}(\beta v)}{\mathrm{d}v} = \beta^3, $$

所以我们必须取

$$\frac{\mathrm{d}l}{\mathrm{d}v} = 0, \quad l = 常数。$$

常数值必须为一单位，因为我们已经知道，对 $v=0$ 有 $l=1$。

因此我们不得不假定：平移对单个电子和整个有重物体的尺寸的影响，仅限于在运动方向上的那些，它们与静止状态的尺寸相比成为 $\frac{1}{\beta}$。如果把这个假设添加到我们已经做的假设中，我们可以肯定，上面所述的两种状态，其一在运动系统中，其二在静止的同一系统中，也可以是两者皆有可能。此外，这种对应不限于粒子的电矩。在相应的点上，这些点或者在粒子间的以太中，或者在有重物体周围的以太中，我们将会在相应的时间找到相同的矢量 $\boldsymbol{D}'$，并且容易证明，也能找到相同的矢量 $\boldsymbol{H}'$。我们可以这样总结：在无平移系统中，如果有这样一种运动状态，即在一个确定的位置，$\boldsymbol{P}$，$\boldsymbol{D}$ 和 $\boldsymbol{H}$ 的分量是时间的某个函数，那么相同的系统开始运动(并因此变形)后，它可以处于这样的一种运动状态，即在相应的位置，$\boldsymbol{P}'$，$\boldsymbol{D}'$ 和 $\boldsymbol{H}'$ 的分量是关于当地时间的相同函数。

还有一点需要进一步考虑。质量 m_1 和 m_2 的值已从准平稳运动理论导出，现在出现的问题是，我们是否有理由在光做快速振动的情况下应用这些值。仔细研究后发现，如果在光波经过与电子直径等长距离的时间里，电子的变化很小的话，那么电子的运动就可以被视为准平稳的。这个条件在光学现象中得到满足，因为电子的直径与波长相比是非常小的。

§11. 应用

很容易看出，以上提出的理论可以说明大量事实。

让我们首先考虑无平移系统的情况，在它的某些部分我们不断地有 $\boldsymbol{P}=0$，$\boldsymbol{D}=0$，$\boldsymbol{H}=0$。然后，在运动系统的相应状态下，我们将在相应的部分(或者我们可以说，在变形系统的相同部分)有 $\boldsymbol{P}'=0$，$\boldsymbol{D}'=0$，$\boldsymbol{H}'=0$。这些方程意味着 $\boldsymbol{P}=0$，$\boldsymbol{D}=0$，$\boldsymbol{H}=0$，如同由(26)和(6)所见，似乎系统静止时的那些黑暗部分，在系统运动之后仍保持黑暗。因此，对采用地球上的光源观察明暗的几何分布的任何光学实验，不可能检测到地球运动对其产生的影响。许多关于干涉和衍射的实验都属于这种类型。

其次，如果在一个系统的两点上，同一偏振态的光线沿相同方向传播，那么可以证明在这两点上的振幅之比不会因平移改变。后一条评论适用于比较相邻部分视场强度的那些实验。

以上结论证实了我以前由类似推理过程得到的结果，不过我忽略了二阶项。它也包含了对迈克尔逊否定结果的解释，比前面给出的解释更具一般性，但形式略有不同；它说明了为什么瑞利和布雷斯没有发现由于地球运动产生的双折射的迹象。

至于特劳顿和诺布尔的实验，如果我们认可§8的假设，他们的否定结果就会立刻变得很清楚。从这些和我们的最后一个假设（§10）可以推断，平移的唯一影响一定是由电子和其他粒子组成的整个系统的收缩（包括带电电容器和扭力天平的横梁和金属丝）。这样一种收缩不会引起方向的明显变化。

几乎不用说，目前的理论是在有适当保留的情况下提出的。在我看来，虽然它可以解释所有公认的事实，但它也导致了一些尚不能用实验证明的结果。其中之一是，如果相互干涉的光线通过某种透明有重物体传播，那么迈克尔逊的实验结果必定仍然是否定的。

我们关于电子收缩的假设，其本身不能被认为只是貌似有理的或者不可接受的。我们对电子的本质了解甚少，而推动我们前进的唯一方法，是检验例如我在这里所做的假设。当然会有困难，例如一旦我们开始考虑电子的旋转。也许我们将不得不假设，在那些现象中，即如果球形电子围绕一条直径旋转而没有平移，那么相对于在其他情况下描绘的圆形路径，运动系统中电子的点将以§10中给定的方式描绘椭圆路径。

§12. 分子运动

关于分子运动还有几句话要说。我们可以设想，对于分子运动在其中有明显影响或甚至占主导地位的那些物体，它们经历的变形与相对位置不变的粒子系统相同，到目前为止我们仅讨论过后者。的确，在第一个没有平移而第二个有平移的两个分子系统 Σ' 和 Σ 中，我们可以想象分子运动以这样的方式相互对应，即如果 Σ' 中有一个粒子在一个确定的瞬时占据一个确定的位置，那么 Σ 中也有一个粒子在相应的瞬时占据相应的位置。有了这个假设，我们就可以在分子运动速度与 v 相比小得多的所有情况下，应用加速度之间的关系式(33)。在这些情况下，分子力可以被看作由相对位置确定，与分子运动的速度无关。最后，如果我们假定这些力局限于如此小的距离之内，以致对于相互作用的粒子，当地时间的差可以忽略，那么其中一个粒子，连同那些位于它的吸引球或排斥球内的那些粒子，将构成一个系统，它会发生常常提到的变形。因此，由于 §8 的第二个假设，我们可以把方程(21)应用于作用在一个粒子上所造成的分子力。因此，其结果是，如果我们假定所有粒子的质量受平移影响的程度都与电子的电磁质量所受的影响相当，那么在这两种情况下力与加速度之间原有的关系仍然存在。

§13. 考夫曼的实验

我找到的用其速度表示的电子的纵向和横向质量的值(30)，与以前亚伯拉罕得到的那些不同。造成这种差异的原因只能在以下情况中寻找，即电子在他的理论中被视为尺寸不变的球体。然而，就横向质量而言，亚伯拉罕的结果已被考夫曼(W. Kaufmann，1871—1947)通过测量镭射线在电场和磁场中的偏转值，以最令人瞩目的方式确认。因此，如果对我现在提出的理论没有最严重的反对理由，那么一定有可能证明那些测量值与我的值的接近程度，与亚伯拉罕的值的接近程度几乎一致。

我将首先讨论考夫曼[①]于 1902 年发表的许多系列测量值中的两个。在每个系列，他导出了两个量 η 和 ζ，即"简约的"电偏转和磁偏转，它们与比值 $\gamma = \dfrac{v}{c}$ 的关系如下：

[①] Kaufmann, *Physik. Zeitschr.*, 4, 1902, p. 55.

$$\gamma = k_1 \frac{\zeta}{\eta}, \quad \psi(\gamma) = \frac{\eta}{k_2 \zeta^2}\, . \quad \cdots\cdots\cdots\cdots\cdots\cdots \quad (34)$$

这里的 $\psi(\gamma)$ 是这样一个函数，它使得横向质量由

$$m_2 = \frac{3}{4} \cdot \frac{e^2}{6\pi c^2 R} \psi(\gamma) \quad \cdots\cdots\cdots\cdots\cdots \quad (35)$$

给出，而 k_1 和 k_2 在每个系列中都是常数。

由公式（30）的第二个看来，我的理论同样导致（35）形式的方程，只是亚伯拉罕的函数 $\psi(\gamma)$ 必须替换为

$$\frac{4}{3}\beta = \frac{4}{3}\left(1 - \gamma^2\right)^{-\frac{1}{2}}\, .$$

因而，我的理论要求，如果我们把这个值代入（34）中的 $\psi(\gamma)$，这些等式仍然成立。当然，为了得到好的一致性，我们赋予 k_1 和 k_2 与考夫曼的值不同的其他值，并在每次测量时取适当的速度值 v 或适当的比值 γ。记新值为 sk_1，$\frac{3}{4}k_2'$ 和 γ'，我们可以把（34）写成形式

$$\gamma' = sk_1 \frac{\zeta}{\eta}, \quad \cdots\cdots\cdots\cdots\cdots\cdots\cdots \quad (36)$$

以及

$$\left(1 - \gamma'^2\right)^{-\frac{1}{2}} = \frac{\eta}{k_2' \zeta^2}\, . \quad \cdots\cdots\cdots\cdots\cdots \quad (37)$$

为测试他的方程，考夫曼选择了一个 k_1 值，并借助（34）计算 γ 和 k_2，他得到了 k_2 的值，并且这个值可能在每个系列中保持恒定。这种恒定性是充分一致性的证明。

我遵循了类似的方法，但是使用了考夫曼计算出的一些数。我对每次测量都计算了以下表达式的值

$$k_2' = \left(1 - \gamma'^2\right)^{\frac{1}{2}} \psi(\gamma) k_2, \quad \cdots\cdots\cdots\cdots\cdots \quad (38)$$

这可以由（37）结合方程（34）的第二个式子得到。$\psi(\gamma)$ 和 k_2 的值取自考夫曼的表格，我将他找到的 γ 乘以 s 替代了 γ'，选择 s 是为了获得（38）的良好恒定性。

其结果包含在下面的表 1 和表 2[①] 中，它们对应于考夫曼论文中的表Ⅲ和表Ⅳ。

k_2' 的恒定性看起来并不比 k_2 的恒定性差，在 s 值仅由两次测量确定的情况下尤其如此。系数的选择使得对这两次观测结果来说，k_2' 的值应该与 k_2 的值成正比，其中这些结果是表 1 中的第一个和倒数第二个，表 2 中的第一个和最后一个。

表 1 $s = 0.933$

γ	$\psi(\gamma)$	k_2	γ'	k_2'
0.851	2.147	1.721	0.794	2.246
0.766	1.86	1.736	0.715	2.258
0.727	1.78	1.725	0.678	2.256
0.6615	1.66	1.727	0.617	2.256
0.6075	1.595	1.655	0.567	2.175

表 2 $s = 0.954$

γ	$\psi(\gamma)$	k_2	γ'	k_2'
0.963	3.28	8.12	0.919	10.36
0.949	2.86	7.99	0.905	9.70
0.933	2.73	7.46	0.890	9.28
0.883	2.31	8.32	0.842	10.36
0.860	2.195	8.09	0.820	10.15
0.830	2.06	8.13	0.792	10.23
0.801	1.96	8.13	0.764	10.28
0.777	1.89	8.04	0.741	10.20
0.752	1.83	8.02	0.717	10.22
0.732	1.785	7.97	0.698	10.18

接下来我将考虑考夫曼后来发表的论文[②]中的两个系列，它们由朗格（C. Runge，1856—1927）[③]用最小二乘法计算过，系数 k_1 和 k_2 根据以下原则确定：

---

① 为便于阅读，读者将原文中的表Ⅲ和Ⅳ，分别改为表 1 和表 2，并把下页的两张无编号表，分别冠以表 3 和表 4。——中译者注

② Kaufmann，*Gött. Nachr. Math. Phys. Kl.*，1903. p. 90.

③ Runge，ibid.，p. 326

对于 ζ 的每个观测值，由考夫曼的方程(34)计算得到的 η 值，应尽可能与 η 的观测值一致。

由相同的条件，同样使用最小二乘法，我确定了公式

$$\eta^2 = a\zeta^2 + b\zeta^4$$

中的常数 a 和 b，该公式可以通过方程(36)和(37)导出。知道了 a 和 b，借助关系式

$$\gamma = \sqrt{a}\,\frac{\zeta}{\eta},$$

我对每次测量找到了相应的 γ。

对于考夫曼用来测量电磁偏移的两块板，结果见下面两表，偏移的单位为厘米。

我还没有时间计算考夫曼论文中的其他表格。开始处，就像在 15 号板的表①中那样，观测得到的 η 值与朗格计算得到的 η 值之间有相当大的负差额，但可以期望会与我的公式的相符程度令人满意。

表 3　15 号板　$a = 0.06489$，$b = 0.3039$

ζ	η					γ	
	观测值	朗格计算值	差额	洛伦兹计算值	差额	朗格计算值	洛伦兹计算值
0.1495	0.0388	0.0404	−16	0.0400	−12	0.987	0.951
0.199	0.0548	0.0550	−2	0.0552	−4	0.964	0.918
0.2475	0.0716	0.0710	+6	0.0715	+1	0.930	0.881
0.296	0.0896	0.0887	+9	0.0895	+1	0.889	0.842
0.3435	0.1080	0.1081	−1	0.1090	−10	0.847	0.803
0.391	0.1290	0.1297	−7	0.1305	−15	0.804	0.768
0.437	0.1524	0.1527	−3	0.1532	−8	0.763	0.727
0.4825	0.1788	0.1777	+11	0.1777	+11	0.724	0.692
0.5265	0.2033	0.2039	−6	0.2033	0	0.688	0.660

---

① 即表 3。——中译者注

表4　19号板　$a=0.05867$，$b=0.2591$

ζ	η					γ	
	观测值	朗格计算值	差额	洛伦兹计算值	差额	朗格计算值	洛伦兹计算值
0.1495	0.0404	0.0388	+16	0.0379	+25	0.990	0.954
0.199	0.0529	0.0527	+2	0.0522	+7	0.969	0.923
0.247	0.0678	0.0675	+3	0.0674	+4	0.939	0.888
0.296	0.0834	0.0842	−8	0.0844	−10	0.902	0.849
0.3435	0.1019	0.1022	−3	0.1026	−7	0.862	0.811
0.391	0.1219	0.1222	−3	0.1226	−7	0.822	0.773
0.437	0.1429	0.1434	−5	0.1437	−8	0.782	0.736
0.4825	0.1660	0.1665	−5	0.1664	−4	0.744	0.702
0.5265	0.1916	0.1906	+10	0.1902	+14	0.709	0.671

三
论动体的电动力学

爱因斯坦

· On the Electrodynamics of Moving Bodies ·

· A. Einstein ·

运动学部分：同时性的定义——关于长度和时间的相对性——坐标与时间变换——方程的物理意义——速度的合成

电动力学部分：麦克斯韦–赫兹方程的变换——多普勒原理与光行差理论——光线能量与辐射压力——对流电流方程的变换——缓慢加速电子的动力学

英文版译自 Zur Elektrodynamik bewegter Körper, *Annalen der Physik*, 17, 1905。

众所周知，当把现在通常所理解的麦克斯韦的电动力学应用于运动物体时，会导致不对称性，但这似乎不是该现象中固有的。以磁铁与导体的相互电动力作用为例。这里可观察到的现象仅仅依赖于导体与磁铁的相对运动，然而通常认为，只有导体运动与只有磁铁运动这两种情况是截然不同的。这是因为，如果磁铁运动而导体静止，磁铁附近会出现具有一定能量的电场，从而使导体所在处产生电流。但是，如果磁铁静止而导体运动，磁铁附近不会产生电场。不过我们在导体中发现了电动势①，导体本身并无对应的能量，但它产生的电流——假设在所讨论两种情况下的相对运动等同——与在前一种情况下电力②所产生的电流具有相同的路径和强度。

诸如此类的例子连同寻找地球相对于“光介质”所做的任何运动的不成功尝试表明，电动力学现象和力学现象都不具有对应于绝对静止概念的性质。相反，它们表明，正如已经对一阶小量证明了的，相同的电动力学定律和光学定律，将对所有使力学方程成立的参考框架都有效。③ 我们将这个猜想（其要旨以后将被称为“相对性原理”）作为公设，并引入另一个表面上看起来与前者不相容的公设，即光在空虚空间④中总是以确定的速度 c 传播，且速度 c 与发光体的运动状态无关。由这两个公设，对于静止物体，根据麦克斯韦理论，就足以建立一个简单且一致的运动物体的电动力学理论。“传播光的以太”的引入将被证明是多余的，因为这里要发展的观点不需要具有特殊性质的“绝对静止空间”，也不需要对产生电磁过程的空虚空间中的点指定一个速度矢量。

如同全部电动力学一样，有待发展的理论基于刚体运动学，因为任何这种理论的断言都与刚体（坐标系）、钟和电磁过程之间的关系有关。对这种情况考虑不足，是目前运动物体的电动力学所遇到困难的根源。

◀奥林匹亚学院成员，右侧是爱因斯坦。

---

① 电动势（electromotive force），由文中所述，指导体在磁场中运动时出现的电位差。——中译者注

② 电力（electric force），由文中所述，这里指磁铁运动时其附近产生的电场。——中译者注

③ 前面一篇洛伦兹的文章当时尚未为作者所知。

④ 空虚空间（empty space），在早期文献中应用，即真空（vacuum）。——中译者注

1. 运动学部分

§1. 同时性的定义

让我们采用一个牛顿力学方程在其中成立的坐标系。① 为了使我们的表达更精确，并把这个坐标系与后面将要引入的其他坐标系在字面上区分开来，我们称其为"静止系统"。

如果一个质点相对于这个坐标系是静止的，那么它的位置可以通过应用严格的测量标准和欧几里得几何方法相对确定，并且可以用笛卡儿坐标来表示。

如果我们想要描述一个质点的运动，就把它的坐标值表示为时间的函数。现在我们必须清楚地记住，这种类型的数学描述没有物理意义，除非我们非常明白我们理解的"时间"是什么。我们必须考虑到，在涉及时间的所有判断中，总是有对同时发生事件的判断。例如，如果我说："那列火车在 7 点钟到达这里"，我的意思是："我的表的短针指到 7 和火车的到达是同时发生的事件。"②

通过用"我的表的短针的位置"来代替"时间"，似乎有可能克服伴随"时间"的定义而出现的所有困难。事实上，如果我们关心的只是对表所在地点专门定义的时间，那么这样的定义是令人满意的；但是，如果必须把在不同地点发生的事件按时间排序，或者需要评估在远离钟表所处地点发生的事件的时间，那么这个定义不再令人满意。

当然，我们可以满足于通过以下方式确定的时间值：观察者和钟表一起在坐标原点，然后将由每个需要计时的事件发出的，通过空虚空间传递过来的光信号，与钟表指针的相应位置等同。但正如我们根据经验可以知道的，这种等同做法的缺点是它与带有钟表的这个观察者所在的位置有关。遵循以下思路，我们可以得到一种更实际的确定时间的方法。

---

① 也就是只到一阶近似。

② 对于大约在相同位置的两个事件的同时性概念，我们不在这里讨论隐含在此概念中的不精确性，它只能通过抽象化消除。

如果在空间的 A 点处有一个钟，在 A 处的观察者在事件发生的同时记下指针的位置，就可以确定紧靠 A 处的事件的时间值。如果在空间 B 点处有另一个钟，它在各方面都与在 A 处的钟相同，在 B 处的观察者就可以确定紧靠 B 处的事件的时间值。但是，如果没有进一步的假设，就不可能把在 A 处发生的事件与在 B 处发生的事件在时间上进行比较。到目前为止，我们只定义了一个"A 时间"和一个"B 时间"。我们没有为 A 和 B 定义一个公共"时间"，但这根本无法定义，除非我们用定义规定，光从 A 到 B 所需的"时间"等于它从 B 到 A 所需的"时间"。设一束光在"A 时间"（t_A）出发从 A 射向 B，又设它在"B 时间"（t_B）从 B 向 A 反射，并在"A 时间"（t'_A）再次回到 A。

根据定义，如果

$$t_B - t_A = t'_A - t_B,$$

那么两个钟同步。

我们假设同步这个定义是无矛盾的，且适用于任意多个点；而且假设以下关系普遍成立：

1. 如果 B 处的钟与 A 处的钟同步，那么 A 处的钟与 B 处的钟同步。

2. 如果 A 处的钟与 B 处的钟同步，并且也与 C 处的钟同步，那么 B 处的钟也与 C 处的钟彼此同步。

因此，在某些假想物理实验的帮助下，我们已经解决了如何理解在不同地点的静止的钟的同步问题，并且显然得到了"同时"或"同步"以及"时间"的定义。一个事件的"时间"，是由该事件所在地点的一个静止的钟在事件发生的同时所给出的时间，这个钟与一个指定的静止的钟是同步的，而且事实上与该指定的静止的钟所确定的所有时间都同步。

与经验相一致，我们进一步假设量

$$\frac{2AB}{t'_A - t_A} = c$$

是一个普适常量——光在空虚空间中的速度。

在静止系统中借助静止的钟定义时间是必不可少的，现在定义的时间适用于静止系统，我们把它称为"静止系统中的时间"。

§2. 关于长度和时间的相对性

以下考虑基于相对性原理和光速不变原理。我们把这两个原理定义如下：

1. 物理系统状态发生变化时，遵循的定律不受影响，无论状态的这些变化涉及的是做匀速平移运动的两个坐标系中的哪一个。

2. 任何光线在"静止"坐标系中都以确定的速度 c 运动，无论光线是由静止的还是由运动的物体发射出来的。因此

$$速度 = \frac{光线路径}{时间间隔},$$

其中时间间隔在§1中定义的意义上取得。

设给定一根静止的刚性杆，并用一个也是静止的测量杆测得其长度为 l。我们现在设想杆的轴沿着静止坐标系的 x 轴，并使杆以速度 v 沿着 x 轴在 x 增加的方向做匀速平移运动。我们现在考察运动的杆的长度，并设想它的长度由以下两种操作确定：

（a）观察者与给定测量杆和要测量的杆一起移动，并通过直接叠加测量杆来测量杆的长度，就像三者都处于静止状态一样。

（b）借助静止系统中按照§1所述方式同步的静止的钟，观察者确定要测量的杆的两端在特定时间位于静止系统的哪两点。使用已用过的测量杆测量两点之间的距离，在这种情况下，测量杆是静止的，测得的这个距离可以被称为"杆的长度"。

根据相对性原理，操作（a）确定的长度——我们称它为"运动系统中杆的长度"——必定等于静止杆的长度 l。

操作（b）确定的长度，我们将称之为"静止系统中（移动的）杆的长度"。我们将根据我们的两个原理来确定这个长度，并且我们将发现它与 l 不同。

当前的运动学默认，由这两种操作确定的长度完全相同，或者换句话说，对于一个在时间 t 运动的刚体，在几何方面，它可以由在一个确定位置的静止的同一物体完美地代表。

我们再进一步设想，在杆的两端 A 和 B 分别放置钟，它们与静止系统的钟同步，也就是说，它们在任何瞬时的指示，都对应于在它们碰巧所处地点的

"静止系统的时间"。因此，这两个钟是"在静止系统中同步的"。

我们再进一步设想，每个钟都有一个运动的观察者，并且这些观察者把§1 中建立的关于两个钟同步的标准应用于每个钟。设一束光在瞬时① t_A 从 A 射出，并设它在瞬时 t_B 从 B 反射，又在瞬时 t'_A 再次到达 A。考虑到光速不变原理，我们发现

$$t_B - t_A = \frac{r_{AB}}{c - v}, \quad t'_A - t_B = \frac{r_{AB}}{c + v},$$

其中 r_{AB} 表示在静止系统中测量的运动的杆的长度。随着运动的杆运动的观察者因此会发现两个钟不同步，而静止系统中的观察者会宣称这两个钟是同步的。

所以我们看到，我们不能对同时性的概念附加任何绝对的含义，相反，在一个坐标系中看来是同时发生的两个事件，在相对于那个系统运动的另一个坐标系中看来，不再可以被视为同时发生的事件。

§3. 坐标与时间变换

让我们在"静止"空间中取两个坐标系，即这样两个系统，它们每个都是从一点出发的三条相互垂直的刚性物质线。设两个系统的 X 轴重合，它们的 Y 轴和 Z 轴分别平行。设每个系统都配备了一个刚性测量杆和许多台钟，并设这两个测量杆及两个系统的全部钟在所有方面都是一样的。

现在设两个系统之一 k 的原点以恒速 v 沿另一个静止系统 K 的 x 增加的方向移动，并设该速度传递给坐标轴、相关的测量杆和钟。对于静止系统 K 的任意时间，运动系统的轴上都将有一个确定的位置与之对应，且由于对称性，我们可以假设 k 的运动是这样的，即运动系统的轴在时间 t（这个"t"总是表示静止系统的时间）平行于静止系统的轴。

我们现在设想从静止系统 K 借助静止的测量杆测量空间，也从运动系统 k 借助与它一起运动的测量杆测量空间；我们因此分别得到坐标 x，y，z 和 ξ，η，ζ。此外，对静止系统中有钟的所有点，用 §1 中所述的方式，借助光信号确定静止系统的时间 t；同样，对运动系统中有静止的钟的所有点，用 §1 中所

---

① 这里的"时间"表示"静止系统的时间"，也表示"在所讨论位置的运动的钟指针的位置"。

述的方式，借助那些钟所在点之间的光信号确定运动系统的时间 τ。

对于完全确定的静止系统 K 中一个事件发生的地点和时间的任何一组值 x，y，z，t，有另一组值 ξ，η，ζ，τ，这些值确定了相对于系统 k 的该事件，我们现在的任务是找到联系这些量的方程组。

首先很清楚，考虑到我们赋予空间和时间的均匀性，这些方程必定是线性的。

如果我们取 $x'=x-vt$，那么很清楚，在系统 k 中静止的一个点必定有一组与时间无关的值 x'，y，z。我们首先将 τ 定义为 x'，y，z 和 t 的函数。为此，我们必须在这个方程组中表达出 τ 无非就是在系统 k 中静止的各个钟的读数的总成，这些读数已经根据 §1 中给出的规则同步。

设在时间 τ_0，从系统 k 的原点有一束光沿着 X 轴射向 x'，并在时间 τ_1 从那里向坐标原点反射，在时间 τ_2 到达原点；于是我们必定有 $\frac{1}{2}(\tau_0+\tau_2)=\tau_1$，或者，代入函数 τ 的自变量并应用静止系统的光速不变原理，有：

$$\frac{1}{2}\left[\tau(0,\ 0,\ 0,\ t)+\tau\left(0,\ 0,\ 0,\ t+\frac{x'}{c-v}+\frac{x'}{c+v}\right)\right]$$
$$=\tau\left(x',\ 0,\ 0,\ t+\frac{x'}{c-v}\right).$$

因而，若选取 x' 为无穷小量，那么

$$\frac{1}{2}\left(\frac{1}{c-v}+\frac{1}{c+v}\right)\frac{\partial\tau}{\partial t}=\frac{\partial\tau}{\partial x'}+\frac{1}{c-v}\frac{\partial\tau}{\partial t},$$

或者

$$\frac{\partial\tau}{\partial x'}+\frac{v}{c^2-v^2}\frac{\partial\tau}{\partial t}=0.$$

需要注意的是，代替坐标原点，我们可以选择任何其他点作为光线的原点，因此刚才得到的方程对于所有 x'，y，z 值成立。

对 Y 轴和 Z 轴作类似的考虑，记住，在静止系统中观察时，光线总是以速度 $\sqrt{c^2-v^2}$ 沿着这些轴传播，我们得到

$$\frac{\partial\tau}{\partial y}=0,\qquad\frac{\partial\tau}{\partial z}=0.$$

由于 τ 是一个线性函数，由这些方程得到

$$\tau = a\left(t - \frac{v}{c^2 - v^2}x'\right),$$

其中 a 是目前还是未知的函数 $\phi(v)$，为简单起见，假设在 k 的原点，当 $t = 0$ 时 $\tau = 0$。

借助这个结果容易确定量 ξ，η，ζ，只要在方程中体现以下事实：当在运动系统中测量时，光也以速度 c 传播（这是光速不变原理和相对性原理所要求的）。对于在时间 $\tau = 0$ 朝着 ξ 增加方向发射的光线，有

$$\xi = c\tau \text{ 或 } \xi = ac\left(t - \frac{v}{c^2 - v^2}x'\right)。$$

但是，当在静止系统中测量时，光线相对于 k 的原点以速度 $c - v$ 运动，所以

$$\frac{x'}{c - v} = t。$$

如果我们将 t 的这个值代入 ξ 的方程中，我们得到

$$\xi = a\frac{c^2}{c^2 - v^2}x'。$$

以类似的方式，考虑光线沿着其他两根轴的运动，我们发现，如果

$$\frac{y}{\sqrt{c^2 - v^2}} = t, \quad x' = 0,$$

则

$$\eta = c\tau = ac\left(t - \frac{v}{c^2 - v^2}x'\right)。$$

于是

$$\eta = a\frac{c}{\sqrt{c^2 - v^2}}y, \quad \zeta = a\frac{c}{\sqrt{c^2 - v^2}}z。$$

代入 x' 的值，我们得到

$$\tau = \phi(v)\beta\left(t - v\frac{x}{c^2}\right),$$
$$\xi = \phi(v)\beta(x - vt),$$
$$\eta = \phi(v)y,$$
$$\zeta = \phi(v)z,$$

其中

$$\beta = \frac{1}{\sqrt{1 - \dfrac{v^2}{c^2}}},$$

而 ϕ 目前还是关于 v 的一个未知函数。如果对运动系统的初始位置和 τ 的零点不做任何假设，那么在这些方程中每一个的右边均须添加一个加性常数。

我们现在必须证明，正如我们所假设的，如果光线在静止系统中的传播速度为 c，那么，当在运动系统中测量时，任意光线也以速度 c 传播；因为我们还没有证明光速不变原理与相对性原理是相容的。

在时间 $t=\tau=0$，即当两个系统的坐标原点重合时，设球面波从这里发射，并以速度 c 在系统 K 中传播。如果 (x, y, z) 是这个波恰好到达的点，那么

$$x^2 + y^2 + z^2 = c^2 t^2.$$

借助我们的变换方程来变换这个方程，经过简单的计算，我们得到

$$\xi^2 + \eta^2 + \zeta^2 = c^2 \tau^2.$$

因此，在运动系统中观察时，所考虑的波依然是以速度 c 传播的球面波。这表明我们的两个基本原理是相容的。[①]

在已得到的变换方程中代入 v 的未知函数 ϕ，我们现在来确定这个函数。

为此，我们引入第三个坐标系 K'，相对于系统 k，它处于平行于 X 轴的平行平移运动状态，这使得系统 k 的坐标原点以速度 $-v$ 在 X 轴上运动。设在时间 $t=0$，所有三个原点重合，且当 $t=x=y=z=0$ 时，设系统 K' 的时间 t' 为零。我们称在系统 K' 中测量的坐标为 x'，y'，z'，并且通过两次应用我们的变换方程，我们得到

$$t' = \phi(-v)\beta(-v)\left(\tau + v\frac{\xi}{c^2}\right) = \phi(v)\phi(-v)t,$$
$$x' = \phi(-v)\beta(-v)(\xi + v\tau) = \phi(v)\phi(-v)x,$$
$$y' = \phi(-v)\eta = \phi(v)\phi(-v)y,$$
$$z' = \phi(-v)\zeta = \phi(v)\phi(-v)z.$$

---

① 洛伦兹变换的方程可以更简单地直接从以下条件导出，即由于那些方程，从关系式 $x^2+y^2+z^2=c^2t^2$ 可以推导出第二个关系式 $\xi^2+\eta^2+\zeta^2=c^2\tau^2$。

由于 x'，y'，z' 与 x，y，z 之间的关系不包含时间 t，系统 K 和 K' 相对静止，并且很清楚，由 K 到 K' 的变换必定是恒等变换。因此

$$\phi(v)\phi(-v) = 1。$$

现在查究 $\phi(v)$ 的意义。我们特别注意系统 k 的 Y 轴位于 $\xi=0$，$\eta=0$，$\zeta=0$ 和 $\xi=0$，$\eta=l$，$\zeta=0$ 之间的那一部分。Y 轴的这一部分，是沿垂直于它的轴的方向，相对于系统 K 以速度 v 移动的一个杆。它的末端在 K 中有坐标

$$x_1 = vt, \quad y_1 = \frac{l}{\phi(v)}, \quad z_1 = 0$$

及

$$x_2 = vt, \quad y_2 = 0, \quad z_2 = 0。$$

因此，在 K 中测量的杆的长度为 $\dfrac{l}{\phi(v)}$；这就给出了函数 $\phi(v)$ 的意义。根据对称性，现在很明显，当在静止系统中测量时，垂直于它的轴运动的给定杆的长度必定只依赖于速度而不依赖于运动的方向和指向。因此，如果 v 与 $-v$ 互换，运动的杆在静止系统中测量的长度不会改变。因而有 $\dfrac{l}{\phi(v)} = \dfrac{l}{\phi(-v)}$，或者

$$\phi(v) = \phi(-v)。$$

由这个关系和以前得到的 $\phi(v)=1$，前面找到的变换方程成为

$$\tau = \beta\left(t - v\frac{x}{c^2}\right),$$

$$\xi = \beta(t - vt),$$

$$\eta = y,$$

$$\zeta = z,$$

其中

$$\beta = \frac{1}{\sqrt{1 - \dfrac{v^2}{c^2}}}。$$

§4. 方程的物理意义

我们设想一个半径为 R 的刚体球①，它相对于运动系统 k 是静止的，且其中心在 k 的坐标原点。以速度 v 相对于系统 K 运动的这个球的表面的方程是

$$\xi^2 + \eta^2 + \zeta^2 = R^2 \text{。}$$

在 $t=0$ 时，可用 x，y，z 表示该球面的方程为

$$\frac{x^2}{\left(\sqrt{1 - \dfrac{v^2}{c^2}}\right)^2} + y^2 + z^2 = R^2 \text{。}$$

因此，在静止状态下测量的刚体球，在运动状态下（从静止系统观察）具有旋转椭球的形状，其诸轴为

$$R\sqrt{1 - \frac{v^2}{c^2}}, \ R, \ R \text{。}$$

因此，虽然球体（以及因此任何形状的每个刚体）的 Y 和 Z 维度似乎并未被运动改变，X 维度却似乎以 $1 : \sqrt{1 - \dfrac{v^2}{c^2}}$ 的比率收缩了，即 v 值越大，收缩越多。对于 $v=c$，所有运动物体（从"静止"系统看）都收缩为平面图形。对于大于光速的速度，我们的考虑变得毫无意义；然而，下面我们将发现，在我们的理论中，光速在物理上起了无穷大速度的作用。

很清楚，同样的结果也适用于从一个匀速运动系统来看是"静止"的系统中的静止物体。

此外，想象有一批经过校验的钟，当它们相对于静止系统静止时显示时间 t，而当它们相对于运动系统静止时显示时间 τ，如果把其中一个钟放在 k 的坐标原点，并调整它使显示时间为 τ。那么当从静止系统观察它时，这个钟的时率如何？

在与钟的位置有关的量 x，t 和 τ 之间，我们显然有 $x=vt$ 和

---

① 即在静止状态下看来是球形的物体。

$$\tau = \frac{1}{\sqrt{1 - \dfrac{v^2}{c^2}}} \left(t - v\,\frac{x}{c^2} \right)。$$

因此，

$$\tau = t\sqrt{1 - \frac{v^2}{c^2}} = t - \left(1 - \sqrt{1 - \frac{v^2}{c^2}} \right) t，$$

由此可见，这个钟的时间（在静止系统中观察）每秒慢 $1 - \sqrt{1 - \dfrac{v^2}{c^2}}$ 秒，或者（忽略四阶和更高阶小量）慢 $\dfrac{1}{2}\dfrac{v^2}{c^2}$ 秒。

　　这产生了以下奇怪的结果。如果在 K 的 A 点和 B 点有静止的钟，从静止系统来看，它们是同步的；如果 A 处的钟沿直线 AB 以速度 v 向 B 移动，于是当它到达 B 时，两个钟不再同步，从 A 移动到 B 的钟比另一个一直保持在 B 的钟滞后 $\dfrac{1}{2}\dfrac{tv^2}{c^2}$ 秒（忽略四阶和更高阶小量），t 是从 A 到 B 所需的时间。

　　很明显，如果钟沿着任何折线从 A 移动到 B，并且当 A 点与 B 点也重合时，这个结果仍然有效。

　　如果我们假设对折线证明的结果也适用于连续曲线，我们得到以下结果：如果在 A 处有两个同步的钟，其中一个在闭曲线上做匀速运动，它返回 A 耗时 t 秒，于是按照保持静止的钟，运动的钟回到 A 时将会慢 $\dfrac{1}{2}\dfrac{tv^2}{c^2}$ 秒。因此我们得出结论：如果其他条件等同，与位于南极或北极的一个精确相似的钟相比较，在赤道上的摆轮钟（balance-clock）①②必定走得稍微慢一点点。

§5. 速度的合成

　　设沿着系统 K 的 X 轴以速度 v 移动的系统 k 中的一个点根据以下方程运动，

$$\xi = w_\xi \tau，\quad \eta = w_\eta \tau，\quad \zeta = 0，$$

---

　　① 不能是摆锤钟（pendulum-colock），它在物理上与地球属于同一个系统。这种情况必须排除在外。

　　② 摆锤钟用长摆锤走时，如挂钟，它的快慢还与重力有关。摆轮钟用擒纵机构走时，如机械钟表，它的快慢与重力无关。当然，现代的石英钟表也是如此。——中译者注

其中 w_ξ 和 w_η 是常数。

待求的是该点相对于系统 K 的运动。如果借助 §3 中导出的变换方程，在该点的运动方程中引入量 x，y，z，t，我们得到

$$x = \frac{w_\xi + v}{1 + v \dfrac{w_\xi}{c^2}} t,$$

$$y = \frac{\sqrt{1 - \dfrac{v^2}{c^2}}}{1 + v \dfrac{w_\xi}{c^2}} w_\eta t,$$

$$z = 0。$$

因此，根据我们的理论，速度的平行四边形定律只对一阶近似成立。我们设

$$V^2 = \left(\frac{\mathrm{d}x}{\mathrm{d}t}\right)^2 + \left(\frac{\mathrm{d}y}{\mathrm{d}t}\right)^2,$$

$$w^2 = w_\xi^2 + w_\eta^2,$$

$$\alpha = \tan^{-1} \frac{w_y}{w_x},$$

α 因此被看作速度 v 与 w 之间的角度。经过简单的计算，我们得到

$$V = \frac{\sqrt{(v^2 + w^2 + 2vw \cos \alpha) - \left(vw \sin \dfrac{\alpha}{c^2}\right)^2}}{1 + vw \cos \dfrac{\alpha}{c^2}}。$$

值得注意的是，v 和 w 以对称方式参与合成速度的表达式。如果 w 也取 X 轴的方向，我们得到

$$V = \frac{v + w}{1 + v \dfrac{w}{c^2}}。$$

从这个方程可以得出，两个小于 c 的速度的合成速度总是小于 c。因为如果我们设 $v = c - \kappa$，$w = c - \lambda$，κ 和 λ 都是正数并小于 c，那么

$$V = c \frac{2c - \kappa - \lambda}{2c - \kappa - \lambda + \kappa \dfrac{\lambda}{c}} < c。$$

由此进一步可知，光速 c 不能通过与小于光速的速度合成而改变。对于这种情况，我们得到

$$V = \frac{c + w}{1 + \dfrac{w}{c}} = c \text{。}$$

当 v 和 w 具有相同方向时，我们还可以根据 §3 复合两个变换，从而得到 V 的公式。除了 §3 中的系统 K 和 k，如果我们还引入平行于 k 移动的另一个坐标系 k'，它的原点沿 X 轴以速度 w 移动，我们得到量 x，y，z，t 与 k' 中的对应量之间的方程，它们与 §3 中发现的方程的不同之处，只在于 "v" 被量

$$\frac{v + w}{1 + v\dfrac{w}{c}^{2}}$$

代替；由此我们看到，这种平行变换必定构成一个群。

我们现在已经推导出了对应于我们两个原理的运动学理论所必需的定律，下面将说明它们在电动力学中的应用。

2. 电动力学部分

§6. 麦克斯韦–赫兹方程的变换

设空虚空间中的麦克斯韦–赫兹方程对静止系统 K 成立，所以我们有

$$\frac{1}{c}\frac{\partial X}{\partial t} = \frac{\partial N}{\partial y} - \frac{\partial M}{\partial z}, \quad \frac{1}{c}\frac{\partial L}{\partial t} = \frac{\partial Y}{\partial z} - \frac{\partial Z}{\partial y},$$

$$\frac{1}{c}\frac{\partial Y}{\partial t} = \frac{\partial L}{\partial z} - \frac{\partial N}{\partial x}, \quad \frac{1}{c}\frac{\partial M}{\partial t} = \frac{\partial Z}{\partial x} - \frac{\partial X}{\partial z},$$

$$\frac{1}{c}\frac{\partial Z}{\partial t} = \frac{\partial M}{\partial x} - \frac{\partial L}{\partial y}, \quad \frac{1}{c}\frac{\partial N}{\partial t} = \frac{\partial X}{\partial y} - \frac{\partial Y}{\partial x},$$

其中 (X, Y, Z) 表示电力矢量，(L, M, N) 表示磁力矢量。

如果我们将 §3 中导出的变换应用于这些方程，参照那里引入的以速度 v 运动的坐标系中的电磁过程，我们得到方程

$$\frac{1}{c}\frac{\partial X}{\partial \tau} = \frac{\partial}{\partial \eta}\left\{\beta\left(N - \frac{v}{c}Y\right)\right\} - \frac{\partial}{\partial \zeta}\left\{\beta\left(M + \frac{v}{c}Z\right)\right\},$$

$$\frac{1}{c}\frac{\partial}{\partial \tau}\left\{\beta\left(Y - \frac{v}{c}N\right)\right\} = \frac{\partial L}{\partial \xi} - \frac{\partial}{\partial \zeta}\left\{\beta\left(N - \frac{v}{c}Y\right)\right\},$$

$$\frac{1}{c}\frac{\partial}{\partial \tau}\left\{\beta\left(Z + \frac{v}{c}M\right)\right\} = \frac{\partial}{\partial \xi}\left\{\beta\left(M + \frac{v}{c}Z\right)\right\} - \frac{\partial L}{\partial \eta},$$

$$-\frac{1}{c}\frac{\partial L}{\partial \tau} = \frac{\partial}{\partial \zeta}\left\{\beta\left(Y - \frac{v}{c}N\right)\right\} - \frac{\partial}{\partial \eta}\left\{\beta\left(Z + \frac{v}{c}M\right)\right\},$$

$$\frac{1}{c}\frac{\partial}{\partial \tau}\left\{\beta\left(M + \frac{v}{c}Z\right)\right\} = \frac{\partial}{\partial \xi}\left\{\beta\left(Z + \frac{v}{c}M\right)\right\} - \frac{\partial X}{\partial \zeta},$$

$$\frac{1}{c}\frac{\partial}{\partial \tau}\left\{\beta\left(N - \frac{v}{c}Y\right)\right\} = \frac{\partial X}{\partial \eta} - \frac{\partial}{\partial \xi}\left\{\beta\left(Y - \frac{v}{c}N\right)\right\},$$

其中

$$\beta = \frac{1}{\sqrt{1 - \dfrac{v^2}{c^2}}} \text{。}$$

现在，相对性原理要求，如果空虚空间中的麦克斯韦–赫兹方程对系统 K 成立，那么它们在系统 k 中也成立；也就是说，运动系统 k 的电力矢量$(X'，Y'，Z')$和磁力矢量$(L'，M'，N')$，分别是由它们对电质量或磁质量的有质动力效应定义的，即它们满足以下方程：

$$\frac{1}{c}\frac{\partial X'}{\partial \tau} = \frac{\partial N'}{\partial \eta} - \frac{\partial M'}{\partial \zeta}, \quad \frac{1}{c}\frac{\partial L'}{\partial \tau} = \frac{\partial Y'}{\partial \zeta} - \frac{\partial Z'}{\partial \eta},$$

$$\frac{1}{c}\frac{\partial Y'}{\partial \tau} = \frac{\partial L'}{\partial \zeta} - \frac{\partial N'}{\partial \xi}, \quad \frac{1}{c}\frac{\partial M'}{\partial \tau} = \frac{\partial Z'}{\partial \xi} - \frac{\partial X'}{\partial \zeta},$$

$$\frac{1}{c}\frac{\partial Z'}{\partial \tau} = \frac{\partial M'}{\partial \xi} - \frac{\partial L'}{\partial \eta}, \quad \frac{1}{c}\frac{\partial N'}{\partial \tau} = \frac{\partial X'}{\partial \eta} - \frac{\partial Y'}{\partial \xi} \text{。}$$

显然，对系统 k 找到的两个方程组必须恰好表达相同的东西，因为两个方程组都等价于对系统 K 的麦克斯韦–赫兹方程。此外，因为这两个方程组除了矢量符号以外均相同，所以在方程组中相应位置出现的函数必须一致，除了对于方程组中所有函数都一样的因子 $\psi(v)$ 外，该因子与 ξ，η，ζ 和 τ 无关，但与 v 有关。因此，我们有以下关系式

$$X' = \psi(v)X, \qquad\qquad L' = \psi(v)L,$$

$$Y' = \psi(v)\beta\left(Y - \frac{v}{c}N\right), \qquad M' = \psi(v)\beta\left(M + \frac{v}{c}Z\right),$$

$$Z' = \psi(v)\beta\left(Z + \frac{v}{c}M\right), \qquad N' = \psi(v)\beta\left(N - \frac{v}{c}Y\right)。$$

如果我们现在要求这个方程组的逆,那么我们首先需要求解刚才得到的方程,其次需要对这些方程作逆变换(从 k 到 K),其中该变换以速度 $-v$ 为特征,考虑到由此得到的这两个方程组必须等同,因此有 $\psi(v)\psi(-v) = 1$。此外,由于对称性①,即 $\psi(v) = \psi(-v)$,有

$$\psi(v) = 1,$$

于是我们的方程组采取以下形式

$$X' = X, \qquad\qquad L' = L,$$

$$Y' = \beta\left(Y - \frac{v}{c}N\right), \qquad M' = \beta\left(M + \frac{v}{c}Z\right),$$

$$Z' = \beta\left(Z + \frac{v}{c}M\right), \qquad N' = \beta\left(N - \frac{v}{c}Y\right)。$$

关于这些方程的解释,我们给出以下附注:设一个点电荷在静止系统 K 中测量时有值"1",即设它在静止系统中静止时施加 1 达因的力于距离 1 厘米处的相等电荷。根据相对性原理,当在运动系统中测量时,这个电荷也有值"1"。如果这个电量相对于静止系统静止,那么由定义,矢量(X, Y, Z)等于作用于它的力。如果这个电量相对于运动系统静止(至少在相关瞬时),那么在运动系统中测得的作用于它的力等于矢量(X', Y', Z')。因此以上方程的前三个可以用以下两种方式来说明:

1. 如果一个单位点电荷在电磁场中运动,那么作用于它的除了电力,还有一种"电动力"②,如果我们忽略与 $\frac{v}{c}$ 的二次方及更高次方相乘的项,它就等于电荷速度与磁力的矢积除以光速。(老的表达方式)

---

① 例如,如果 $X = Y = Z = L = M = 0$,并且 $N \neq 0$,则由对称性很清楚,当 v 改变符号但不改变其数值时,Y' 也必定改变符号但不改变其数值。

② 电动力(electromotive force),洛伦兹力的磁场力部分,有些文献中就称为洛伦兹力。——中译者注

2. 如果一个单位点电荷在电磁场中运动，那么作用于它的力就等于存在于该电荷所在位置的电力，我们通过将场变换到相对于电荷静止的坐标系来确定这个力。（新的表达方式）

对"磁动势"[1]也相类似。我们看到，电动力在所发展的理论中只起辅助概念的作用，引入它的原因在于电力和磁力的存在并不独立于坐标系的运动状态。

此外很明显，引言中提到的当我们考虑由磁铁和导体的相对运动产生的电流时所出现的不对称性，现在消失了。再则，关于电动力学的电动力的"位置"问题（单极发电机）现在就毫无意义了。[2]

§7. 多普勒原理与光行差理论

设在系统 K 中，离坐标原点很远处有一个电动波源，它在包含坐标原点的空间部分可以用以下方程足够精确地表示，

$$X = X_0 \sin \Phi, \quad L = L_0 \sin \Phi,$$
$$Y = Y_0 \sin \Phi, \quad M = M_0 \sin \Phi,$$
$$Z = Z_0 \sin \Phi, \quad N = N_0 \sin \Phi,$$

其中

$$\Phi = \omega \left\{ t - \frac{1}{c} (lx + my + nz) \right\} .$$

这里 (X_0, Y_0, Z_0) 和 (L_0, M_0, N_0) 是定义波列振幅的矢量，l，m，n 是波法线的方向余弦。我们想知道，如果这些波被运动系统 k 中一个静止的观察者考察，它们的构成是怎样的。

应用 §6 中关于电力和磁力的变换方程，以及 §3 中关于坐标和时间的变换方程，我们直接得到

$$X' = X_0 \sin \Phi', \quad L' = L_0 \sin \Phi',$$
$$Y' = \beta \left(Y_0 - v \frac{N_0}{c} \right) \sin \Phi', \quad M' = \beta \left(M_0 + v \frac{Z_0}{c} \right) \sin \Phi',$$

---

① 磁动势（magnetomotive force），亦称磁通势。——中译者注

② 电动力学的电动力（electrodynamic electromotive force）的"位置"（seat）问题（单极发电机，unipolar machine）。单极发电机指圆柱形磁体绕中心轴旋转时轴与圆柱表面产生电位差，但整句的含义不太清楚。——中译者注

$$Z' = \beta\left(Z_0 + v\,\frac{M_0}{c}\right)\sin\,\Phi', \quad N' = \beta\left(N_0 - v\,\frac{Y_0}{c}\right)\sin\,\Phi',$$

$$\Phi' = \omega'\left\{\tau - \frac{1}{c}(l'\xi + m'\eta + n'\zeta)\right\},$$

其中

$$\omega' = \omega\beta\left(1 - l\,\frac{v}{c}\right),$$

$$l' = \frac{l - \dfrac{v}{c}}{1 - l\,\dfrac{v}{c}},$$

$$m' = \frac{m}{\beta\left(1 - l\,\dfrac{v}{c}\right)},$$

$$n' = \frac{n}{\beta\left(1 - l\,\dfrac{v}{c}\right)}。$$

从 ω' 的方程可以知道，如果一个观察者以速度 v 相对于无限远处频率为 ν 的光源移动，使得"光源–观察者"连线与观察者的速度方向成角度 ϕ，其中观察者在相对于光源静止的坐标系中，那么观察者接收到的光的频率 ν' 由以下方程给出：

$$\nu' = \nu\,\frac{1 - \cos\phi\cdot\dfrac{v}{c}}{\sqrt{1 - \dfrac{v^2}{c^2}}}。$$

这是对任何速度都成立的多普勒原理。当 $\phi=0$ 时，方程呈现清晰的形式

$$\nu' = \nu\,\sqrt{\frac{1 - \dfrac{v}{c}}{1 + \dfrac{v}{c}}}。$$

我们看到，与通常的观点不同，当 $v=-c$ 时，$\nu'=\infty$。

如果我们令运动系统中波法线（光线的方向）与"光源–观察者"连线的夹角

为 ϕ'，那么关于 ϕ'[①]的方程取以下形式

$$\cos \phi' = \frac{\cos \phi - \dfrac{v}{c}}{1 - \cos \phi \cdot \dfrac{v}{c}} \text{。}$$

这个方程是光行差定律的最一般形式。如果 $\phi = \dfrac{1}{2}\pi$，那么方程可简化为

$$\cos \phi' = - \frac{v}{c} \text{。}$$

我们仍然需要找到波在运动系统中的振幅。根据是在静止系统还是在运动系统中测量的，如果我们分别称电力或磁力的振幅为 A 或 A'，那么我们得到

$$A'^2 = A^2 \frac{\left(1 - \cos \phi \cdot \dfrac{v}{c}\right)^2}{1 - \dfrac{v^2}{c^2}} \text{。}$$

当 $\phi = 0$ 时，这个方程简化为

$$A'^2 = A^2 \frac{1 - \dfrac{v}{c}}{1 + \dfrac{v}{c}} \text{。}$$

从这些结果可以看出，对于以速度 c 接近光源的观察者，该光源必定呈现出无限强度。

§8. 光线能量与辐射压力

由于 $\dfrac{A^2}{8\pi}$ 等于每单位体积的光能，根据相对性原理，我们必须将 $\dfrac{A'^2}{8\pi}$ 视为运动系统中的光能。因此，如果无论在 K 或 k 中测量，光复合体的体积总是相同的，那么 $\dfrac{A'^2}{A^2}$ 将是给定光复合体"在运动中测量的"能量与"在静止时测量的"能量之比。但实际情况并非如此。如果 l，m，n 是静止系统中光的波法线的方向

---

① 原文误作 l'。——中译者注

余弦，那么不可能有能量通过以光速运动的球面

$$(x - lct)^2 + (y - mct)^2 + (z - nct)^2 = R^2$$

的曲面元。因此，我们可以说这个曲面把同一个光复合体永久地封闭起来了。我们来查究当在系统 k 中看时被这个曲面包围的能量，也就是光复合体相对于系统 k 的能量。

在运动系统中观察到的球面是一个椭球面，当 $\tau = 0$ 时，其方程是

$$\left(\beta\xi - l\beta\xi\,\frac{v}{c}\right)^2 + \left(\eta - m\beta\xi\,\frac{v}{c}\right)^2 + \left(\zeta - n\beta\xi\,\frac{v}{c}\right)^2 = R^2 \text{。}$$

如果 S 是这个球的体积，S' 是这个椭球的体积，那么通过一个简单的计算得到

$$\frac{S'}{S} = \frac{\sqrt{1 - \dfrac{v^2}{c^2}}}{1 - \cos\phi \cdot \dfrac{v}{c}} \text{。}$$

因此，如果我们把在静止系统中测量得到的这个曲面包围的光能称为 E，在运动系统中测量得到的称为 E'，我们有

$$\frac{E'}{E} = \frac{A'^2 S'}{A^2 S} = \frac{1 - \cos\phi \cdot \dfrac{v}{c}}{\sqrt{1 - \dfrac{v^2}{c^2}}},$$

当 $\phi = 0$ 时，这个公式简化为

$$\frac{E'}{E} = \sqrt{\frac{1 - \dfrac{v}{c}}{1 + \dfrac{v}{c}}} \text{。}$$

值得注意的是，光复合体的能量和频率遵循同一定律随着观察者的运动状态而变化。

现在设坐标平面 $\xi = 0$ 是一个理想的反射面，§7 中考虑的平面波在该反射面上反射。我们寻找作用在反射面上的光压以及反射后光的方向、频率及强度。

设入射光由量 A，$\cos\phi$，ν（对于系统 K）定义，从 k 看对应的量是

$$A' = A \frac{1 - \cos \phi \cdot \dfrac{v}{c}}{\sqrt{1 - \dfrac{v^2}{c^2}}},$$

$$\cos \phi' = \frac{\cos \phi - \dfrac{v}{c}}{1 - \cos \phi \cdot \dfrac{v}{c}},$$

$$\nu' = \nu \frac{1 - \cos \phi \cdot \dfrac{v}{c}}{\sqrt{1 - \dfrac{v^2}{c^2}}}。$$

对于反射光，参考对系统 k 的过程，我们得到

$$A'' = A',$$

$$\cos \phi'' = - \cos \phi',$$

$$\nu'' = \nu'。$$

最后，通过变换返回到静止系统 K，我们对反射光得到

$$A''' = A'' \frac{1 + \cos \phi'' \cdot \dfrac{v}{c}}{\sqrt{1 - \dfrac{v^2}{c^2}}} = A \frac{1 - 2\cos \phi \cdot \dfrac{v}{c} + \dfrac{v^2}{c^2}}{1 - \dfrac{v^2}{c^2}},$$

$$\cos \phi''' = \frac{\cos \phi'' + \dfrac{v}{c}}{1 + \cos \phi'' \cdot \dfrac{v}{c}} = - \frac{\left(1 + \dfrac{v^2}{c^2}\right) \cos \phi - 2 \dfrac{v}{c}}{1 - 2\cos \phi \cdot \dfrac{v}{c} + \dfrac{v^2}{c^2}},$$

$$\nu''' = \nu'' \frac{1 + \cos \phi'' \cdot \dfrac{v}{c}}{\sqrt{1 - \dfrac{v^2}{c^2}}} = \nu \frac{1 - 2\cos \phi \cdot \dfrac{v}{c} + \dfrac{v^2}{c^2}}{1 - \dfrac{v^2}{c^2}}。$$

在静止系统中测得的在单位时间内入射到镜面单位面积上的能量显然是 $A^2 \dfrac{(c \cos \phi - v)}{8\pi}$。在单位时间内离开镜面单位面积的能量是 $A'''^2 \dfrac{(-c \cos \phi''' + v)}{8\pi}$。根据能量原理，这两个表达式的差是单位时间内光压所做的功。如果我们设这

个功等于乘积 Pv，其中 P 是光压，那么我们得到

$$P = 2 \cdot \frac{A^2}{8\pi} \frac{\left(\cos\phi - \dfrac{v}{c}\right)^2}{1 - \dfrac{v^2}{c^2}} \, 。$$

与实验和其他理论一致，我们得到一阶近似

$$P = 2 \cdot \frac{A^2}{8\pi}\cos^2\phi \, 。$$

运动物体光学中的所有问题都可以采取这里应用的方法解决。重要的是，要把受到运动物体影响的光的电力和磁力变换到相对于物体静止的一个坐标系中。用这种方法，运动物体光学中的所有问题都将被简化为静止物体光学中的一系列问题。

§9. 对流电流方程的变换

我们从以下方程开始，

$$\frac{1}{c}\left\{\frac{\partial X}{\partial t} + u_x\rho\right\} = \frac{\partial N}{\partial y} - \frac{\partial M}{\partial z}, \quad \frac{1}{c}\frac{\partial L}{\partial t} = \frac{\partial Y}{\partial z} - \frac{\partial Z}{\partial y},$$

$$\frac{1}{c}\left\{\frac{\partial Y}{\partial t} + u_y\rho\right\} = \frac{\partial L}{\partial z} - \frac{\partial N}{\partial x}, \quad \frac{1}{c}\frac{\partial M}{\partial t} = \frac{\partial Z}{\partial x} - \frac{\partial X}{\partial z},$$

$$\frac{1}{c}\left\{\frac{\partial Z}{\partial t} + u_z\rho\right\} = \frac{\partial M}{\partial x} - \frac{\partial L}{\partial y}, \quad \frac{1}{c}\frac{\partial N}{\partial t} = \frac{\partial X}{\partial y} - \frac{\partial Y}{\partial x},$$

其中

$$\rho = \frac{\partial X}{\partial x} + \frac{\partial Y}{\partial y} + \frac{\partial Z}{\partial z}$$

是电密度的 4π 倍，而 (u_x, u_y, u_z) 是电荷的速度矢量。如果我们想象电荷总是与小刚体(离子、电子)耦合，那么这些方程就是洛伦兹电动力学和运动物体光学的电磁基础。

设这些方程在系统 K 中成立，借助 §3 和 §6 中给出的变换方程，将这些方程变换到系统 k，于是我们得到方程

$$\frac{1}{c}\left\{\frac{\partial X'}{\partial \tau} + u_\xi\rho'\right\} = \frac{\partial N'}{\partial \eta} - \frac{\partial M'}{\partial \zeta}, \quad \frac{1}{c}\frac{\partial L'}{\partial \tau} = \frac{\partial Y'}{\partial \zeta} - \frac{\partial Z'}{\partial \eta},$$

$$\frac{1}{c}\left\{\frac{\partial Y'}{\partial \tau} + u_\eta \rho'\right\} = \frac{\partial L'}{\partial \zeta} - \frac{\partial N'}{\partial \xi}, \quad \frac{1}{c}\frac{\partial M'}{\partial \tau} = \frac{\partial Z'}{\partial \xi} - \frac{\partial X'}{\partial \zeta},$$

$$\frac{1}{c}\left\{\frac{\partial Z'}{\partial \tau} + u_\xi \rho'\right\} = \frac{\partial M'}{\partial \xi} - \frac{\partial L'}{\partial \eta}, \quad \frac{1}{c}\frac{\partial N'}{\partial \tau} = \frac{\partial X'}{\partial \eta} - \frac{\partial Y'}{\partial \xi},$$

其中

$$u_\xi = \frac{u_x - v}{1 - u_x \dfrac{v}{c^2}},$$

$$u_\eta = \frac{u_y}{\beta\left(1 - u_x \dfrac{v}{c^2}\right)},$$

$$u_\zeta = \frac{u_z}{\beta\left(1 - u_x \dfrac{v}{c^2}\right)},$$

$$\rho' = \frac{\partial X'}{\partial \xi} + \frac{\partial Y'}{\partial \eta} + \frac{\partial Z'}{\partial \zeta} = \beta\left(1 - u_x \frac{v}{c}^2\right)\rho。$$

由速度相加定理(§5)得出，因为矢量(u_ξ，u_η，u_ζ)只是在系统 k 中测得的电荷的速度，所以我们可以证明，在我们的运动学原理的基础上，运动物体电动力学的洛伦兹理论的电动力学基础与相对性原理是一致的。

此外，我拟做以下简要评论，下面的重要定律可以简单地用已经导出的方程推导出来：当从与一个带电体一起运动的坐标系看时，如果该带电体在空间任意处的运动不改变它的电荷，那么当在"静止"系统 K 中看时，它的电荷也保持恒定。

§10. 缓慢加速电子的动力学

设带电粒子(以后称为电子)在电磁场中运动，对其运动定律我们假定：

若电子在给定时刻静止，只要电子的运动是缓慢的，它在下一瞬时的运动遵循方程

$$m\frac{\mathrm{d}^2 x}{\mathrm{d}t^2} = \varepsilon X,$$

$$m\frac{\mathrm{d}^2 y}{\mathrm{d}t^2} = \varepsilon Y,$$

$$m\frac{\mathrm{d}^2z}{\mathrm{d}t^2} = \varepsilon Z,$$

其中 x, y, z 表示电子的坐标, m 表示电子的质量。[①]

其次, 现在设电子在给定时刻的速度为 v。我们寻找电子在随后瞬间的运动规律。

为不影响我们考虑的一般性, 我们可能会假设, 在我们关注电子的瞬时, 它在坐标系 k 的原点沿着系统 K 的 X 轴以速度 v 移动。然后很清楚, 在给定时刻($t=0$), 相对于沿着 X 轴以速度 v 做平行运动的坐标系, 电子是静止的。

根据上述假设并结合相对性原理可以清楚地看出, 在下一瞬间(对于小的 t 值), 从系统 k 来看, 电子按照以下方程运动

$$m\frac{\mathrm{d}^2\xi}{\mathrm{d}\tau^2} = \varepsilon X',$$

$$m\frac{\mathrm{d}^2\eta}{\mathrm{d}\tau^2} = \varepsilon Y',$$

$$m\frac{\mathrm{d}^2\zeta}{\mathrm{d}\tau^2} = \varepsilon Z',$$

其中符号 ξ, η, ζ, τ, X', Y', Z' 是关于系统 k 的。此外, 如果当 $t=x=y=z=0$ 时, 有 $\tau=\xi=\eta=\zeta=0$, 那么 §3 和 §6 的变换方程成立, 故我们有

$$\xi = \beta(x - vt), \quad \eta = y, \quad \zeta = z, \quad \tau = \beta\left(t - v\frac{x}{c^2}\right),$$

$$X' = X, \quad Y' = \beta\left(Y - v\frac{N}{c}\right), \quad Z' = \beta\left(Z + v\frac{M}{c}\right)。$$

借助这些方程, 我们将上面的运动方程从系统 k 变换到系统 K, 得到

$$\left.\begin{aligned}
\frac{\mathrm{d}^2x}{\mathrm{d}t^2} &= \frac{\varepsilon}{m\beta^3}X \\
\frac{\mathrm{d}^2y}{\mathrm{d}t^2} &= \frac{\varepsilon}{m\beta}\left(Y - \frac{v}{c}N\right) \\
\frac{\mathrm{d}^2z}{\mathrm{d}t^2} &= \frac{\varepsilon}{m\beta}\left(Z + \frac{v}{c}M\right)
\end{aligned}\right\} \quad\cdots\cdots\cdots\cdots\cdots\cdots\text{(A)}$$

[①] ε 是电荷数量, X, Y, Z 是电力。——中译者注

我们现在用普通的观点探索运动电子的"纵向"质量和"横向"质量。我们将方程组（A）写成形式

$$m\beta^3 \frac{\mathrm{d}^2 x}{\mathrm{d} t^2} = \varepsilon X = \varepsilon X',$$

$$m\beta^2 \frac{\mathrm{d}^2 y}{\mathrm{d} t^2} = \varepsilon\beta\left(Y - \frac{v}{c}N\right) = \varepsilon Y',$$

$$m\beta^2 \frac{\mathrm{d}^2 z}{\mathrm{d} t^2} = \varepsilon\beta\left(Z + \frac{v}{c}M\right) = \varepsilon Z',$$

并首先注意到 $\varepsilon X'$，$\varepsilon Y'$，$\varepsilon Z'$ 是作用在电子上的有质动力的分力，因此它可以被看作当时与电子在同一系统中，并与电子以相同的速度运动。（例如这个力可以通过在最后提到的系统中静止的一个弹簧秤来测量。）现在，如果我们简单地称这个力是"作用在电子上的力"①，并使方程"质量 × 加速度 = 力"得以保持，且如果我们也决定在静止系统 K 中测量加速度，那么我们由以上方程可导出

$$纵向质量 = \frac{m}{\left(\sqrt{1 - \dfrac{v^2}{c^2}}\right)^3},$$

$$横向质量 = \frac{m}{1 - \dfrac{v^2}{c^2}}。$$

对力和加速度采用不同的定义，我们自然会得到其他质量值。这表明，比较电子运动的不同理论时，我们必须十分小心。

我们指出，对质量的这些结果也对有重质点成立，因为一个有重质点可以通过加上一个电荷构成一个电子(在我们使用这个词的意义上)，无论这个电荷多么小。

我们现在将确定电子的动能。如果一个电子由坐标系 K 的原点，在静电力 X 的作用下沿着 X 轴从静止开始运动，显然从静电场取得的能量值为 $\int \varepsilon X \mathrm{d}x$。

_____

① 如同首先由普朗克指出的，这里给出的力的定义并不占优势。采用使动量定律和能量定律取最简形式的方式定义力更加合适。

由于电子缓慢加速，因此电子可能不会以辐射的形式释放任何能量，所以由静电场取得的能量一定等于电子的运动能量 W。记住在我们考虑的整个运动过程中，方程组(A)的第一个式子成立，因此我们得到

$$W = \int \varepsilon X \mathrm{d}x = m \int_0^v \beta^3 v \mathrm{d}v = mc^2 \left\{ \frac{1}{\sqrt{1 - \dfrac{v^2}{c^2}}} - 1 \right\}。$$

所以，当 $v = c$ 时，W 无穷大。如我们以前的结果所说明的，大于光速的速度不可能存在。

根据上述论点，动能的这个表达式也必定适用于有重质量。

我们现在将列举由方程组(A)导致的，并且可以在实验中观察到的电子运动的性质。

1. 从方程组(A)的第二个方程可知，当 $Y = N \dfrac{v}{c}$ 时，电力 Y 和磁力 N 对于以速度 v 移动的电子具有同样强的偏转作用。因此我们看到，按照我们的理论，对于任何速度，有可能根据磁偏转功率 A_m 与电偏转功率 A_e 之比，通过以下定律确定电子的速度：

$$\frac{A_m}{A_e} = \frac{v}{c}。$$

这个关系可以通过实验来检验，因为电子的速度可以直接测量，例如借助快速振荡的电场和磁场。

2. 通过关于电子动能的推导可知，电子横跨的势差 P 与电子获得的速度 v 必定有关系

$$P = \int X \mathrm{d}x = \frac{m}{\varepsilon} c^2 \left\{ \frac{1}{\sqrt{1 - \dfrac{v^2}{c^2}}} - 1 \right\}。$$

3. 当磁力 N 作为唯一的偏转力垂直作用于电子速度时，我们计算电子路径的曲率半径。从方程组(A)的第二个方程我们得到

$$-\frac{\mathrm{d}^2 y}{\mathrm{d}t^2} = \frac{v^2}{R} = \frac{\varepsilon}{m} \frac{v}{c} N \sqrt{1 - \frac{v^2}{c^2}}$$

或者

$$R = \frac{mc^2}{\varepsilon} \cdot \frac{\dfrac{v}{c}}{\sqrt{1 - \dfrac{v^2}{c^2}}} \cdot \frac{1}{N} \text{。}$$

根据以上理论，这三个关系式是电子运动必须遵循的定律的完整表达式。

最后我想说，在处理这里问题的过程中，我得到我的朋友和同事贝索（M. Besso，1873—1955）的倾心帮助，我很感激他提出的几个宝贵建议。

四
物体惯性与其所含能量有关吗?

爱因斯坦

· *Does the Inertia of a Body Depend upon its Energy-Content ?* ·

· A. Einstein ·

爱因斯坦对许多领域都起过推动性作用。他是一位巨人，……没有他，似乎世界就不完美，因为只有他才能做出那么多独特而巨大的贡献。

——伯克哈特(瑞士史学家)

英文版译自 Ist die Trägheit eines Körpers von seinem Energiegehalt abhängig?, *Annalen der Physik*, 17, 1905。

以前的研究结果①导致一个非常有趣的结论，这里予以推导。

我的推导基于真空中的麦克斯韦-赫兹方程和空间电磁能的麦克斯韦表达式，外加以下原理：

物理系统状态变化遵循的规律，与这些状态变化参考的两个坐标系中的哪一个无关，这两个坐标系相对于彼此做匀速平行运动。（相对性原理）

以这些原理②为基础，除了其他以外，我推导出以下结果（§8）：

设参考坐标系为(x, y, z)的一系列平面光波具有能量 l；设光线的方向（波法线）与系统的 x 轴成角度 ϕ。如果我们引入一个新坐标系 (ξ, η, ζ)，它相对于系统 (x, y, z) 做匀速平行移动，并且其坐标原点沿 x 轴以速度 v 运动，那么在系统 (ξ, η, ζ) 中测量，这些光有能量

$$l^* = l\,\frac{1 - \dfrac{v}{c}\cos\phi}{\sqrt{1 - \dfrac{v^2}{c^2}}},$$

其中 c 表示光速。我们将在下面用到这个结果。

设系统 (x, y, z) 中有一个静止物体，并设该物体以系统 (x, y, z) 为参考时的能量为 E_0。设该物体相对于像前面一样以速度 v 运动的系统 (ξ, η, ζ) 的能量为 H_0。

设该物体在与 x 轴成 ϕ 角的方向上发射能量为 $\dfrac{1}{2}L$ 的平面光波，这个能量是以系统 (x, y, z) 为参考测量的，且它同时在相反方向上发出等量的光。与此同时，物体相对于系统 (x, y, z) 保持静止。能量原理必定适用于这个过程，事实上（根据相对性原理）它对于两个坐标系都适用。如果我们称发射出光以后的物体的能量为 E_1 或 H_1，它们分别是相对于系统 (x, y, z) 或 (ξ, η, ζ) 测量的，则应用上面给出的关系，我们得到

◀爱因斯坦和他的第二任妻子，二人于 1919 年结婚。

① 见本书前一篇论文《论动体的电动力学》。——中译者注
② 光速不变原理当然包含在麦克斯韦方程中。

$$E_0 = E_1 + \frac{1}{2}L + \frac{1}{2}L,$$

$$H_0 = H_1 + \frac{1}{2}L\frac{1 - \frac{v}{c}\cos\phi}{\sqrt{1 - \frac{v^2}{c^2}}} + \frac{1}{2}L\frac{1 + \frac{v}{c}\cos\phi}{\sqrt{1 - \frac{v^2}{c^2}}} = H_1 + \frac{L}{\sqrt{1 - \frac{v^2}{c^2}}}。$$

我们把这两个方程相减得到

$$H_0 - E_0 - (H_1 - E_1) = L\left\{\frac{1}{\sqrt{1 - \frac{v^2}{c^2}}} - 1\right\}。$$

在这个表达式中出现的两个 H–E 形式的差值具有简单的物理意义。H 和 E 分别是同一个物体以彼此相对运动的两个坐标系为参考的能量值，物体在两个系统之一［系统(x, y, z)］中静止。因此很清楚，差 H–E 与物体在另一个系统 (ξ, η, ζ) 中动能 K 的不同之处，只在于一个加性常数 C，而它又与能量 H 和 E 的任意加性常数的选择有关。因此我们可以取

$$H_0 - E_0 = K_0 + C,$$

$$H_1 - E_1 = K_1 + C,$$

因为 C 在光的发射过程中没有变化，所以我们有

$$K_0 - K_1 = L\left\{\frac{1}{\sqrt{1 - \frac{v^2}{c^2}}} - 1\right\}。$$

物体关于(ξ, η, ζ)的动能由于光的发射而减少，并且减少量与物体的性质无关。此外，差 K_0–K_1 如同电子的动能(§10)一样取决于速度。

忽略四阶和更高阶小量，我们可以取

$$K_0 - K_1 = \frac{1}{2}\frac{L}{c^2}v^2。$$

由这个等式直接可以得出：

如果一个物体以辐射形式释放能量 L，它的质量会减少 $\frac{L}{c^2}$。物体释放的能量转变为辐射能量这一事实显然是无关紧要的，因此我们就可以得出更一般的结论：

物体的质量是其能量含量的度量。如果能量变化了 L，那么质量在相同的意义上变化了 $\dfrac{L}{9\times10^{20}}$，这里能量的单位是尔格，质量的单位是克。

对能量含量变化大的物体（例如镭盐），成功地对本理论进行实验验证不是不可能的。

如果理论与实际相符，那么辐射就会在发射体和吸收体之间传递惯性。

werden können, sollen den Schwerpunkt des
Artikels bilden, sondern der Zusammenhang
der physikalischen Chemie mit den allgemei-
nen physikalischen Theorien, also Thermodyna-
mik und molekulare Kinetik. Die mathema-
tischen Specialausführungen sollen allerdings
erwähnt werden, das technisch-chemische, schon
im Interesse der Übersichtlichkeit und Kürze,
möglichst zurücktreten.

Der Umfang des Art. ist nicht beschränkt. In
der ursprünglichen Einteilung des ganzen Stoffs
auf 40 Bogen waren allerdings für diesen Art. nur
2 Bogen angesetzt. Diese Zahl ist aber nur für
die Berechnung des Honorars wichtig (die über-
schiessenden Bogen werden geringer honoriert);
nicht für den wirklichen Umfang. Es hat gar
keine Schwierigkeit, wenn der Art. z.B. 5 oder
mehr Bogen stark wird. Der vorangehende
Art. von Kamerlingh-Onnes über die Zustands-
gleichung, der in Kürze zum Druck kommt,
ist exceptionell lang und wird fast 15 Bogen
betragen. Dem Styl der Enc. entspricht natür-
lich knappe Darstellung, keine populäre Breite.
Als Leser empfehle ich vorauszusetzen einen
mit Mathematik und allgemeiner Physik hinrei-
chend vertrauten Forscher, keinen Studenten,
auch keinen speciellen Physicochemiker.

Der Druck von Kam.-Onnes wird voraussicht-
lich in Jahresfrist beendet sein. Es wäre recht

索末菲的亲笔信件。

五
空间与时间

闵可夫斯基

· *Space and Time* ·

· H. Minkowski ·

牛顿方程的不变性及其在四维空间中的表示——世界公设——连续统中运动的表示——新力学——一个电子和两个电子的运动——注释

英文版译自 *A Translation of an Address delivered at the 80th Assembly of German Natural Scientists and Physicians*, at Cologne, 21 September, 1908。

Coy

RAUM UND ZEIT

VORTRAG, GEHALTEN AUF DER 80. NATUR-
FORSCHER-VERSAMMLUNG ZU KÖLN
AM 21. SEPTEMBER 1908

VON

HERMANN MINKOWSKI

MIT DEM BILDNIS HERMANN MINKOWSKIS
SOWIE EINEM VORWORT VON A. GUTZMER

LEIPZIG UND BERLIN
DRUCK UND VERLAG VON B. G. TEUBNER
1909

415.

我打算向你介绍的时空观萌发于实验物理学的土壤，这些观点的力量正是蕴含在其中。这些观点是超前的。因为从今以后，空间本身和时间本身，都注定要消失为阴影，只有二者的某种结合才能保持其独立的世界本身存在。

§1. 牛顿方程的不变性及其在四维空间中的表示

首先我打算说明，怎样从当今公认的力学出发，沿着纯数学的思路得出改变了的时空观。牛顿力学方程表现出双重不变性。即如果我们使基本空间坐标系有任意的位置改变，或者我们改变它的运动状态，也就是使它做任意的匀速平移运动，牛顿力学方程的形式都保持不变；此外，时间零点不起任何作用。当我们感觉力学公理成熟时，我们习惯于认为几何公理已经完善，因为这个理由，这两个不变性可能很少同时被提及。它们中的每一个，本身对于力学的微分方程都意味着一个特定的变换群。第一个群的存在被视为空间的基本特征。对第二个群，则最好不予重视，这样，我们就可以不受干扰地克服以下永远无法做出判断的困难：从物理现象看，假定是静止的空间是否可能归根结底不是一种匀速移动状态。因此，并列的这两个群有着完全不同的命运。它们全然不同的特征可能阻碍了任何想把它们整合到一起的尝试。但恰恰当它们被整合在一起成为一个完整的群以后，才促使我们去思考。

我们将试着用图形把事物的状态形象化。设 x，y，z 表示空间的直角坐标，t 表示时间。我们感知的对象总是包括地点和时间的组合。从来没有人会只注意地点而不顾及时间，或者只注意时间而不顾及地点。但我还是尊重空间和时间都有独立意义的信条。在一个时间点上的一个空间点，也就是一组值 x，y，z，t，我将称之为世界点。而所有可想象的各组值 x，y，z，t，将被我们命名为世界。用这支最勇敢的粉笔，我可以在黑板上画出 4 条世界轴。因为只是用粉笔画出的一条轴线，实际上就已经包括了所有活跃的分子，此外它更参与了

◀闵可夫斯基《空间与时间》的德文版扉页(1909 年版)。

地球在宇宙中的旅行，使我们的抽象思维大有用武之地；对数学家来说，与数字 4 相联系的稍大的抽象概念不难处理。为了不在任何地方留下一个巨大的空白，我们将想象处处时时都有一些可感知的东西。为了避免说"物质"（matter）或"电"（electricity），我将用"实质"（substance）这个词来表示这样的东西。我们将专注于在世界点 x, y, z, t 上的实质点，并设想我们能够在任何其他时间识别这个实质点。设这个实质点空间坐标的变化 dx, dy, dz 对应于一个时间单元 dt。然后作为一个所谓的映像我们得到实质点的永恒生涯，那就是在世界中的一条曲线，即一条世界线，线上的点可以明确地与 $-\infty$ 到 $+\infty$ 中的参数 t 相对应。整个宇宙可以被看作它本身分解成的许多条相似的世界线，我会很高兴地预言，在我看来，物理定律可以在这些世界线之间的相互关系中找到它们最完美的表达。

空间和时间概念使 $t=0$ 时的 x, y, z 流形与它的两侧 $t>0$ 和 $t<0$ 分开。为简单起见，如果我们保留相同的空间和时间零点，那么提到的第一个群意味着，在力学中，我们可以使 x, y, z 轴在 $t=0$ 时，按照我们的选择绕原点做任意旋转，这对应于表达式

$$x^2 + y^2 + z^2$$

的齐次线性变换。但第二个群意味着我们可以（不改变力学定律的表达式）把 x, y, z, t 用 $x-\alpha t$, $y-\beta t$, $z-\gamma t$, t 来代替，其中 α, β, γ 可以是任何常数值。从而，我们可以使时间轴朝向我们选择的世界的上半部（$t>0$）的任何方向。那么，空间正交性的条件，与时间轴在向上方向的完全自由性有什么关系呢？

为了确立这种联系，让我们取一个正参数 c，并考虑

$$c^2 t^2 - x^2 - y^2 - z^2 = 1$$

的图形表示。它由被 $t=0$ 分开的两个曲面组成，类似于双叶双曲面。我们考虑区域 $t>0$ 中的那一叶，现在作由 x, y, z, t 到四个新变量 x', y', z', t' 的齐次线性变换，这叶曲面在新变量中的表达式具有与原来相同的形式。很明显，空间绕原点的旋转属于这种变换。因此，我们只需考虑其中使得 y 和 z 保持不变的那一个变换，就能完全理解其余的变换。我们用通过 x 轴和 t 轴所在的平面对这叶曲面作一个截面（图 1），得到的就是双曲线 $c^2 t^2 - x^2 = 1$ 的上半分支及其渐近线。我们从原点 O 作双曲线的这一分支的任意径矢 OA'，在 A' 作双曲线的

切线并与右侧的渐近线交于 B'，作平行四边形 $OA'B'C'$；最后，为了方便以后的使用，延长 $B'C'$ 交 x 轴于 D'。现在，如果我们取 OC' 和 OA' 为斜坐标 x'，t' 的轴，其量度为 $OC' = 1$，$OA' = \dfrac{1}{c}$，那么该双曲线的那个分支又有表达式 $c^2t'^2 - x'^2 = 1$，$t' > 0$，并且从 x，y，z，t 到 x'，y'，z'，t' 的变换是所考虑的变换之一。通过这些变换我们现在把空间和时间零点的任意位移联系起来，从而构成一个变换群，该群显然也依赖于参数 c。我现在把这个群记为 G_c。

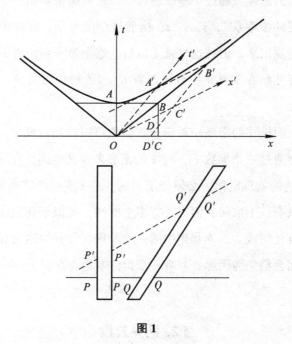

图 1

如果我们现在允许 c 增加到无穷大，那么 $\dfrac{1}{c}$ 就会收敛到零。我们从图中看到双曲线的分支越来越向 x 轴弯曲，渐近线间的角度变得越来越钝，在极限情况，这种特殊变换就演变成 t' 轴可以具有任何向上方向的变换，而 x' 越来越精确地接近 x。有鉴于此，很明显，变换群 G_c 在 $c = \infty$ 时的极限，即 G_∞，就成为适用于牛顿力学的完全群。既然如此，而且由于 G_c 在数学上比 G_∞ 更容易理解，看起来有些数学家自然会想到，毕竟事实上自然现象并不具有群 G_∞ 的不变性，而是具有群 G_c 的不变性，这里的 c 是有限的和确定的，但在普通度量单位中非常大。这样的一种预感将是纯数学的一次非凡胜利。然而数学，虽然它现在只能展现出后知后觉的智慧，但它有"事后诸葛亮"的满足，并且由于其愉快的先前经历，其感觉因视野开阔而变得敏锐，立即领会到我们对大自然的概念的这种转变而产生的影响深远的结果。

我即将说明，我们最终将要处理的 c 值是什么。它就是光在真空中的传播速度。为了避免谈论空间或空虚，我们可以用另一种方式来定义这个量，即定义为电学中电磁单位与静电单位之比。

对相关群 G_c，自然法则不变性的存在必须这样理解：

从自然现象的总体，通过不断改进近似，有可能推导出一个越来越精确的关于空间和时间的参考系 x，y，z，t，借助这个参考系，这些现象就以符合确定规律的方式呈现出来。但是这样做了以后，这个参考系绝对不是由现象明确决定的。仍然有可能在参考系中作出与群 G_c 相关的任何变换，并保持自然规律的表达式不变。

例如，与上面描述的图画相对应，我们也可以指定时间 t'，但是，与此相联系，必定需要通过三个参数 x'，y，z 的流形来定义空间，在这种情况下，用 x'，y，z，t' 表达的物理定律，必须与用 x，y，z，t 表达的完全相同。于是我们在世界上不再只有一个空间，而有无穷多个空间，类似于在三维空间中有无穷多个平面。三维几何成为四维物理中的一章。现在你就知道为什么我从一开始就说空间和时间会消失为阴影，只有一个世界本身会存在了。

§2. 世界公设

现在的问题是，是什么情况迫使我们接受这些改变了的空间和时间的概念？它真的从来不会与经验相矛盾吗？最后，它有利于对现象的描述吗？

在讨论这些问题之前，我必须先说明一个要点。如果我们以任何方式区分空间和时间，我们就有一条平行于 t 轴的直线作为对应于一个静止实质点的世界线；对应于匀速运动的一个实质点，世界线是与 t 轴成一个角度的直线；对应于变速运动的一个实质点，则是一条有某种曲线形式的世界线。如果在任何世界点 x，y，z，t 作通过该点的世界线，并发现它平行于上述那叶双曲面的任何径矢 OA'，我们就可以引入 OA' 作为新的时间轴，应用这样给出的空间和时间的新概念，在相关世界点上的实质似乎是静止的。我们现在将引入这个基本公理：

只要适当确定空间和时间，在任何一个世界点上的实质都可以被看作是静止的。

这个公理表明，在任何世界点，表达式

$$c^2 dt^2 - dx^2 - dy^2 - dz^2$$

总是有一个正值，或者等同地，总是可以证明任何速度 v 小于 c。因此，c 将成为所有实质的速度上限，这正好揭示了量 c 的更深层次意义。在这第二种形式中，公理给人的第一印象并不那么令人满意。但是我们必须记住，其中出现了这个二次微分表达式平方根的力学的一种改进形式，现在将使得速度大于光速的情况从今以后所起的作用，只是如同几何中虚坐标图形所起的作用。

然而，做关于群 G_c 的假设的冲动和真实动机来自以下事实：表示光在真空中传播的方程具有这个群 G_c。[①] 另一方面，刚体的概念只有在满足群 G_∞ 的力学中才有意义。如果我们有一个有群 G_c 的光学理论，另一方面，如果有一些刚体，那么很容易看出，t 的同一个方向将由适合于 G_c 和 G_∞ 的双曲面的两叶来区分，而这将得出进一步的结果，即通过在实验室里应用合适的刚性光学仪器，当相对于地球运动方向的方位改变时，我们应该可以感受到现象的一些变化。但是，所有朝着这个目标的努力，特别是著名的迈克尔逊干涉实验，都得到了否定结果。为了解释这个否定结果，洛伦兹提出了一个假设，这个假设的成功正是基于群 G_c 在光学上的不变性。根据洛伦兹的说法，任何运动物体都必定在其运动方向上经历一个收缩，事实上，对速度 v，收缩比为

$$1 : \sqrt{1 - \frac{v^2}{c^2}} \, \text{。}$$

这个假设听起来非常荒唐，因为这种收缩不能被看作是以太中阻力或任何那种类型东西的结果，而应视其为仅仅是一种天赋，是运动环境的一种伴随现象。

我现在将用我们的图说明，洛伦兹假设完全等价于空间和时间的新概念，事实上，这一新概念使这个假设更容易理解。为简单起见，如果我们忽略 y 和

---

① 这个事实的一个重要应用已由 W. Voigt 在 *Göttinger Nachrichten*，1887，p. 41 给出。

z，想象一个一维空间世界，那么一条像 t 轴一样直立的平行带子和另一条相对于 t 轴倾斜的平行带子（见图 1），分别表示一个静止物体和一个匀速运动物体的生涯，在每种情况下都保持在恒定的空间范围内。如果 OA' 平行于第二条带子，我们可以引入 t' 为时间，x' 为空间坐标，于是第二个物体看起来处于静止，第一个物体做匀速运动。现在我们假设看起来处于静止状态的第一个物体有长度 l，也就是第一条带子在 x 轴上的截段 PP 等于 $l \cdot OC$，这里 OC 表示 x 轴上的测量单位；另一方面，被看作静止的第二个物体有同样的长度 l，这意味着当平行于 x' 轴度量时，第二条带子的截段 $Q'Q'$ 等于 $l \cdot OC'$。现在，我们在这两个物体中有两个相等的洛伦兹电子的映像，一个是静止的，另一个做匀速运动。但是，如果我们保留原始坐标 x，t，那么我们必须给出第二个电子的平行于 x 轴的合适的带子的截线作为它的范围。然而因为 $Q'Q' = l \cdot OC'$，显然有 $QQ = l \cdot OD'$。对于第二条带子，如果 $\dfrac{\mathrm{d}x}{\mathrm{d}t}$ 等于 v，那么一个简单的计算给出

$$OD' = OC\sqrt{1 - \frac{v^2}{c^2}},$$

因此也有 $PP : QQ = 1 : \sqrt{1 - \dfrac{v^2}{c^2}}$。但这就是洛伦兹关于运动电子收缩的假设的意义。另一方面，如果我们把第二个电子看成静止的，因此采用参考系 x'，t'，那么第一个电子的长度必须由它的带子的平行于 OC' 的截线 $P'P'$ 表示，我们会发现，与第二个电子相比，第一个电子以完全相同的比例收缩；因为在图中

$$P'P' : Q'Q' = OD : OC' = OD' : OC = QQ : PP \ 。$$

洛伦兹把 x 和 t 的组合 t' 称为匀速运动电子的当地时间，并应用这个概念的物理结构以便更好地理解收缩假设。但是，第一个清楚地认识到一个电子的时间和另一个电子的时间没有差别，也就是把 t 和 t' 平等对待的功劳属于爱因斯坦[①]。于是时间（作为由现象明确确定的概念）第一次被取消了其优势地位。无论是爱因斯坦还是洛伦兹都没有探讨空间概念，也许是因为在上述 x，t 平面与 x'，t' 平面相重合的特殊变换中，可以用空间的 x 轴保持其位置不变作为一

[①] A. Einstein, *Ann. d. Phys.*, 17, 1905, p. 891; *Jahrb. d. Radioaktivität und Elektronik*, 4, 1907, p. 411.

种可能的解释。人们可能期望找到一个相应的违反空间概念的例子，作为高等数学上的又一个大胆行为。不过，这个进一步的步骤对于真正理解群 G_c 是必不可少的，当它被采用时，相对性公设这个词对于群 G_c 不变性的要求，在我看来是很弱的。因为这个公设意味着只有在空间和时间中的四维世界是由现象给出的，但是在空间和时间中的投影仍然可以在一定自由度下采用，我更愿意称它为绝对世界公设(或者简称为世界公设)。

§3. 连续统中运动的表示

世界公设允许平等对待四个坐标 x, y, z, t。通过这种方式，正如我现在要说明的，物理定律的表达形式变得更加易于理解。尤其是加速度的概念得到了一个清晰分明的特征。

我将采用一种几何表达方式，如果我们默认忽略 x, y, z 中的 z，这种方式会立即呈现在脑海中。我把任意世界点 O 作为时空的零点。顶点为 O 的圆锥 $c^2t^2-x^2-y^2-z^2=0$(图 2)由两部分组成，一部分有值 $t<0$，另一部分有值 $t>0$。前者，即 O 的过去光锥，包括所有"向 O 发送光"的世界点，后者，即 O 的未来光锥，包括所有"接收来自 O 的光"的世界点。仅由过去光锥界定的区域，我们可以称为 O"之前"的，仅由未来光锥界定的区域称为 O"之后"的。已经讨论过的那叶双曲面

$$F = c^2t^2 - x^2 - y^2 - z^2 = 1, \quad t > 0,$$

位于 O"之后"。两锥之间的区域被单叶双曲面图形

$$-F = x^2 + y^2 + z^2 - c^2t^2 = k^2$$

填满，其中 k 取所有正常数。我们特别感兴趣的是以 O 为中心的双曲线，它位于后面的图形上。这些双曲线的单独分支可以简称为以 O 为中心的内双曲线。被看作世界线的这些分支之一，将代表这样一种运动，即从 $t=-\infty$ 到 $t=+\infty$，其速度渐近地提升到光速 c。

现在基于与空间矢量的类比，如果我们称 x, y, z, t 流形中的有向长度为矢量，那么我们必须区分方向从 O 到叶 $+F=1$, $t>0$ 的类时矢量和方向从 O 到

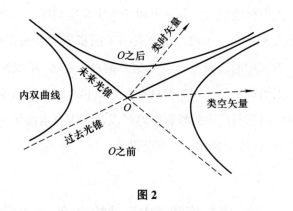

图 2

$-F=1$ 的类空矢量。时间轴可以平行于前一种类型的任意矢量。在 O 的过去光锥和未来光锥中的任何世界点，都可以借助参考系安排为与 O 同时，但也同样可以早于 O 或晚于 O。O 的过去光锥中的任何世界点必定总是在 O 之前；O 的未来光锥中的任何世界点必定总在 O 之后。对应于过渡到极限 $c=\infty$，两锥之间的楔形段将完全展平成平面流形 $t=0$。在图中，这一段被故意画成不同的宽度。

把我们选择的任何矢量，例如从 O 到 x，y，z，t 的矢量，分成四个分量 x，y，z，t。如果两个矢量的方向分别是从 O 到曲面 $\mp F=1$ 的径矢 OR 的方向，以及同一曲面在 R 点处切线 RS 的方向，那么这两个矢量被称为是互相垂直的。于是，具有分量 x，y，z，t 的矢量和具有分量 x_1，y_1，z_1，t_1 的矢量互相垂直的条件是

$$c^2 tt_1 - xx_1 - yy_1 - zz_1 = 0 \text{。}$$

对于不同方向的矢量的测量，用以下方式固定测量单位：规定类空矢量从 O 到 $-F=1$ 的大小总是 1，类时矢量从 O 到 $+F=1$ $(t>0)$ 的大小总是 $\dfrac{1}{c}$。

如果一个实质点的世界线穿过世界点 $P(x, y, z, t)$，那么对应于沿着这条线的类时矢量 dx，dy，dz，dt 的大小因此为

$$d\tau = \frac{1}{c}\sqrt{c^2 dt^2 - dx^2 - dy^2 - dz^2} \text{。}$$

沿着世界线从任意固定起点 P_0 到可变终点 P，这个量的积分 $\int d\tau = \tau$，称之为

在 P 处的实质点的原时①。在这条世界线上，我们认为矢量 OP 的分量 x，y，z，t 是原时 τ 的函数；把它们对 τ 的一阶导数记为 $\dot{x}$，$\dot{y}$，$\dot{z}$，$\dot{t}$；对 τ 的二阶导数记为 $\ddot{x}$，$\ddot{y}$，$\ddot{z}$，$\ddot{t}$；并对矢量命名，称矢量 OP 对 τ 的导数为 P 处的速度矢量，这个速度矢量对 τ 的导数为 P 处的加速度矢量。因此，由于

$$c^2 \dot{t}^2 - \dot{x}^2 - \dot{y}^2 - \dot{z}^2 = c^2，$$

我们有

$$c^2 \dot{t}\ddot{t} - \dot{x}\ddot{x} - \dot{y}\ddot{y} - \dot{z}\ddot{z} = 0。$$

即速度矢量是在 P 处世界线方向上的单位长度的类时矢量，而 P 处的加速度矢量垂直于 P 处的速度矢量，因此在任何情况下都是类空矢量。

现在容易看出，有一条确定的双曲线，它与 P 处的世界线有三个无限趋近的公共点，其渐近线是"过去光锥"和"未来光锥"的母线(图3)。称这条双曲线为 P 处的曲率双曲线。如果 M 是这条双曲线的中心，我们这里就要处理一条中

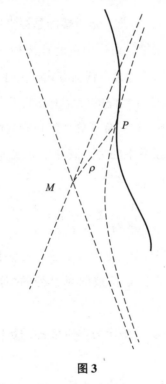

图3

心为 M 的内双曲线。设 ρ 是矢量 MP 的大小；然后我们看出 P 处的加速度矢量是 MP 方向的大小为 $\dfrac{c^2}{\rho}$ 的矢量。

如果 $\ddot{x}$，$\ddot{y}$，$\ddot{z}$，$\ddot{t}$，全部为零，那么曲率双曲线简化为与世界线相切于 P 处的直线，我们必须取 $\rho = \infty$。

§4. 新力学

为了说明群 G_c 的假设对物理定律绝对不会导致矛盾，在这个假设的基础上对整个物理学作修正是不可避免的。这种修正已经在一定程度上成功地应用于热力学和热辐射[①]问题和电磁过程，以及最后，在保留质量概念的前提下的力学。[②]

对于上述最后一个物理学分支，最重要的是提出这样一个问题：若有一个分力 X，Y，Z 平行于空间诸轴的力作用在世界点 $P(x, y, z, t)$ 上，且其速度矢量为 $\dot{x}$，$\dot{y}$，$\dot{z}$，$\dot{t}$，当参考系以任何方式改变时，我们必须把这个力看成什么？现在，在群 G_c 无疑是可允许的情况下，关于电磁场中的有质动力，已经有了某些得到认可的陈述。这些陈述导致简单的规则：当参考系改变时，所讨论的力转换成新空间坐标系中的力，其转换方式为，使具有分量 iX，iY，iZ，iT 的适当矢量保持不变，这里

$$T = \frac{1}{c^2}\left(\frac{\dot{x}}{\dot{t}}X + \frac{\dot{y}}{\dot{t}}Y + \frac{\dot{z}}{\dot{t}}Z \right)$$

是力在世界点做功的功率除以 c。这个矢量总是垂直于 P 处的速度矢量。对应于 P 处的力的这种类型的力矢量将被称为 P 处的"原动力矢量"（motive force vector）。

我现在将描述穿过 P，具有恒定力学质量 m 的实质点的世界线。设把 P 处

---

① M. Planck, Zur Dynamik bewegter Systeme, *Berliner Berichte*, 1907, p. 542, also in *Ann. d. Phys.*, 26, 1908, p. 1.

② H. Minkowski, Die Grundgleichungen für die elektromagnetischen Vorgänge in bewegten Körpern, *Göttinger Nachrichten*, 1908, p. 58.

的速度矢量乘以 m，称为 P 处的"动量矢量"，P 处的加速度矢量乘以 m，称为 P 处运动的"力矢量"。根据这些定义，具有给定原动力矢量的质点的运动定律是[①]：运动的力矢量等于原动力矢量。这个结论包括对应于四个轴上分量的四个方程，并且因为上面提到的两个矢量都先验地垂直于速度矢量，所以第四个方程可以被看作是其他三个方程导致的结果。根据 T 的上述含义，第四个方程无疑表示能量定律。因此，动量矢量沿 t 轴的分量乘以 c 被定义为质点的动能。对此的表达式是

$$mc^2 \frac{\mathrm{d}t}{\mathrm{d}\tau} = \frac{mc^2}{\sqrt{1 - \dfrac{v^2}{c^2}}},$$

即在去除加性常数 mc^2 之后，该式就是降到 $\dfrac{1}{c^2}$ 量级的牛顿力学表达式 $\dfrac{1}{2}mv^2$。这样，能量如何依赖于参考系就很清楚了。但是由于 t 轴可以放置在任何类时矢量的方向，所以另一方面，对所有可能的参考系建立的能量定律，已经包含了整个运动方程组。在我们已经讨论过的到 $c=\infty$ 的极限过渡处，这个事实也对牛顿力学公理结构保持其重要性，舒茨(I. R. Schütz, 1867—1927)[②]已经在这个意义上理解了这一点。

我们可以用这样的方式预先确定长度单位与时间单位的比值，使速度的自然极限成为 $c=1$。然后，如果我们进一步引入 $\sqrt{-1}\,t = s$ 代替 t，那么二次微分表达式

$$\mathrm{d}\tau^2 = -\,\mathrm{d}x^2 - \mathrm{d}y^2 - \mathrm{d}z^2 - \mathrm{d}s^2$$

对于 x，y，z，s 就是完全对称的；而且这种对称性可传递给任何不违背世界公设的定律。于是，这个公设的本质可以通过非常有意义的方式表示为一个神秘的数学公式

$$3 \times 10^5 \text{ 千米} = \sqrt{-1} \text{ 秒}。$$

---

① H. Minkowski, loc. cit., p. 107. Cf. also M. Planck, *Verhandlungen der physikalischen Gesellschaft*, 4, 1906, p. 136.

② I. R. Schütz, Das Prinzip der absoluten Erhaltung der Energie, *Göttinger Nachr.*, 1897, p. 110.

§5. 一个电子和两个电子的运动

世界公设提供的好处，也许可以在以下例子中最清楚地显示，即根据麦克斯韦-洛伦兹理论，一个点电荷在任何一种运动中产生的效应。让我们想象电荷为 e 的点电子的这样一条世界线，并从任意初始点对它引入固有时 τ。为了找出电子在任意世界点 P_1 产生的场，我们构造一个属于 P_1 的过去光锥(图4)。该锥显然与电子的世界线相交，因为世界线的方向处处是点 P 处类时矢量的方向。我们在 P 处画出世界线的切线，并通过 P_1 作该切线的法线 P_1Q。设 P_1Q 的长度为 r，那么根据过去光锥的定义，PQ 的长度一定是 $\dfrac{r}{c}$。现在，位于 PQ 方向的大小为 $\dfrac{e}{r}$ 的矢量，由其沿着 x，y，z 轴的分量表示 e 在世界点 P 所激发的场的矢量势乘以 c，由其沿着 t 轴的分量表示 e 在世界点 P 激发的场的标量

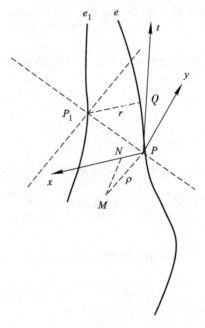

图4

势。这就是利埃纳尔（A. Liénard，1869—1958）和维歇特（E. Wiechert，1861—1928）提出的基本定律。[①]

于是，在对电子产生的场的描述中我们看到，对基本时间轴而言，把这个场分成电动势和磁动势是相对的；把这两种势一起描述的最清晰的方式是对力学中偶单力组[②]的某种类比，尽管这种类比并不完美。

我现在将描述一个远动点电荷对另一个远动点电荷的有质动力作用。设想电荷为 e_1 的第二个点电子的世界线通过世界点 P_1。我们与前面一样定义 P，Q，r，然后构造（图4）P 处曲率双曲线的中心 M，以及最后，作从 M 到通过 P 且平行于 QP_1 的假想直线的法线 MN。以 P 为原点，我们现在确定一个参考系如下：t 轴在 PQ 方向，x 轴在 QP_1 方向，y 轴在 MN 方向，据此，z 轴的方向最后也定义为与 t，x，y 轴垂直。设 P 处的加速度矢量为 $\ddot{x}$，$\ddot{y}$，$\ddot{z}$，$\ddot{t}$，P_1 处的速度矢量为 $\dot{x}_1$，$\dot{y}_1$，$\dot{z}_1$，$\dot{t}_1$。第一个运动的电子 e 在 P_1 对第二个运动电子 e_1 施加的原动力矢量现在有形式

$$-ee_1\left(\dot{t}_1 - \frac{\dot{x}_1}{c}\right)\mathfrak{K},$$

其中矢量 $\mathfrak{K}$ 的分量 $\mathfrak{K}_x$，$\mathfrak{K}_y$，$\mathfrak{K}_z$，$\mathfrak{K}_t$ 满足如下三个关系式：

$$c\mathfrak{K}_t - \mathfrak{K}_x = \frac{1}{r^2}, \quad \mathfrak{K}_y = \frac{\ddot{y}}{c^2 r}, \quad \mathfrak{K}_z = 0,$$

第四个关系为，矢量 $\mathfrak{K}$ 垂直于 P_1 处的速度矢量，由这种情况，它只与后一个速度矢量无关。

当我们把这个陈述，与以前关于运动点电荷相互间有质动力作用的相同基本定律的构想[③]作比较时，我们不得不承认，只有在四个维度中，这里所考虑的关系才能最简单地揭示它们的内在本质，在一个先验地强加给我们的三维空

① A. Liénard, Champ électrique et magnétique produit par une charge concentrée en un point et animée d'un mouvement quelconque, *L'Eclairage Electrique*, 16, 1898, pp. 5, 53, 106；E. Wiechert, Elektrodynamische Elementargesetze, *Arch. Néerl.* (2), 5, 1900, p. 549.

② 偶单力组（wrench），表示例如使用扳手时产生的一个力和一个力偶。wrench 的原意就是扳手。——中译者注

③ K. Schwarzwald, *Göttinger Nachr.*, 1908, p. 132；H. A. Lorentz, *Enzykl. d. math. Wissensch.*, V, Art. 14, p. 199.

间中，它们只给出了一个非常复杂的投影。

在按照世界公设改造的力学中，牛顿力学与现代电动力学之间令人不安的不和谐自行消失了。在作结论之前，我只想稍微提一下牛顿引力定律对这个公设的"态度"。我将假设当两个质点 m，m_1 描述它们的世界线时，由 m 向 m_1 作用一个原动力矢量，其形式与刚才在电子的情况下给出的完全相同，除了现在必须用 $+mm_1$ 代替 $-ee_1$。我们现在特别考虑 m 的加速度矢量恒为零的情况。然后让我们以下面的方式引入 t，即使 m 被当作是静止的，只有 m_1 在来自 m 的原动力矢量作用下运动。如果现在首先通过添加因子 $t^{-1} = \sqrt{1 - \dfrac{v^2}{c^2}}$ 来改变这个给定矢量，该因子在 $\dfrac{1}{c^2}$ 的数量级上等于 1，我们将会看到[1]，m_1 的位置 x_1，y_1，z_1 及其随时间的变化，我们应该再次准确地得到开普勒定律，除了用 m_1 的原时 τ_1 代替时间 t_1。然后由这个简单的评论可以看出，在解释天文学观测方面，所提出的与新力学相结合的引力定律，不亚于与牛顿力学结合的牛顿引力定律。

有重物体中电磁过程的基本方程也完全符合世界公设。如我在别处将说明的，正如洛伦兹所说，为了使它们适应世界公设，甚至完全没有必要放弃来自电子理论构想的这些基本方程的推导。

我更倾向于认为，世界公设毫无例外的有效性是世界的电磁图像的真正核心，它由洛伦兹发现，并由爱因斯坦进一步揭示，现在已经十分明白地展现在世人面前。在其数学结果发展的过程中，将有大量对这个公设进行实验验证的建议，通过在纯数学与物理之间预先建立的和谐思想，这些建议甚至足以安抚那些不想放弃老旧观点或者对此感到痛苦的人。

---

① H. Minkowski, loc. cit., p. 110.

索末菲，德国理论物理学家、教育家。

索末菲：

下面的注释作为附录给出，以避免对闵可夫斯基的正文有任何形式的干扰。它们绝不是必不可少的。除了消除可能妨碍理解闵可夫斯基的重要思想的某些数学形式上的小困难，没有其他目的。参考书目仅限于与他演讲的主题明确相关的文献。从物理学的角度来看，闵可夫斯基所说的没有什么是现在必须撤回的，除了最后关于牛顿引力定律的评论。在认识论上对闵可夫斯基时空概念的看法是另一回事，但是在我看来，这在本质上并不触及他的物理学。

注　释

索末菲

（1）第 73 页第 4 段第 2 行。"另一方面，刚体的概念只有在满足群 G_∞ 的力学中才有意义。"闵可夫斯基逝世一年后，他的学生玻恩（M. Born, 1882—1970）在一篇论文中，在最广泛的意义上证实了这一点。玻恩①这样定义了一个相对刚体，其中每个体积元，即使在加速运动中，都经历与其速度相适应的洛伦兹收缩。埃伦费斯特（P. Ehrenfest, 1880—1933）②证明了这样一个物体不能旋转；赫格洛茨（G. Herglotz, 1881—1953）③和诺特（F. Noether, 1884—1941）④说它只有 3 个运动自由度。也有人试图定义有 6 个或 9 个自由度的相对刚体。但是普朗克⑤的观点是，相对论只能对或多或少有弹性的物体起作用。还有劳厄⑥，他采用闵可夫斯基的方法以及他在上文中的图 2，证明了在相对论中每个固体都必须有无穷多个自由度。最后赫格洛茨⑦发展了一种弹性的相对论理论，根据这种理论，如果物体的运动不具有玻恩意义上的相对刚性，弹性张力总会出现。因此，相对刚体在这种弹性理论中所起的作用，与普通刚体在普通弹性理论中所起的作用是一样的。

（2）第 74 页第 1 段第 12 行。"对于第二条带子，如果 $\dfrac{\mathrm{d}x}{\mathrm{d}t}$ 等于 v，那么一个简单的计算给出 $OD' = OC\sqrt{1-\dfrac{v^2}{c^2}}$"。在图 1 中，设 $\alpha = \angle A'OA$，$\beta = \angle B'OA' = \angle C'OB'$，其中最后两个角的相等是由渐近线关于新坐标轴（双曲线的共轭直径）的对称位置得出的。⑧ 由于 $\alpha+\beta = \dfrac{1}{4}\pi$，所以

$$\sin 2\beta = \cos 2\alpha 。$$

在三角形 $OD'C'$ 中，正弦定律给出

---

① *Ann. d. Physik*, 30, 1909, p. 1.

② *Phys. Zeitschr.*, 10, 1909, p. 918.

③ *Ann. d. Phys.*, 31, 1910, p. 393.

④ *Ann. d. Phys.*, 31, 1910, p. 919.

⑤ *Phys. Zeitschr.*, 11, 1910, p. 294.

⑥ *Phys. Zeitschr.*, 12, 1911, p. 48.

⑦ *Ann. d. Physik*, 36, 1911, p. 458.

⑧ 索末菲似乎取图中的坐标为 ct，而不是闵可夫斯基使用的 t。

$$\frac{OD'}{OC'} = \frac{\sin 2\beta}{\cos \alpha} = \frac{\cos 2\alpha}{\cos \alpha},$$

或者，例如 $OC' = OA'$，有

$$OD' = OA' \frac{\cos 2\alpha}{\cos \alpha} = OA' \cos \alpha (1 - \tan^2 \alpha)。 \quad\cdots\cdots\cdots\cdots\cdots\cdots (1)$$

如果 x，t 是点 A' 在 x，t 系统中的坐标，且因此 $x \cdot OA$ 及 $ct \cdot OC = ct \cdot OA$ 分别是它距坐标轴的相应距离，那么我们有

$$x \cdot OA = \sin \alpha \cdot OA', \quad ct \cdot OA = \cos \alpha \cdot OA', \quad \frac{x}{ct} = \tan \alpha = \frac{v}{c}。 \quad\cdots\cdots (2)$$

将 x 和 ct 的这些值代入双曲线方程，我们得到

$$OA'^2(\cos^2 \alpha - \sin^2 \alpha) = OA^2, \quad OA' = \frac{OA}{\cos \alpha \sqrt{1 - \tan^2 \alpha}}。 \quad\cdots\cdots\cdots\cdots (3)$$

因此，根据式(1)和式(2)，有

$$OD' = OA \sqrt{1 - \tan^2 \alpha} = OA \sqrt{1 - \frac{v^2}{c^2}}。 \quad\cdots\cdots\cdots\cdots\cdots\cdots (4)$$

因为 $OA = OC$，所以这就是需要证明的公式。

此外，在直角三角形 OCD 中，

$$OD = \frac{OC}{\cos \alpha} = \frac{OA}{\cos \alpha}。$$

方程(3)因此也可以写成

$$OA' = \frac{OD}{\sqrt{1 - \tan^2 \alpha}} \text{ 或者} \frac{OD}{OA'} = \sqrt{1 - \frac{v^2}{c^2}}。$$

这与式(4)一起给出了比例式

$$OD : OA' = OD' : OA,$$

因为 $OA' = OC'$ 和 $OA = OC$，所以它等同于应用于第 74 页首段末行的

$$OD : OC' = OD' : OC。$$

(3) 第 76 页第 1 段第 1 行。"在 O 的过去光锥和未来光锥中的任何世界点，都可以借助参考系安排为与 O 同时，但也同样可以早于 O 或晚于 O。"劳厄[1]将爱因斯坦定理的证明追溯到这个观察，该定理表述为：在相对论中，没有一个因果关系过程能够以大于光速的速度传播（"信号速度 $\leqslant c$"）。假设一个事件 O 引起另一个事件 P，且世界点 P 位于 O 的两锥之

---

[1] *Phys. Zeitschr.*, 12, 1911, p. 48.

间的区域。在这种情况下，相对于所讨论的参考系 x，t，这种结果将以大于光速的速度从 O 传播到 P，当然，其中假设结果 P 比原因 O 更晚，$t_p > 0$。但是现在，根据上面引用的话语，可以改变参考系，使得 P 比 O 更早，也就是说，可以用无穷多种方式选择系统 x'，t'，使得 $t_p' < 0$。这与因果关系的观念是不相容的。因此，P 必须要么在 O "之后"，要么在 O 的未来光锥中，也就是说，将在世界点 P 引起第二个事件的从 O 发出的信号的传播速度必定 $\leqslant c$。当然，即使在相对论中，也有可能定义速度大于光速的传播过程。例如在几何学上，这可以用一种非常简单的方法来实现。但是这样的过程永远不能作为信号，也就是说，不可能任意地引入它们，并由它们例如在远处触发一个继电器。例如可能存在一种光学介质，在其中"光的速度"大于 c。但是在那种情况下，光速被理解为在无限周期波列中的相位传播。这永远不能用于发信号。另一方面，在所有情况下，在光学介质的任何组成中，波前是以速度 c 传播的。例如参见 A. Sommerfeld，*Festschrift Heinrich Weber*，Leipzig，Teubner，1912，p. 338，或者 *Ann. d. Physik*，44，1914，p.177.

（4）第 76 页末行。正如闵可夫斯基曾经对我说过的，原时单元 $d\tau$ 不是一个完全微分。因此，如果我们用两条不同的世界线 1 和 2 连接两个世界点 O 和 P，那么

$$\int_1 d\tau \neq \int_2 d\tau 。$$

如果 1 平行于 t 轴，使在所选参考系中的第一个转变表示静止，那么很明显

$$\int_1 d\tau = t ，\quad \int_2 d\tau < t 。$$

运动的钟相对于静止的钟的延迟即取决于此。正如爱因斯坦所指出的，这一断言基于无法证明的假设，即运动中的钟实际上指示了它自己的原时，即它总是给出与任意瞬时速度状态对应的时间，其中速度在任意瞬时都被视为常数。为了与世界点 P 处的静止的钟相比较，运动的钟自然必须做加速运动(改变速率或方向)。因此，运动的钟的延迟实际上并不标示"运动"，而标示"加速运动"。从而这与相对性原理并不矛盾。

（5）第 77 页第 2 段第 3 行。"曲率双曲线"这个术语完全是在曲率圆基本概念的模型上形成的。如果把时间 t 的实坐标用虚坐标 $u = ict$ 代替，即 c 乘以闵可夫斯基使用的坐标，那么类比就成为解析恒等了。

由第 75—76 页，当 $k = \rho$ 时，在 x，t 平面中的一条内双曲线有以下方程

$$x^2 - c^2 t^2 = \rho^2 。$$

因此，在 x，u 平面中，

$$x^2 + u^2 = \rho^2 。$$

从而当 ϕ 表示一个纯假想的角度时，它可以写成参数形式

$$x = \rho\cos\phi, \quad u = \rho\sin\phi。$$

因此，正如我在 *Ann. d. Phys.*，33，p. 649，§ 8 中建议的，双曲运动也可以被称为"循环运动"，因为这特别清楚地表征了它的主要性质（场的传送，某种离心力的出现）。对于双曲运动，我们有

$$\mathrm{d}\tau = \frac{1}{c}\sqrt{-\mathrm{d}u^2 - \mathrm{d}x^2} = \frac{\rho}{c}\,|\,\mathrm{d}\phi\,|,$$

因此

$$\dot{x} = \frac{\mathrm{d}x}{\mathrm{d}\tau} = -\,ic\sin\phi, \quad \dot{u} = \frac{\mathrm{d}u}{\mathrm{d}\tau} = +\,ic\cos\phi,$$

$$\ddot{x} = \frac{\mathrm{d}\dot{x}}{\mathrm{d}\tau} = \frac{c^2}{\rho}\cos\phi, \quad \ddot{u} = \frac{\mathrm{d}\dot{u}}{\mathrm{d}\tau} = \frac{c^2}{\rho}\sin\phi。$$

双曲运动中加速度矢量的大小因此是 $\dfrac{c^2}{\rho}$。由于任何一条给定的世界线都与曲率双曲线在三点相交，所以它与双曲运动有相同的加速度矢量，其大小为 $\dfrac{c^2}{\rho}$，如第 78 页第 2 行所述。

循环运动 $x^2 + u^2 = \rho^2$ 的中心 M 显然是点 $x = 0$，$u = 0$，并且从该中心开始，双曲线上的所有点都有恒定"距离"，即径矢有恒定大小。因此，用 ρ 表示图 3 中的间隔 MP。

（6）第 78 页第 4 段第 6 行。力 X，Y，Z 必须乘以 $i = \dfrac{\mathrm{d}t}{\mathrm{d}\tau}$ 才能成为一个"力矢量"。这可以说明如下。

根据闵可夫斯基在第 78 页末行所说的，动量矢量由 $m\dot{x}$，$m\dot{y}$，$m\dot{z}$，mi 定义，其中 m 表示"恒定力学质量"，或者如闵可夫斯基在别处说得更直白些的，表示"静止质量"。如果我们要保持牛顿运动定律（动量对时间的变化率等于力），我们必须把

$$\frac{\mathrm{d}}{\mathrm{d}t}(m\dot{x}) = X, \quad \frac{\mathrm{d}}{\mathrm{d}t}(m\dot{y}) = Y, \quad \frac{\mathrm{d}}{\mathrm{d}t}(m\dot{z}) = Z$$

乘以 i，使得左边的项成为闵可夫斯基意义上的矢量分量。因此，iX，iY，iZ 也是"力矢量"的前三个分量。第四个分量可以根据以下要求明确得到：力矢量与运动矢量垂直。因此，对具有恒定静止质量的质点力学的闵可夫斯基方程是

$$m\ddot{x} = iX, \quad m\ddot{y} = iY, \quad m\ddot{z} = iZ, \quad m\ddot{i} = iT。$$

然而，仅当物体所含能量在它的运动中不变时，或者按照普朗克的说法，当这个运动"绝热和等容（isochorically）"时，静止质量恒定性假设才能成立。

（7）第 70 页和第 81 页。这里给出的结构的特征，完全不依赖于任何特殊参考系统。如

闵可夫斯基在第 70 页所说，"物理定律可以在这些世界线之间的相互关系中找到它们最完美的表达"。例如在第 81 页，电动力势（四维势）①并未涉及坐标轴 x，y，z，t，直到它被按惯例分为标量和矢量部分，而从相对论角度看，它们并无独立不变的含义。

经由对闵可夫斯基的评论，我用闵可夫斯基的方法由麦克斯韦方程推导出关于两个电子之间四维势和有质动力作用的一个不变解析形式，从而给出了这些闵可夫斯基结构的另一种观点。在此不拟提及细节，只提一下我在 *Ann. d. Phys.*，33. 1910，p. 649，§ 7 上发表的文章，或者劳厄的 Das Relativitätsprinzip，*Braunschweig*，*Vieweg*，1913，§ 19。也请比较由本人编辑的闵可夫斯基关于相对性原理的演讲，载于 *Ann. d. Phys.*，47，1915，p. 927，其中四维势被置于电动力学开首处，而且该理论因此被简化为其最简单的形式。

（8）第 81 页第 2 段第 1 行。电磁场基于"第二类矢量"［或者，如我建议的那样称为"六维矢量（six-vector）"，这个术语似乎正赢得认可］的不变表示是闵可夫斯基电动力学观点的一个特别重要的部分。闵可夫斯基关于第一类矢量或四维矢量（four-vector）的思想，有一部分已由庞加莱首先提出了（*Rend. Circ. Mat. Palermo*，21，1906），但六维矢量的引入是全新的。像六维矢量一样，力学中的偶单力组（表示一个单一的力和一个力偶）取决于 6 个独立参数。就像对电磁场中"电动势和磁动势的区分是相对的"一样，对偶单力组也是如此，众所周知，可以用很多种方法把它分成单个力和单个力偶。

（9）第 82 页第 2 行。对于文中提到的零加速度的特殊情况，牛顿定律的闵可夫斯基相对论形式包含在由庞加莱提出的更一般的形式中。另一方面，当考虑加速度时，闵可夫斯基比庞加莱更加深入。闵可夫斯基或庞加莱关于引力定律的表述表明，在许多方面使牛顿定律与相对论相一致是可能的。牛顿定律被认为是"点"定律，因此在某种意义上，引力被看作是一种超距作用。爱因斯坦从 1907 年开始发展的广义相对论，对引力问题有更深刻的理解。引力不仅被认为是一种场作用，用时空微分方程描述（从现在的观点来看，这似乎是无可怀疑的），而且它还与可扩展到任何变换的相对性原理有机结合在一起，然而闵可夫斯基和庞加莱却只是以一种较外在的方式使它适应相对性公设。在广义相对论中，时空结构是由引力，或由其他因素和引力一起决定的。因此，通过闵可夫斯基思想的扩展，相对论的原理是这样表达的，它假设了物理量关于所有点变换的协变性，使得不变线元的系数进入了物理定律。

（10）第 82 页第 3 段第 1 行。"有重物体中电磁过程的基本方程"是闵可夫斯基在

---

①　electrodynamic potential（four-potential），其中 four-potential 也称为电磁四维势（electromagnetic four-potential），它组合了电场标量势和磁场矢量势。这里遵照原文，译为电动力势。——中译者注

Göttingen Nachrichten，1907 中发展的。他未能完成"根据电子理论推导这个方程"。他在这个方向上的尝试已经由玻恩完成，并与"基本方程"一起组成了由布卢门撒尔（O. Blumenthal，1876—1944）编辑的论文集的第一卷（Leipzig，1910）。

六
论引力对光线传播的影响

爱因斯坦

· On the Influence of Gravitation on the Propagation of Light ·

· A. Einstein ·

关于引力场物理本质的假设——论能量的引力——引力场中的时间和光速——光线在引力场中的弯曲

英文版译自 Über den Einfluss der Schwerkraft auf die Ausbreitung des Lichtes, *Annalen der Physik*, 35, 1911。

Vorsitzende und Präsidenten der Physikalischen Gesellschaft (1845–1945)

Gustav Karsten
1845 – 1847

Emil du Bois-Reymond
1847 – 1878

Hermann von Helmholtz
1878 – 1895

Wilhelm von Bezold
1895 – 1897

Emil Warburg
1897 – 1905

Max Planck
1905 – 1906   1906 – 1907
1908 – 1909   1915 – 1916

Paul Drude
1906

Heinrich Rubens
1907 – 1908   1909 – 1910
1912 – 1914

Ferdinand Kurlbaum
1910 – 1912

Fritz Haber
1914 – 1915

Albert Einstein
1916 – 1918

Max Wien
1918 – 1919   1924 – 1925

Arnold Sommerfeld
1919 – 1920

Wilhelm Wien
1920 – 1922

Franz Himstedt
1922 – 1924

Friedrich Paschen
1925 – 1927

Heinrich Konen
1927 – 1929

Egon von Schweidler
1929 – 1931

Max von Laue
1931 – 1933

Karl Mey
1933 – 1935

Jonathan Zenneck
1935 – 1937   1939 – 1940

Peter Debye
1937 – 1939

Carl Ramsauer
1940 – 1945

在四年前发表的一篇论文里，[①] 我试图回答光的传播是否受引力影响的问题。我回到这个主题，是因为我以前对这个主题的论述并不使我满意，而且还有一个更重要的原因，那就是我现在发现，我之前研究得出的一个最重要的结果是可以用实验来检验的。这是因为，从这里要提出的理论可以知道，经过太阳近旁的光线被太阳的引力场偏转，使得太阳与它附近出现的恒星之间的角距离明显增加了近一弧秒。

在这些思考的过程中，产生了与引力有关的进一步结果。但是，由于对全部考虑都做阐述会很难理解，所以下面几页只给出了一些相当基本的考量，由之读者可以很容易地理解这一理论的假定及其思路。这里推导出来的关系式只对一阶近似成立，即使其理论基础是可靠的。

§1. 关于引力场物理本质的假设

设在均匀的引力场(重力加速度为 γ) 中有一个静止坐标系 K，其取向使引力场的力线沿着 z 轴的负方向。在无重力场的空间中，设有第二个坐标系 K'以匀加速度(γ)沿它的 z 轴正向运动。为了避免不必要的复杂性，我们暂时不去考虑相对论，从普通的运动学观点来考虑这两个系统，并且认为其中发生的运动是普通的力学运动。

相对于 K，也相对于 K'，当不受其他质点作用时，质点的运动遵循以下方程

$$\frac{\mathrm{d}^2 x}{\mathrm{d}t^2} = 0, \quad \frac{\mathrm{d}^2 y}{\mathrm{d}t^2} = 0, \quad \frac{\mathrm{d}^2 z}{\mathrm{d}t^2} = -\gamma \,。$$

对于加速的系统 K'，这直接可由伽利略原理得出，但是对于在均匀引力场中静止的系统 K，该方程可由以下经验得出，即这样一个场中的所有物体都等同地和

◀1845 年至 1945 年德国物理协会历届主席及其任职时间，其中就有爱因斯坦(三排左二)和索末菲(三排左四)。

① A. Einstein, *Jahrbuch für Radioakt. und Elektronik*, 4, 1907.

均匀地加速。所有物体在引力场中等同下落这一经验，是观察大自然所产生的最一般的经验之一；尽管如此，这条定律在我们物理宇宙大厦的基础中仍然没有找到任何位置。

但是，如果我们假设系统 K 和 K' 在物理上完全等价，也就是说，如果我们假设，我们也可以认为系统 K 在一个无引力场的空间中，然后认为 K 是匀加速的，那么我们就得到了这条经验定律的一个非常令人满意的解释。这个完全的物理等价性假设使我们不能提及参考系的绝对加速度，正如普通的相对论禁止我们提及参考系的绝对速度；[①] 而且这使得所有物体在引力场中等同下落似乎是理所当然的。

只要我们局限于在牛顿力学占支配地位范围中的纯力学过程，我们就可以肯定系统 K 与 K' 的等价性。但是，除非系统 K 和 K' 在所有物理过程中都是等价的，也就是说，除非对 K 的自然定律与对 K' 的自然定律完全一致，否则我们的这种观点不会有更深刻的意义。假设这一点成立，我们就得出一个原理，如果这个原理确实是正确的，它将具有极重要的启迪意义。因为，通过对相对于匀加速参考系发生的过程的理论考虑，我们可以得到均匀引力场中过程的全部信息。我们现在将首先从普通的相对论的观点出发，说明我们的假设有多大程度的固有可能性。

§2. 论能量的引力

由相对论得出的一个结果是，物体的惯性质量随着它所包含能量的增加而增加；如果能量的增加量等于 E，则惯性质量的增加量等于 $\dfrac{E}{c^2}$，这里 c 表示光速。那么，对应于惯性质量的增加是否有引力质量的增加呢？如果没有，那么一个物体将会根据它所包含能量的多少，在同一个引力场中以不同的加速度下落。质量守恒定律可以合并到能量守恒定律的这个相对论的十分令人满意的结

---

① 当然我们不能把任意引力场用无引力场系统的一种运动状态来代替，更不能用相对论变换来代替，我们可以把介质中处于任意运动状态的所有点变换为静止状态。

果将不成立，因为它会迫使我们放弃旧形式的惯性质量守恒定律，但对引力质量保留该定律。

但是必须认为这是非常不可能的。另一方面，普通的相对论并未给我们提供任何论据来推断一个物体的重量是否取决于它所包含的能量。但我们将说明，系统 K 与系统 K' 等价的假设给出的一个必然结果是能量的引力。

设带有测量仪器的两个物质系统 S_1 和 S_2 位于 K 的 z 轴上，彼此相距 h[①]，使得在 S_2 的引力势比在 S_1 的引力势大 γh。设一定数量的能量 E 从 S_2 向 S_1 发射。设 S_1 和 S_2 中的能量用完全相同的装置测量，测量结果被送到系统 z 中某处并进行比较。至于这种通过辐射传递能量的过程，我们不能作先验的断言，因为我们不知道引力场对辐射及 S_1 和 S_2 中测量仪器的影响。

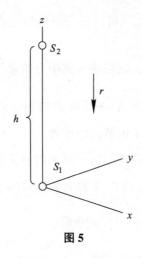

图 5

但是由我们的 K 与 K' 等价的假设，代替均匀引力场中的系统 K，我们可以设一个沿 z 轴正向匀加速运动的无引力系统 K'，而且物质系统 S_1 和 S_2 与系统 K' 的 z 轴刚性连接。

我们来判断无加速度系统 K_0 中，能量通过辐射从 S_2 向 S_1 传递的过程。在辐射能量 E_2 从 S_2 向 S_1 发射的瞬间，设 K' 相对于 K_0 的速度为零。辐射将经过时间 $\dfrac{h}{c}$ 到达 S_1（一阶近似）。但在这个瞬时，S_1 相对于 K_0 的速度为 $\gamma \dfrac{h}{c} = v$。因

---

① 我们认为，与 h 相比，S_1 和 S_2 是无穷小的。

此，根据普通的相对论，到达 S_1 的辐射所具能量不是 E_2，而是更大的能量 E_1，准确到一阶近似，E_1 与 E_2 通过下面的方程相联系[1]

$$E_1 = E_2\left(1 + \frac{v}{c}\right) = E_2\left(1 + \frac{\gamma h}{c^2}\right)。 \quad\cdots\cdots\cdots\cdots\cdots\cdots (1)$$

根据我们的假设，如果同样的过程在不加速但有引力场的系统 K 中发生，那么有完全相同的关系成立。在这种情况下，我们可以用 S_2 中引力矢量的势 $\varPhi$ 来代替 γh，如果 S_1 中 $\varPhi$ 的任意常数等于零。我们于是有方程

$$E_1 = E_2 + \frac{E_2}{c^2}\varPhi。 \quad\cdots\cdots\cdots\cdots\cdots\cdots (1a)$$

这个方程表达了所观察过程的能量定律。到达 S_1 处的能量 E_1，大于用同样方法测得的从 S_2 发射的能量 E_2，超出部分是质量 $\frac{E_2}{c^2}$ 在引力场中的势能。于是它证明了，为了满足能量原理，我们必须把引力质量 $\frac{E}{c^2}$ 由引力产生的势能归于 S_2 发射前的能量 E。于是我们对 K 与 K' 等价的假设克服了本节开始时提到的困难，即普通相对论遗留下来未能解决的困难。

如果我们考虑以下循环操作，这个结果的意义就表现得特别清楚：

1. 在 S_2 中测得的能量 E 以 S_2 中辐射的形式向 S_1 发射，根据刚刚得到的结果，在 S_1 中测得的能量 $E\left(1+\gamma\frac{h}{c^2}\right)$ 被吸收。

2. 质量为 M 的物体 W 从 S_2 下降到 S_1，在这个过程中做的功是 $M\gamma h$。

3. 当物体 W 在 S_1 中时，能量 E 从 S_1 转移到 W。设引力质量 M 因此而改变为 M'。

4. 设 W 又上升到 S_2，在这个过程中做的功是 $M'\gamma h$。

5. 设 E 从 W 转移回 S_2。

这种循环的效果仅仅是 S_1 的能量增加了 $E\gamma\frac{h^2}{c}$，能量 $M'\gamma h - M\gamma h$ 以机械功的形式转移到系统中。因此，根据能量原理，我们必定有

———————————

① 参见前面的论文《物体惯性与其所含能量有关吗?》。

$$E\gamma \frac{h}{c^2} = M'\gamma h - M\gamma h,$$

或者

$$M' - M = \frac{E}{c^2}。 \quad\cdots\cdots\cdots\cdots\cdots\cdots\cdots\cdots\cdots\cdots \text{(1b)}$$

于是引力质量增加了 $\frac{E}{c^2}$，且因此等于相对论给出的惯性质量的增加。

这个结果从系统 K 与 K' 的等价关系中更直接地显现出来，据此，关于 K 的引力质量正好等于关于 K' 的惯性质量；因此能量必须具有与其惯性质量相等的引力质量。如果质量 M_0 挂在系统 K' 中的一个弹簧秤上，这台秤将根据 M_0 的惯性显示表观重量 $M_0\gamma$。如果能量 E 被转移到 M_0，那么根据能量的惯性定律，弹簧秤将显示 $(M_0+\frac{E}{c^2})\gamma$。根据我们的基本假设，当在系统 K 中(也就是说，在引力场中)重复做这个实验时必定出现完全相同的情形。

§3. 引力场中的时间和光速

在匀加速系统 K' 中，根据 S_2 中的钟，如果从 S_2 向 S_1 发出的辐射有频率 ν_2，那么相对于 S_1，当辐射到达 S_1 时，根据 S_1 中与 S_2 中相同的钟，它不再有频率 ν_2，而有更高的频率 ν_1，其一阶近似为

$$\nu_1 = \nu_2\left(1 + \gamma \frac{h}{c^2}\right)。 \quad\cdots\cdots\cdots\cdots\cdots\cdots\cdots \text{(2)}$$

因为如果我们再次引入非加速参考系 K_0，那么在光发射时，K' 相对于 K_0 没有速度，于是当辐射到达 S_1 时，S_1 相对于 K_0 有速度 $\gamma \frac{h}{c}$，由此，根据多普勒原理，可立即得到上面给出的关系。

与我们关于系统 K 与 K' 等价的假设相一致，在一个均匀引力场中，如果其中辐射引起的转移如同所描述的那样发生，那么这个方程也对静止坐标系 K 成立。于是，在 S_2 中发射的有一定引力势的光线，当发射时它有频率 ν_2(与 S_2 中

的钟相比较），当光线到达 S_1 中时，将具有不同的频率 ν_1（由 S_1 中的一个等同的钟测量）。我们用 S_2 中的引力势 Φ 来代替（S_1 中的引力势取为零）γh，并假设我们对均匀引力场导出的关系对其他形式的场也成立。于是，

$$\nu_1 = \nu_2\left(1 + \frac{\Phi}{c^2}\right) \quad\cdots\cdots\cdots\cdots\cdots\cdots\cdots\cdots\cdots\cdots\cdots (2a)$$

这个结果（根据我们的推导准确到一阶近似）首先允许下面的应用。设 ν_0 是一个基本光发生器的振动数，这是用一台精密钟在同一地点测量的。让我们想象它们都在太阳表面某处（S_2 的所在地）。那里发出的光的一部分到达地球（S_1），我们用一个在各方面都与刚才提到的钟相同的钟 U 来测量到达的光的频率。然后由（2a），有

$$\nu = \nu_0\left(1 + \frac{\Phi}{c^2}\right),$$

其中 Φ 是太阳表面与地球之间的（负）引力势差。因此，根据我们的观点，与地球光源的相应光谱线相比较，太阳光的光谱线必定略微向红色偏移，事实上，相对偏移量值是

$$\frac{\nu_0 - \nu}{\nu_0} = -\frac{\Phi}{c^2} = 2 \cdot 10^{-6} \text{。}$$

如果太阳光带形成的条件完全已知，那么这种偏移是可以测量的。但是由于其他因素（压力、温度）会影响光谱线的中心位置，所以很难查明所推测的引力势的影响是否真正存在。[①]

从表面上看，公式（2）或（2a）似乎是矛盾的。如果光不断地从 S_2 传播到 S_1，那么到达 S_1 的每秒周期数，怎么可能与 S_2 发射的是一个不同的数字呢？但答案是简单的，我们不能把 ν_2 或 ν_1 分别简单地看作频率（即每秒的周期数），因为我们还没有确定系统 K 中的时间。ν_2 表示的，其实是相对于在 S_2 中的钟 U 的单位时间的周期数，而 ν_1 表示的是相对于在 S_1 中的等同的钟 U 的每秒周期数。没有什么迫使我们假定在不同引力势中的钟 U 必须被认为走得同样快或

---

① L. F. Jewell（*Journ. de Phys.*，6，1897，p.84），尤其是 Ch. Fabry 和 H. Boisson（*Comptes rendus*，148，1909，pp.688-690）真的已经发现了光谱线的红移，其数量级如同这里所计算的，但他们把其成因归结为吸收层中压力的效应。

慢。恰好相反，我们必须这样确定 K 中的时间，使得 S_2 与 S_1 之间的波峰和波谷的数目与绝对时间值无关；因为被观察的过程实际上是一个静止的过程。如果我们没有满足这个条件，我们就会得出这样的一个时间定义，它的应用使得时间直接融入自然定律中，而这肯定是既不自然也不现实的。因此，S_1 和 S_2 中的两个钟并不都正确地给出了"时间"，如果我们用钟 U 测量 S_1 中的时间，那么对于我们用来测量 S_2 中的时间的钟，当它与 U 在同一处比较时，必定比钟 U 慢 $1+\dfrac{\Phi^2}{c}$ 倍。因为当用这样一个钟来测量时，上面所考虑的光线在 S_2 中辐射的频率为

$$\nu_2\left(1 + \frac{\Phi}{c^2}\right),$$

由 (2a)，它等于同样的光线到达 S_1 时的频率 ν_1。

这对我们的理论有一个至关重要的结果。因为如果我们在一个加速的无引力系统 K' 中，采用等同结构的钟 U 在不同处测量光速，我们在所有这些位置得到相同的数值。根据我们的基本假设，这将同样适用于系统 K。但是根据刚才所述，要在引力势不同的地方测量时间，我们必须使用不同结构的钟。要测量相对于坐标原点且引力势为 Φ 的地点的时间，我们必须使用这样的钟，即当它移向坐标原点时，要比在坐标原点测量时间所用的钟慢 $1+\dfrac{\Phi}{c^2}$ 倍。如果我们称在坐标原点的光速为 c_0，那么在引力势为 Φ 处的光速 c 将由关系式

$$c = c_0\left(1 + \frac{\Phi}{c^2}\right) \quad \cdots\cdots\cdots\cdots\cdots\cdots\cdots\cdots\cdots\cdots \quad (3)$$

给出。根据这个理论，光速不变性原理仍然成立，但其形式与一般作为普通相对论基础的光速不变性原理的形式不同。

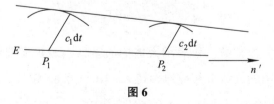

图 6

§4. 光线在引力场中的弯曲

由刚刚证明的命题：引力场中的光速是关于位置的函数。而根据惠更斯原理，我们很容易推断，穿过引力场传播的光线会发生偏转。设 E 是在瞬时 t 平面光波的波前，并设 P_1 和 P_2 是那个平面上间距为一单位的两点。P_1 和 P_2 位于纸面平面中，选择纸面平面使得 Φ 在平面法线方向上的导数为零，因此 c 的导数也为零。分别以半径 $c_1 \mathrm{d}t$ 和 $c_2 \mathrm{d}t$ 围绕点 P_1 和 P_2 作圆，其中 c_1 和 c_2 分别表示在点 P_1 和 P_2 处的光速，并作这些圆的切线，我们便得到了对应于时间 $t+\mathrm{d}t$ 的波前，或者更确切地说，得到了波前与纸面平面的截线。光线在路径 $c\mathrm{d}t$ 中偏转的角度因此为

$$(c_1 - c_2)\mathrm{d}t = -\frac{\partial c}{\partial n'}\mathrm{d}t,$$

这里把光线向 n' 增加的方向弯曲的角度算作正的。因此，光线在每单位路径的偏转角度为

$$-\frac{1}{c}\frac{\partial c}{\partial n'}, \text{ 或者由}(3), \quad -\frac{1}{c^2}\frac{\partial \Phi}{\partial n'} \circ$$

最后，对于光线在任何路径(s)上向 n' 侧偏转的角度，我们得到表达式

$$\alpha = -\frac{1}{c^2}\int \frac{\partial \Phi}{\partial n'}\mathrm{d}s \circ \quad\text{……………………} (4)$$

如果直接考虑光线在均匀加速系统 K' 中的传播，然后将结果转换到系统 K，并且由此转换到任何形式的引力场的情况，我们可以得到相同的结果。

由方程(4)，一束光经过一个天体时，会向引力势减小的一侧，即向靠近天体的一侧偏转，偏转量为

$$\alpha = \frac{1}{c^2}\int_{\theta = -\frac{1}{2}\pi}^{\theta = \frac{1}{2}\pi} \frac{kM}{r^2}\cos\theta\mathrm{d}s = 2\frac{kM}{c^2\triangle},$$

其中 k 表示万有引力常数，M 表示天体的质量，$\triangle$ 表示光线到天体中心的距离。一束经过太阳的光线会相应地偏转 $4 \cdot 10^{-6} = 0.83$ 弧秒。而恒星到太阳中心的角距离似乎增加了这个量。由于在日全食时，天空中太阳附近的恒星是可

见的，这一理论的结果可以与经验相比较。对于木星，预期的位移大约是上述

值的$\frac{1}{100}$。非常期盼天文学家能够考虑这里提出的问题。先不考虑是什么理论，

这里还有一个问题是，用现有的设备能否探测到引力场对光传播的影响。

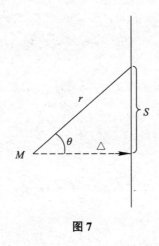

图 7

愛因斯坦 1921 年至 1931 年的筆跡與愛因斯坦字體，圖中文字是德語 allgemeine
Relativitätstheorie，翻譯為中文是"廣義相對論"。

19 世纪以前，物理学主要研究宏观、低速运动的物体，建立了一套完整理论，即经典物理学。到 19 世纪末，人们接触到高速运动现象，如电与磁，发现有些现象并不符合经典物理学理论。在这种背景下，狭义相对论应运而生。

▶ 1687 年，牛顿（I. Newton，1642—1727）在《自然哲学之数学原理》中提出绝对时间和绝对空间的概念。该书标志着经典力学体系的完成。自此，绝对时空观统治科学界两百多年。在这期间，人们认为以太相对于绝对空间静止。图为第一版《自然哲学之数学原理》扉页（左）和"科学元典丛书"中《自然哲学之数学原理》封面（右）。

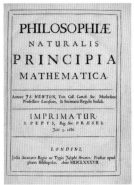

◀ 19 世纪中后期，越来越多的人怀疑绝对时空观。物理学家马赫（E. Mach，1838—1916）便是其中之一。马赫在其 1883 年出版的《力学史评》中对经典力学进行了深刻批判，反驳了牛顿的绝对时空观。爱因斯坦在学生时代就阅读过这部作品并深受其影响。爱因斯坦称马赫为"相对论的先驱"。遗憾的是，狭义相对论提出后，却没有得到马赫的支持。图为 1905 年的马赫。

▶ 在电磁学理论中，麦克斯韦方程组与经典物理学之间存在矛盾。在麦克斯韦方程组中，光速 c 恒定，但在经典物理学中，光速会因参照系的不同而发生变化。这一矛盾的出现推动了爱因斯坦创建狭义相对论的进程，使他突破"绝对时空观"的禁锢，确认了光速不变原理。图为麦克斯韦（J. Maxwell，1831—1879）以及刻在麦克斯韦雕像下面的麦克斯韦方程组。

▶ 麦克斯韦认为，光是一种波，通过以太传播。当时很多科学家也都这样认为，那么就要证明以太存在。为此，物理学家迈克尔逊（A. Michelson，1852—1931）进行了光的干涉实验，试图通过证明以太和地球间存在相对运动来证明以太存在，但结果却发现二者之间没有相对运动。为避免实验误差，1887年，他和物理学家莫雷（E. Morley，1838—1923）又做了一次实验，但结果依旧。迈克尔逊－莫雷实验成为科学史上著名的"判决性"实验。图为迈克尔逊（左，他直到去世都没有放弃以太）和莫雷（右）。

◀ 不过，爱因斯坦在提出狭义相对论时，是否受到了迈克尔逊所做实验结果的影响，一直存在争议。爱因斯坦声称他当时不知道迈克尔逊的实验，他注意到的是菲佐实验与光行差现象的矛盾。图为法国物理学家菲佐（H. Fizeau，1819—1896）。

▶ 为了解释迈克尔逊－莫雷实验的结果，洛伦兹选择放弃相对性原理。他于1892年提出了收缩假说，在1895年给出了更精确的收缩公式，并于1904年公布了后来在相对论中代替伽利略变换的洛伦兹变换。洛伦兹变换是狭义相对论的核心公式。图为爱因斯坦（左）和洛伦兹（右）的合照。

◀ 法国数学家、物理学家庞加莱（H. Poincaré，1854—1912）也是相对论的先驱之一。他否认绝对空间的存在，坚持相对性原理，认为真空中光速不变，并建议通过光速来校准不同地点的钟，使它们同时、同步。后来爱因斯坦发展了庞加莱的想法，提出光速不变原理，并参考庞加莱的方法定义了"同时"。

▶ 庞加莱被认为是19世纪末和20世纪初数学界的一位领袖。庞加莱出生于法国南锡，爷爷是一位药剂师，在市中心经营一家药铺；父亲是南锡大学的医学教授；堂弟雷蒙·庞加莱（Raymond Poincaré，1860—1934）曾担任法国总统。图为庞加莱故居。

▼ 庞加莱毕业后曾在法国经度局工作，在那里，他开始考虑建立国际时区和相对运动物体间的时间同步问题。图为经度局，它是法国的一个科学机构，在19世纪负责使世界各地的时钟同步。

1905 年，爱因斯坦在《关于光的产生和转化的一个启发性观点》中提出了光量子假设，解释了光电效应。这为后来人们认识到光的波粒二象性奠定了基础。他也因此成为量子理论的三巨头之一，另外两位是普朗克（M. Planck，1858—1947）和玻尔（N. Bohr，1885—1962）。

▲ 普朗克（左）和爱因斯坦（右）

▲ 玻尔（左）和爱因斯坦（右），二人曾就量子物理学的形而上学含义进行过长期争论。

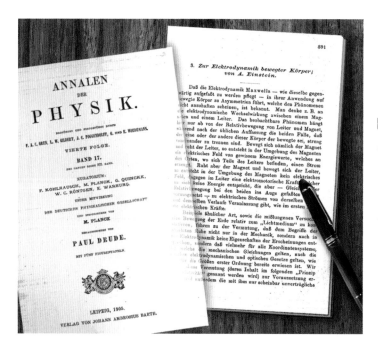

◀ 1905 年 9 月，爱因斯坦发表了关于狭义相对论的第一篇论文《论动体的电动力学》。图为 1905 年第四期德国《物理学年鉴》封面及《论动体的电动力学》首页。

▼洛伦兹、庞加莱等人因固守"以太说"，成了"预示了相对论又没有创立相对论的人"。只有爱因斯坦最终完全打通了建立狭义相对论的道路。狭义相对论问世后，洛伦兹和庞加莱并没有立即给予支持。洛伦兹最初反对相对论，后来才慢慢承认其正确性。庞加莱至死都没有承认相对论正确。图为1911年召开的第一届索尔维会议的照片，洛伦兹（坐者左四）、庞加莱（坐者右一）、爱因斯坦（站者右二）、普朗克（站者左二）、居里夫人（坐者右二）等人都在其中。这是爱因斯坦和庞加莱的唯一一次见面，不久后庞加莱就去世了。

▼起初，大多数人对《论动体的电动力学》的态度都是漠视和否定。多亏了普朗克的重视和捍卫，相对论才得到众多物理学家的重视，才迅速被物理学界主流接受。也正是因为这篇文章，普朗克注意到了爱因斯坦。图为劳厄在柏林举行的晚宴，从左至右依次是能斯特（W. Nernst, 1864—1941）、爱因斯坦、普朗克、密立根（A. Millikan, 1868—1953）和劳厄。

1905 年是爱因斯坦的奇迹年，也是物理学史的奇迹年。这一年，年仅 26 岁的爱因斯坦相继发表了 4 篇划时代论文，除了前面提到的两篇，还有《根据分子运动论研究静止液体中悬浮微粒的运动》和《物体惯性与其所含能量有关吗？》。最后这篇文章提出的质能关系式 $E=mc^2$（能量等于质量与光速平方的乘积），将人类带入了原子能时代。

◀ 爱因斯坦和质能关系式。

▶ 1905 年之后，爱因斯坦在物理学界名声渐起，很多高校向他抛出橄榄枝。1912 年，他接受了苏黎世理工学院理论物理学教授的职位。1913 年，普朗克亲自前往苏黎世邀请爱因斯坦到柏林任职。图为苏黎世理工学院爱因斯坦的储物柜，里面有爱因斯坦和第一任妻子米列娃（Mileva Marić，1875—1948）的合照。

◀ 狭义相对论曾多次被提名诺贝尔奖，但因这一理论在当时颇受争议，始终未能获奖。后来由于爱因斯坦在物理学界的威望已然高到不容忽视的程度，1922 年，诺贝尔奖委员会才决定把 1921 年的诺贝尔物理学奖补发给爱因斯坦，但获奖理由是他所发现的光电效应定律。有趣的是，爱因斯坦在发表正式获奖演说时，谈的是相对论。图为爱因斯坦的诺贝尔物理学奖获奖证书（摄影：王直华）。

狭义相对论并不是完美的。爱因斯坦发现，在狭义相对论中，之前用绝对空间定义的惯性系不再适用了，万有引力定律也不能纳入相对论的框架。为了解决这些问题，爱因斯坦建立了广义相对论（描述引力的作用和时空的弯曲），并将之前提出的相对论称为"狭义相对论"。

▶ 1907 年，爱因斯坦涌现出了他"一生中最愉快的想法"：当一个人自由下落时，他不会感到自己的重量，因为这里有一个新的引力场，和地球引力抵消了。这一想法使他决定把相对论推广到加速参照系（即把相对性原理推广到一般参照系）。图为爱因斯坦设想自己自由下落时会发生的事情。

◀ 广义相对论的创始起点是 1907 年，这一年爱因斯坦首次提出广义相对论的两个基本原理——等效原理和广义相对性原理。广义相对论于 1915 年最终建成。1916 年，爱因斯坦在《广义相对论基础》中首次对其进行系统阐述。图为《广义相对论基础》手稿。

▶ 1915 年爱因斯坦在《引力场方程》一文中描述了物质是如何影响周围时空弯曲的。引力场方程是广义相对论的核心。图为爱因斯坦 1915 年发表的《引力场方程》首页。

▶ 在研究广义相对论的过程中，数学知识的欠缺使爱因斯坦受到掣肘。在朋友格罗斯曼（M. Grossmann，1878—1936）的帮助下，爱因斯坦学习了黎曼几何。图为瑞士数学家格罗斯曼，他为爱因斯坦建立广义相对论指明了数学方向。

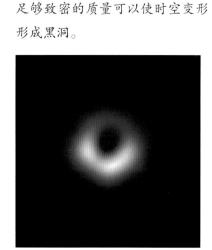

◀ 数学家黎曼（B. Riemann，1826—1866）开创的关于微分几何中不变量的研究（后来发展成为张量分析），为爱因斯坦创立广义相对论提供了必要的数学工具，特别是助其得出了完整的引力场方程。

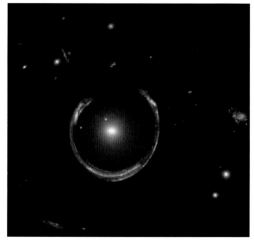

▼ 爱因斯坦的广义相对论预言：足够致密的质量可以使时空变形形成黑洞。

▲ 广义相对论预言了引力透镜效应。图中一个明亮的红色星系的引力，扭曲了来自更遥远的蓝色星系的光。光弯曲形成的环称为爱因斯坦环。

▶ 引力波是广义相对论预言的引力场的波动形式。图为艺术作品中描绘的引力波。

七
广义相对论基础

爱因斯坦

· *The Foundation of the General Theory of Relativity* ·

· A. Einstein ·

关于相对性公设的基本考虑：对狭义相对论的评述——扩展相对性公设的必要性——时空连续统和广义协变性——四个坐标与时空测量的关系

建立广义协变方程的数学工具：逆变四维矢量和协变四维矢量——二阶和更高阶张量——张量的乘法——基本张量 $g_{\mu\nu}$——测地线方程——用微分构成张量——一些特别重要的案例——黎曼-克里斯托费尔张量

引力场理论：引力场中质点的运动方程——不存在物质时的引力场方程——引力场的哈密顿函数以及动量和能量定律——引力场方程的一般形式——一般情况下的守恒定律——作为场方程结果的物质的动量和能量定律

物质现象：无摩擦绝热流体的欧拉方程——自由空间中的麦克斯韦电磁场方程

理论的应用：牛顿理论作为一阶近似——静态引力场中杆和钟的行为，光线的弯曲以及行星轨道的近日运动

英文版译自 Die Grundlage der allgemeinen Relativitätstheorie, *Annalen der Physik*, 49, 1916。

Die Grundlage der allgemeinen Relativitätstheorie.

A. Prinzipielle Erwägungen zum Postulat der Relativität.

§1. Die spezielle Relativitätstheorie.

Die im Nachfolgenden dargelegte Theorie bildet die denkbar weitgehendste Verallgemeinerung der heute allgemein als „Relativitätstheorie" bezeichneten Theorie; die letztere nenne ich im folgenden zur Unterscheidung von der ersteren „spezielle Relativitätstheorie" und setze sie als bekannt voraus. Diese Verallgemeinerung wurde sehr erleichtert durch die Gestalt, welche der speziellen Relativitätstheorie durch Minkowski gegeben wurde, welcher Mathematiker zuerst die formale Gleichwertigkeit der räumlichen und der Zeitkoordinate klar erkannte und für den Aufbau der Theorie nutzbar machte. Die für die allgemeine Relativitätstheorie nötigen mathematischen Hilfsmittel lagen fertig bereit in dem „absoluten Differentialkalkül", welcher auf den Forschungen von Gauss, Riemann und Christoffel über nichteuklidische Mannigfaltigkeiten ruht und von Ricci und Levi-Civita in ein System gebracht und bereits auf Probleme der theoretischen Physik angewendet wurde. Ich habe im Abschnitt B der vorliegenden Abhandlung alle für uns nötigen, bei dem Physiker nicht als bekannt vorauszusetzenden mathematischen Hilfsmittel entwickelt, sodass ein Studium mathematischer Literatur für das Verständnis der vorliegenden Abhandlung nicht erforderlich ist. Endlich sei an dieser Stelle dankbar meines Freundes, des Mathematikers Grossmann gedacht, der mir durch seine Hilfe nicht nur das Studium der einschlägigen mathematischen Literatur ersparte, sondern mich auch beim Suchen nach den Feldgleichungen der Gravitation unterstützte.

A. Prinzipielle Erwägungen zum Postulat der Relativität.

§1. Die spezielle Relativitätstheorie.

Der speziellen Relativitätstheorie liegt folgendes Postulat zugrunde, welchem auch durch die Galilei-Newton'sche Mechanik Genüge geleistet wird: Wird ein Koordinatensystem K so gewählt, dass in bezug auf dasselbe die physikalischen Gesetze in ihrer einfachsten Form gelten, so gelten dieselben Gesetze auch in bezug auf jedes andere Koordinatensystem K', das relativ zu K in gleichförmiger Translationsbewegung begriffen ist. Dies Postulat nennen wir „spezielles Relativitätsprinzip". Durch das Wort „speziell" soll angedeutet werden, dass das Prinzip auf den

A. 关于相对性公设的基本考虑

§1. 对狭义相对论的评述

狭义相对论基于以下公设，伽利略和牛顿的力学也满足这个公设。

如果选择一个坐标系 K，使物理定律以它们最简单的形式对 K 成立，那么相同的定律也适用于任何其他相对于 K 做匀速平移的坐标系 K'。我们称这个公设为"狭义相对性原理"。"狭义"一词意味着该原理仅限于 K' 相对于 K 做匀速平移运动的情况，但 K' 与 K 的等价性并不扩展到 K' 相对于 K 做非匀速运动的情况。

因此，狭义相对论背离经典力学并不是通过相对性公设，而是通过真空中光速不变性公设，把它与狭义相对性原理结合，然后以众所周知的方式，得出同时性的相对性、洛伦兹变换以及运动物体和钟的行为的相关定律。

狭义相对论对空间和时间理论的改变确实影响深远，但有一个要点仍未受到影响。因为即使根据狭义相对论，几何定律也要被直接解释为与静止固体的可能相对位置有关的定律；更一般地说，运动学定律可以解释为描述测量物体和钟之间关系的定律。对静止刚体的两个选定质点，总是有一个长度完全确定的距离与之相对应，它与物体的位置和方向无关，也与时间无关。相对于特定参考系静止的钟的指针的两个选定位置，总是对应着一个确定长度的时间区间，它与地点和时间无关。我们很快就会看到，广义相对论不能坚持对空间和时间的这种简单物理解释。

§2. 扩展相对性公设的必要性

在经典力学中，同样在狭义相对论中，有一个固有的认识论缺陷，它也许是由马赫首先明确指出的。我们将通过下面的例子来说明：相同大小和性质的两份流体在空间中自由漂浮，它们彼此之间以及与所有其他质量之间的距离是

◀爱因斯坦解释广义相对论的手稿。

如此之远，以至于只需要考虑同一物体的不同部分相互作用产生的引力就可以了。设这两个物体之间的距离保持不变，并设这两个物体中的任何一个都没有内部的相对运动。但是根据相对于其中一个质量静止的观察者的判断，让另一质量以恒定角速度围绕两个质量的连线旋转。这是可以证实的关于两个物体的相对运动。现在让我们想象一下，每一个物体都用相对于它们自身静止的测量仪器勘察过了，并假设 S_1 的表面是一个球面，S_2 的表面是一个回转椭球面。于是我们可以提出一个问题——两个物体中产生这种差异的原因是什么？从认识论的角度看，没有一个答案是令人满意的，[①] 除非给出的理由是：这是一个可以观察到的经验事实。作为对经验世界的陈述，因果律并无意义，除非可以观察到的事实最终以因果关系出现。

牛顿力学没有对这个问题给出满意的答案。它断言：力学定律适用于物体 S_1 对之相对静止的空间 R_1，但不适用于物体 S_2 对之相对静止的空间 R_2。但是因此引入的伽利略的特许(privileged)空间 R_1，仅仅出于虚构的原因，而不是可以观察到的一个东西。因此很清楚，在所考虑的情况下，牛顿力学并不真正满足因果关系的要求，它只是表面上满足而已，因为它用一个虚构的原因 R_1 来解释可观察到的 S_1 与 S_2 之间的差异。

仅有的令人满意的答案必须是，由 S_1 和 S_2 组成的物理系统，在其本身之中并无可以想象的原因来说明 S_1 与 S_2 的不同行为。因此，原因一定在这个系统之外。我们不得不认为，一般运动定律，尤其是决定了 S_1 和 S_2 的形状的一般运动定律必定是这样的：在相当重要的方面，S_1 和 S_2 的力学行为部分地是由遥远的质量控制的，而我们并未把它们包括在所考虑的系统中。因此这些遥远的质量和它们相对于 S_1 和 S_2 的运动，必须被看作两个物体 S_1 和 S_2 不同行为的原因所在(它必须是容易观察到的)。它们取代了虚构原因 R_1 所起的作用。在所有可以想象的做任何一种相对于彼此运动的空间 R_1，R_2，…中，没有一种可以被视为先验特许的，而不重复上述提到的认识论上的缺陷。物理学定律必须具有这样一种性质，即它们适用于做任何运动的参考系。沿着这条思路，我

---

① 当然，一个答案从认识论的角度看可以是令人满意的，但如果它与其他经验相冲突，那么它在物理上还是靠不住的。

们扩展了相对性公设。

除了这个来自认识论的重要论据，还有一个众所周知的物理事实有助于相对论的扩展。设 K 为一个伽利略参考系，即（至少在所考虑的四维区域中）一个离其他质量足够远的质量相对于它做匀速直线运动的系统。设 K' 是第二个参考系，它以匀加速平移的方式相对于 K 运动。那么相对于 K'，一个离其他质量足够远的质量将做加速运动，其加速度的大小和方向与质量的物质组成和物理状态无关。

这是否允许一个相对于 K' 静止的观察者得以推断他在一个"真正的"加速参考系中呢？答案是否定的；因为上述自由移动质量与 K' 的关系，可以用以下方式很好地解释。参考系 K' 不是加速的，但是所讨论的时空区域在引力场的影响之下，而这造成了物体相对于 K' 的加速运动。

我们之所以可能有这种观点，是因为由经验可知存在着一种力场即引力场，它具有赋予所有物体相同加速度的特别属性。[①] 物体相对于 K' 的力学行为与我们习惯于认为是"静止的"或"特许的"系统中所看到的情况相同。因此，从物理学的角度来看，假设本身很容易表明，系统 K 和 K' 都可以有同等的权利被认为是"静止的"，也就是说，对现象的物理描述，它们作为参考系有同等的地位。

从这些考虑中可以看出，在追求广义相对论的过程中，我们将被引导到引力理论，因为仅仅通过改变坐标系就能"产生"引力场。同样显而易见的是，必须修改在真空中的光速不变原理，因为我们很容易看出，如果光相对于 K 以一个确定的恒定速度沿直线传播，那么光相对于 K' 的传播路径一般必定是曲线。

§3. 时空连续统和广义协变性

在经典力学以及在狭义相对论中，空间和时间的坐标都有直接的物理意义。说一个点事件的 X_1 坐标为 x_1，意味着由刚性杆按照欧几里得几何学规则确定的这个点事件在 X_1 轴上的投影，是通过用一根给定的杆（长度单位），从坐标原点沿着 X_1 轴经过 x_1 次测量得出的。说一个点事件的 X_4 坐标为 $x_4 = t$，意

---

① 厄缶（L. Eötvös，1848—1919）以很高的精度用实验方法证明了引力场有这个属性。

味着若用一个标准钟测量，[①] 那么这个钟在事件发生时经历了 $x_4 = t$ 个周期，这里的标准钟用确定的单位周期测量时间、相对于坐标系静止，并在空间中与点事件实际上是重合的。

这种时空观一直存在于物理学家的头脑中，尽管通常他们并没有意识到这一点。这可以由这些概念在物理测量中所起的作用看得很清楚；如果读者对在前一节（§2）中读到的任何东西有所理解，那么这也一定是他思考的基础。但是我们现在将要说明，如果狭义相对论只适用于没有引力场的特殊情况，那么为了能够完成广义相对论的假设，我们必须把这种时空观放在一边，用一个更一般的观点来代替它。

在一个无引力场的空间中，我们引入伽利略参考系 $K(x, y, z, t)$，又引入一个相对于 K 做匀速转动的坐标系 $K'(x', y', z', t')$。设这两个系统的原点以及它们的 Z 轴永远彼此吻合。我们将说明，对系统 K' 中的时空测量，长度和时间的上述物理定义不能保持。出于对称的理由很清楚，在 K 的 X，Y 平面中围绕原点的圆，可以同时被认为是在 K' 的 X'，Y' 平面中的圆。我们假定这个圆的周长和直径是用一个与半径相比无穷小的度量单位来测量的，并且求出了两个结果的商。如果使用相对于伽利略系统 K 静止的测量杆进行该实验，这个商将是 π。而如果使用相对于 K' 静止的测量杆，这个商将大于 π。如果我们设想整个测量过程都是从"静止"系统 K 进行的，并考虑到用来测量圆周的测量杆经历洛伦兹收缩，而用来测量半径的测量杆不经历，那就很容易理解了。因而欧几里得几何不适用于 K'。因此，预先假定了欧几里得几何有效性的，上文定义的坐标概念，相对于系统 K' 是不成立的。所以我们也不能引入对应于 K' 中物理要求的，由相对于 K' 静止的钟来表示的时间。为了说服我们自己这是不可能的，让我们设想在"静止"系统 K 中，有结构相同的两个钟，一个置于坐标原点，另一个置于圆周上。由狭义相对论的一个熟悉的结果，从 K 来判断，圆周上的钟走得比另一个慢，因为前者在运动，而后者静止。位于坐标系公共原点的观察者可以借助光来观察圆周上的钟，他因此会看到，在圆周上的钟比他旁

----

① 我们假设有可能验证空间中极接近事件的"同时性"，或者，说得更确切些，验证在时空方面直接邻近或重合的事件的"同时性"，而不给出这个基本概念的定义。

边的钟走得慢。因为他不能让沿着所说路径传播的光的速度明显依赖于时间，他会这样解释他观察到的现象：圆周上的钟"真的"比原点处的钟走得慢，所以他将不得不以这样一种方式来定义时间，即钟的快慢取决于钟所在的位置。

因此，我们得出这样的结果：在广义相对论中，空间和时间不能以这样一种方式来定义，即空间坐标的差异可以用单位测量杆直接测量，或者时间坐标的差异可以用标准钟直接测量。

迄今为止使用的以确定的方式将坐标放置到时空连续统中的方法从此失效，似乎也没有其他方法允许我们将坐标系适用于四维宇宙，使我们可以期望从它们的应用中得到自然规律的特别简单的表达方式。因此，在原则上，我们只能认为所有可以想象的坐标系都同样适合于描述自然界。这就要求：

自然界的一般规律要用对所有坐标系都成立的方程来表达，也就是说，这些方程对于无论什么样的代换都是协变的(广义协变)。

很明显，满足这个公设的物理理论对于广义相对性公设也将是合适的。因为在任何情况下，所有代换的总成都包括对应于三维坐标系中所有相对运动的代换。从下面的考虑中可以看到，广义协变的这种要求(从空间和时间中剥夺物理客观性的最后剩余)是自然的。所有我们的时空验证都无非是时空吻合的确定。例如，如果事件仅仅是质点的运动，那么最终除了两个或多个这些点的相遇以外，什么也观察不到。此外，我们测量的结果无非是验证我们测量仪器上的质点与其他质点的相遇，钟指针与表盘上的点之间的吻合，以及在同一时间同一地点发生的被观察的点事件。

参考系的引入没有其他目的，只是为了便于描述这种吻合的全部。我们给宇宙分配了四个时空变量，x_1，x_2，x_3，x_4，使得每个点事件有一组对应的变量值 x_1，$\cdots$，x_4。两个吻合的点事件对应着同一组变量值 x_1，$\cdots$，x_4，也就是吻合以坐标等同为标识。代替变量 x_1，$\cdots$，x_4，如果我们引入 x_1'，x_2'，x_3'，x_4' 的函数作为一个新坐标系，使各组数值彼此对应而无歧义，在新系统中所有四个坐标的相等，也将作为两个点事件时空吻合的一个表达式。因为我们所有的物理经验最终都可以归结为这种吻合，所以没有直接的理由去偏好某些坐标系而不喜欢其他坐标系，也就是说，我们达到了广义协变性的要求。

§4. 四个坐标与时空测量的关系

我在这个讨论中的目标不是要把广义相对论描述成一个尽可能简单、尽可能合乎逻辑、公理数量最少的体系；我的主要目标是以这样的方式发展这种理论，使读者感觉我们进入该理论的途径在心理上是自然的，并且认为基本假设似乎具有最大程度的可靠性。出于这个目标，现在认为有：

对无限小的四维区域，如果恰当选择坐标系，相对论在有限的意义上是合适的。

为了这个目的，我们必须选择无限小（"局部"）坐标系的加速度，使得没有引力场出现；这对于一个无限小的区域是可能的。设 X_1，X_2，X_3 是空间坐标，X_4 是用适当单位测量的相关时间坐标。[①] 如果设想给定方向坐标系中的一根刚性杆作为测量单位，那么给定方向的坐标系中的坐标在狭义相对论的意义上有一个直接的物理意义。由狭义相对论，表达式

$$ds^2 = -dX_1^2 - dX_2^2 - dX_3^2 + dX_4^2 \quad\cdots\cdots\cdots\cdots\cdots\cdots (1)$$

的值独立于局部坐标系的方向，并且可以通过对空间和时间的测量来确定。我们称与四维连续统中无限接近的点有关的线元的大小为 ds。依据闵可夫斯基的说法，如果属于单元 dX_1，$\cdots$，dX_4 的 ds 是正的，我们称它为类时间的；如果是负的，我们称它为类空间的。

对于所述的"线元"，或者对于两个无限接近的点事件，也将对应着任意选定参考系的四维坐标的确定微分 dx_1，$\cdots$，dx_4。如果这个系统以及"局部"系统是对于所考虑的区域给出的，那么 dX_ν 将可以被 dx_σ 的确定的线性齐次表达式来表示：

$$dX_\nu = \sum_\sigma \alpha_{\nu\sigma} dx_\sigma。 \quad\cdots\cdots\cdots\cdots\cdots\cdots\cdots (2)$$

将该表达式代入(1)中，我们得到

$$ds^2 = \sum_{\tau\sigma} g_{\sigma\tau} dx_\sigma dx_\tau，\quad\cdots\cdots\cdots\cdots\cdots\cdots\cdots (3)$$

其中 $g_{\sigma\tau}$ 将是 x_σ 的函数。这些不再与"局部"坐标系的方向和运动状态有关，因

---

① 选择这样的时间单位，使得在"局部"坐标系中测到的真空中的光速等于一个单位。

为 ds^2 是一个可以由时空中无限接近的点事件的杆–钟测量确定的量，其定义与坐标的任何特定选择无关。这里选择的 $g_{\sigma\tau}$ 要满足 $g_{\sigma\tau}=g_{\tau\sigma}$；求和将涉及 σ 和 τ 的所有值，因此这个和由 4×4 项组成，其中有 12 项成对相等。

狭义相对论的案例可以由这里所考虑的案例推出，由于有限区域中 $g_{\sigma\tau}$ 的特殊关系，如果有可能，在有限区域中选择参考系，使得 $g_{\sigma\tau}$ 取常数值

$$\left.\begin{matrix} -1 & 0 & 0 & 0 \\ 0 & -1 & 0 & 0 \\ 0 & 0 & -1 & 0 \\ 0 & 0 & 0 & +1 \end{matrix}\right\} \quad \cdots\cdots\cdots\cdots\cdots\cdots \quad (4)$$

以后我们将发现，对于一个有限的区域来说，选择这样的一些坐标一般是不可能的。

由 §2 和 §3 的考虑可以得出这样的结论：从物理学观点来看，量 $g_{\tau\sigma}$ 被看作描述与所选参考系有关的引力场的量。因为，如果我们现在在假设把狭义相对论应用于某个适当选择了坐标的四维区域，那么 $g_{\sigma\tau}$ 具有 (4) 中给出的值。于是，一个自由质点相对于该系统做匀速直线运动。然后，如果我们借助我们选择的任何代换引入新的时空坐标 x_1，x_2，x_3，x_4，那么在这个新系统中，$g^{\sigma\tau}$ 将不再是常数，而是空间和时间的函数。同时，自由质点的运动将在新的坐标中表现为非匀速曲线运动，而且这种运动规律将与运动粒子的性质无关。因此，我们将把这种运动解释为在引力场影响下的运动。所以我们发现引力场的出现与 $g_{\sigma\tau}$ 的时空可变性有关。故在一般情况下，当我们不再能够通过适当的坐标选择将狭义相对论应用于有限区域时，我们将采纳 $g_{\sigma\tau}$ 描述引力场的观点。

因此，根据广义相对论，相对于其他力，特别是电磁力，引力占有一个特殊的位置，因为代表引力场的 10 个函数同时定义了被测量空间的度规性质（metrical property）。

B. 建立广义协变方程的数学工具

前面已经看到，广义相对性公设对物理方程提出了协变性的要求，即物理

方程对坐标 $x_1, \cdots, x_4$ 的任何代换都应该是协变的，我们必须考虑如何才能找到这种广义协变方程。我们现在转向这个纯数学任务，我们将发现在它的解中，方程(3)中给出的不变量 ds 起着基本作用，借用高斯(C. Gauss, 1777—1855)的曲面理论，我们称之为"线元"。

一般协变理论的基本思想是这样的：让某些东西("张量")在任何坐标系中相对于若干个坐标的函数定义，这些坐标称为张量的"分量"。如果这些分量对于原来的坐标系是已知的，并且如果连接新旧坐标系的变换是已知的，那么就可以用一定的规则对新坐标系计算这些分量。以下称为张量的东西的特征还在于，它们的分量的变换方程是线性的和齐次的。因此，如果所有分量在原坐标系中全部为零，那么它们在新坐标系中也都为零。因此，如果一个自然规律用一个张量的所有分量都等于零来表达，那么它通常是协变的。通过研究构成张量的法则，我们得到了用公式表述广义协变定律的方法。

§5. 逆变四维矢量和协变四维矢量

逆变四维矢量：线元由四个"分量" dx_ν 定义，其变换规则由以下方程表示：

$$\mathrm{d}x'_\sigma = \sum_\nu \frac{\partial x'_\sigma}{\partial x_\nu} \mathrm{d}x_\nu \text{。} \quad\cdots\cdots\cdots\cdots\cdots\cdots\cdots (5)$$

dx'_σ 被表示为 dx_ν 的齐次线性函数。因而我们可以把这些坐标微分看作某个特殊类型的"张量"的分量，我们称这种"张量"为逆变四维矢量。由四个量 A^ν 的坐标系定义，并且由同一规则

$$A'^\sigma = \sum_\nu \frac{\partial x'_\sigma}{\partial x_\nu} A^\nu \quad\cdots\cdots\cdots\cdots\cdots\cdots\cdots (5a)$$

变换的任何东西，我们也称之为逆变四维矢量。由(5a)立即可知，如果 A^σ 及 B^σ 是一个四维矢量的分量，那么 $A^\sigma \pm B^\sigma$ 也是。相应的关系对下面将引入的所有"张量"成立。(张量的加减法规则。)

协变四维矢量：我们称四个量 A_ν 为协变四维矢量的分量，如果对逆变四维矢量 B^ν 的任意选择有

$$\sum_\nu A_\nu B^\nu = \text{不变量。} \quad\cdots\cdots\cdots\cdots\cdots\cdots (6)$$

协变四维矢量的变换规则来自这个定义。因为如果我们把等式

$$\sum_\sigma A'_\sigma B'^\sigma = \sum_\nu A_\nu B^\nu$$

右边的 B^ν 用由(5a)的逆得到的表达式

$$\sum_\sigma \frac{\partial x_\nu}{\partial x'_\sigma} B'^\sigma$$

替代，我们得到

$$\sum_\sigma B'^\sigma \sum_\nu \frac{\partial x_\nu}{\partial x'_\sigma} A_\nu = \sum_\sigma B'^\sigma A'_\sigma \, 。$$

因为这个等式对 B'^σ 的任意值都成立，所以得到变换规则为

$$A'_\sigma = \sum_\nu \frac{\partial x_\nu}{\partial x'_\sigma} A_\nu \, 。 \quad\cdots\cdots\cdots\cdots\cdots\cdots\cdots \text{(7)}$$

关于表达式简化写法的注： 浏览本节中的等式可以发现，求和总对于在求和符号后面出现两次的指标[例如(5)中的指标 ν]，并且只对出现两次的指标进行。因此，可以省略求和符号而不会导致歧义。所以我们在此引入约定：如果一个指标在一个表达式的一项中出现两次，那么除非有相反的明确说明，否则总是对它求和。

协变四维矢量与逆变四维矢量之间的区别在于变换规则[分别为(7)或(5)]。在上述一般评论的意义上，这两种形式都是张量。它们的重要性就在于此。按照里奇(G. Ricci, 1853—1925)和列维-齐维塔的主张，我们用上标表示逆变特征，用下标表示协变特征。

§6. 二阶和更高阶张量

逆变张量： 如果我们构成两个逆变四维矢量的分量 A^μ 和 B^ν 的所有 16 个乘积 $A^{\mu\nu}$，即

$$A^{\mu\nu} = A^\mu B^\nu \, , \quad\cdots\cdots\cdots\cdots\cdots\cdots\cdots \text{(8)}$$

那么由(8)和(5a)，$A^{\mu\nu}$ 满足变换法则

$$A'^{\sigma\tau} = \frac{\partial x'_\sigma}{\partial x_\mu} \frac{\partial x'_\tau}{\partial x_\nu} A^{\mu\nu} \, 。 \quad\cdots\cdots\cdots\cdots\cdots\cdots\cdots \text{(9)}$$

我们称相对于任何参考系用满足变换法则(9)的 16 个量来描述的东西为二阶逆变张量。并非每个这样的张量都可以由两个四维矢量按照(8)构成，但是容

易证明，任何给定的 16 个 $A^{\mu\nu}$ 都可以表示为四对适当选择的四维矢量 $A^{\mu}B^{\nu}$ 之总成。因而，我们可以通过说明它们是类型(8)的特殊张量，用最简单的方式证明几乎所有适用于用(9)定义的二阶张量的法则。

任意阶逆变张量：很清楚，按照(8)和(9)的方式，三阶逆变张量也可以用 4^3 个分量来定义，更高阶逆变张量也可以类似地定义。以同样的方式，由(8)和(9)可知，逆变四维矢量在这种意义上可以被看作一阶逆变张量。

协变张量：另一方面，如果我们取两个协变四维矢量 A_{μ} 和 B_{ν} 的 16 个乘积

$$A_{\mu\nu} = A_{\mu}B_{\nu}, \quad\cdots\cdots\cdots\cdots\cdots\cdots\cdots (10)$$

那么对它们的变换法则是

$$A'_{\sigma\tau} = \frac{\partial x_{\mu}}{\partial x'_{\sigma}} \frac{\partial x_{\nu}}{\partial x'_{\tau}} A_{\mu\nu}。 \quad\cdots\cdots\cdots\cdots\cdots\cdots (11)$$

这个变换法则定义了二阶协变张量。我们前面关于逆变张量的所有评论都同样适用于协变张量。

注：把标量(或不变量)作为零阶逆变张量或零阶协变张量处理是方便的。

混合张量：我们也可以定义一个类型为

$$A_{\mu}^{\nu} = A_{\mu}B^{\nu} \quad\cdots\cdots\cdots\cdots\cdots\cdots\cdots (12)$$

的二阶张量，它对指标 μ 是协变的，但对指标 ν 是逆变的。它的变换法则是

$$A'^{\tau}_{\sigma} = \frac{\partial x'_{\tau}}{\partial x_{\nu}} \frac{\partial x_{\mu}}{\partial x'_{\sigma}} A_{\mu}^{\nu}。 \quad\cdots\cdots\cdots\cdots\cdots (13)$$

当然也有具有任意个协变特征指标和任意个逆变特征指标的混合张量。协变张量和逆变张量可以被看作混合张量的特殊情况。

对称张量：一个二阶或更高阶逆变张量或协变张量被称为是对称的，如果两个分量相等，且其中一个分量通过交换两个指标可得到另一个分量。于是张量 $A^{\mu\nu}$ 或张量 $A_{\mu\nu}$ 是对称的，如果对于指标 μ, ν 的任何组合分别有

$$A^{\mu\nu} = A^{\nu\mu}, \quad\cdots\cdots\cdots\cdots\cdots\cdots\cdots (14)$$

或者

$$A_{\mu\nu} = A_{\nu\mu}。 \quad\cdots\cdots\cdots\cdots\cdots\cdots\cdots (14a)$$

必须证明这样定义的对称性是一种独立于参考系的性质。事实上，考虑到(14)，由(9)可以得出

$$A'^{\sigma\tau} = \frac{\partial x'_\sigma}{\partial x_\mu}\frac{\partial x'_\tau}{\partial x_\nu}A^{\mu\nu} = \frac{\partial x'_\sigma}{\partial x_\mu}\frac{\partial x'_\tau}{\partial x_\nu}A^{\nu\mu} = \frac{\partial x'_\sigma}{\partial x_\nu}\frac{\partial x'_\tau}{\partial x_\mu}A^{\mu\nu} = A'^{\tau\sigma} \,。$$

其中倒数第二个等式取决于求和指标 μ 和 ν 的互换，即仅取决于符号的改变。

反对称张量： 一个二阶、三阶或四阶的逆变张量或协变张量被称为是反对称的，如果两个分量数值相等但符号相反，且其中一个分量通过交换两个指标可得到另一个分量。于是张量 $A^{\mu\nu}$ 或张量 $A_{\mu\nu}$ 是反对称的，如果总是有

$$A^{\mu\nu} = -A^{\nu\mu} , \quad\cdots\cdots\cdots\cdots\cdots\cdots\cdots\cdots\cdots\text{（15）}$$

或者

$$A_{\mu\nu} = -A_{\nu\mu} 。 \quad\cdots\cdots\cdots\cdots\cdots\cdots\cdots\cdots\text{（15a）}$$

$A^{\mu\nu}$ 的 16 个分量中，4 个分量 $A^{\mu\mu}$ 为零；其余的成对数值相等且符号相反，因此只有 6 个分量在数值上不同(六维矢量)。类似地，我们看到三阶反对称张量 $A^{\mu\nu\sigma}$ 只有 4 个数值上不同的分量，而反对称张量 $A^{\mu\nu\sigma\tau}$ 只有 1 个。在四维连续统中，没有高于四阶的反对称张量。

§7. 张量的乘法

张量的外积： 把一个 n 阶张量的每一个分量与一个 m 阶张量的每一个分量相乘，我们得到一个 $n+m$ 阶张量的各个分量。于是，例如来自不同类型张量 A 和 B 的张量 T 可以是

$$T_{\mu\nu\sigma} = A_{\mu\nu}B_\sigma ,$$
$$T^{\mu\nu\sigma\tau} = A^{\mu\nu}B^{\sigma\tau} ,$$
$$T^{\sigma\tau}_{\mu\nu} = A_{\mu\nu}B^{\sigma\tau} 。$$

T 的张量特征的证明可直接由表达式(8)，(10)，(12)或由变换法则(9)，(11)，(13)给出。等式(8)，(10)，(12)本身是一阶张量外积的例子。

混合张量的"缩并"： 由任何混合张量，我们可以构成一个低两阶的张量，方法是将一个协变特征指标等同于一个逆变特征指标，并对该指标求和（"缩并"）。因此，例如从四阶混合张量 $A^{\sigma\tau}_{\mu\nu}$，我们得到二阶混合张量，

$$A^\tau_\nu = A^{\mu\tau}_{\mu\nu}\Big(= \sum_\mu A^{\mu\tau}_{\mu\nu}\Big) ,$$

并由此通过第二次缩并得到零阶张量

$$A = A^\nu_\nu = A^{\mu\nu}_{\mu\nu} 。$$

缩并结果确实具有张量特征的证明，可以通过把张量根据用(12)的推广与(6)相结合的表示，或者通过(13)的推广来证明。

张量的内积和混合积： 由外积和缩并结合而成。

实例： 由二阶协变张量 $A_{\mu\nu}$ 和一阶逆变张量 B^σ，经由外积构成混合张量

$$D_{\mu\nu}^{\ \ \sigma} = A_{\mu\nu}B^\sigma \, 。$$

通过对指标 ν 和 σ 的缩并，我们得到协变四维矢量

$$D_\mu = D_{\mu\nu}^{\ \ \nu} = A_{\mu\nu}B^\nu \, 。$$

我们称之为张量 $A_{\mu\nu}$ 与 B^ν 的内积。类似地，我们由张量 $A_{\mu\nu}$ 和 $B^{\sigma\tau}$，通过外积和两次缩并，构成内积 $A_{\mu\nu}B^{\mu\nu}$。通过外积和一次缩并，我们由 $A_{\mu\nu}$ 和 $B^{\sigma\tau}$ 得到二阶混合张量 $D_\mu^{\ \tau}=A_{\mu\nu}B^{\nu\tau}$。这种运算可以恰当地描述为混合运算，相对于指标 μ 和 τ 是"外"积，相对于指标 ν 和 σ 是"内"积。

我们现在证明一个命题，它常常用作张量特征的证据。根据刚才的说明，如果 $A_{\mu\nu}$ 和 $B^{\mu\nu}$ 是张量，那么 $A_{\mu\nu}B^{\mu\nu}$ 是标量。但是我们也可以作出如下断言：如果 $A_{\mu\nu}B^{\mu\nu}$ 对于张量 $B^{\mu\nu}$ 的任意选择是标量，那么 $A_{\mu\nu}$ 具有张量特征。这是因为，根据假设，对于任意代换，有

$$A'_{\sigma\tau}B'^{\sigma\tau} = A_{\mu\nu}B^{\mu\nu} \, 。$$

但是(9)的逆给出

$$B^{\mu\nu} = \frac{\partial x_\mu}{\partial x'_\sigma} \frac{\partial x_\nu}{\partial x'_\tau} B'^{\sigma\tau} \, 。$$

把它代入以上等式，得出

$$\left(A'_{\sigma\tau} - \frac{\partial x_\mu}{\partial x'_\sigma} \frac{\partial x_\nu}{\partial x'_\tau} A_{\mu\nu} \right) B'^{\sigma\tau} = 0 \, 。$$

上式仅当括号为零时才对任意 $B'^{\sigma\tau}$ 成立。然后由等式(11)即可得出这个结果。这个法则可以相应地应用于任何阶次和特征的张量，并且在所有情况下，证明都是相似的。

这条规则也可以用以下方式证明：如果 B^μ 和 C^ν 是任意矢量，并且如果对于这些矢量的所有值，内积 $A_{\mu\nu}B^\mu C^\nu$ 是一个标量，那么 $A_{\mu\nu}$ 是一个协变张量。这后一个命题即使在只有以下更特殊规定的情况下也是成立的，即对于四维矢量 B^μ 的任何选择，内积 $A_{\mu\nu}B^\mu B^\nu$ 是一个标量，并且已知 $A_{\mu\nu}$ 满足 $A_{\mu\nu}=A_{\nu\mu}$ 这个对称

条件。因为由上面给出的方法，我们可以证明$(A_{\mu\nu}+A_{\nu\mu})$的张量特征，并且由此以及根据对称性，得到$A_{\mu\nu}$的张量特征。这也可以很容易地推广到任何阶的协变张量和逆变张量。

最后，从前面已证明的东西可以得出，以下法则也可以推广到任何张量：对于四维矢量B^ν的任意选择，如果量$A_{\mu\nu}B^\nu$构成一个一阶张量，那么$A_{\mu\nu}$是一个二阶张量。这是因为，如果C^μ是任意四维矢量，那么由于$A_{\mu\nu}B^\nu$的张量特征，内积$A_{\mu\nu}B^\nu C^\mu$对于任意选择的两个四维矢量B^ν和C^μ都是一个标量。由此就证明了这个命题。

§ 8. 基本张量 $g_{\mu\nu}$

协变基本张量：在以下线元平方的不变表达式中，

$$\mathrm{d}s^2 = g_{\mu\nu}\mathrm{d}x_\mu\mathrm{d}x_\nu,$$

$\mathrm{d}x_\mu$起的作用是一个可以任意选择的逆变矢量。此外，由于$g_{\mu\nu}=g_{\nu\mu}$，从上一节的考虑可知，$g_{\mu\nu}$是一个二阶协变张量。我们称之为"基本张量"。下面我们将推导出这个张量的一些性质，这其实适用于任何二阶张量。但是由于基本张量在我们的理论中起着特殊的作用，即它在引力的奇特效应中有其物理基础，因此将要发展的关系恰好只有在基本张量的情况对我们有重要性。

逆变基本张量：在由单元$g_{\mu\nu}$构成的行列式中，如果我们取每个$g_{\mu\nu}$的余因子①并除以行列式$g=|g_{\mu\nu}|$，我们会得到某些量$g^{\mu\nu}(=g^{\nu\mu})$，正如我们将要证明的，这些量构成了一个逆变张量。

根据行列式的一个已知性质

$$g_{\mu\sigma}g^{\nu\sigma} = \delta_\mu^\nu, \quad\cdots\cdots\cdots\cdots\cdots\cdots\cdots\cdots\cdots \text{（16）}$$

其中根据$\mu=\nu$或$\mu\neq\nu$，符号δ_μ^ν分别表示 1 或 0。

于是，代替上述$\mathrm{d}s^2$的表达式，我们可以写出

$$g_{\mu\sigma}\delta_\nu^\sigma\mathrm{d}x_\mu\mathrm{d}x_\nu,$$

或者，由(16)，有

$$g_{\mu\sigma}g_{\nu\tau}g^{\sigma\tau}\mathrm{d}x_\mu\mathrm{d}x_\nu \text{ 。}$$

---

① 对$g_{\mu\nu}$构成的行列式，去掉第μ行第ν列后形成的行列式叫作$g_{\mu\nu}$的余因子。——中译者注

但是，根据前一节的乘法规则，以下各个量

$$\mathrm{d}\xi_{\sigma} = g_{\mu\sigma}\mathrm{d}x_{\mu}$$

构成一个协变四维矢量，并且实际上构成一个任意矢量，因为 $\mathrm{d}x_{\mu}$ 是任意的。把它代入我们的表达式中，得到

$$\mathrm{d}s^2 = g^{\sigma\tau}\mathrm{d}\xi_{\sigma}\mathrm{d}\xi_{\tau}。$$

由于对矢量 $\mathrm{d}\xi_{\sigma}$ 的任意选择，又由于它是一个标量，并且根据它的定义 $g^{\sigma\tau}$ 对指标 σ 和 τ 是对称的，所以根据上节的结果，$g^{\sigma\tau}$ 是一个逆变张量。

进而从(16)可知，δ_{μ} 也是一个张量，我们可以称之为混合基本张量。

基本张量的行列式： 根据行列式的乘法规则，

$$\left| g_{\mu\alpha}g^{\alpha\nu} \right| = \left| g_{\mu\alpha} \right| \times \left| g^{\alpha\nu} \right|。$$

另一方面，

$$\left| g_{\mu\alpha}g^{\alpha\nu} \right| = \left| \delta_{\mu}^{\nu} \right| = 1。$$

因此有

$$\left| g_{\mu\nu} \right| \times \left| g^{\mu\nu} \right| = 1。 \quad\cdots\cdots\cdots\cdots\cdots\cdots\cdots\cdots\cdots \quad (17)$$

体积标量： 我们首先寻找行列式 $g = \left| g_{\mu\nu} \right|$ 的变换法则。根据(11)，

$$g' = \left| \frac{\partial x_{\mu}}{\partial x'_{\sigma}}\frac{\partial x}{\partial x'_{\tau}}g_{\mu\nu} \right|。$$

从而，通过两次应用行列式乘法规则可以得出

$$g' = \left| \frac{\partial x_{\mu}}{\partial x'_{\sigma}} \right| \cdot \left| \frac{\partial x_{\nu}}{\partial x'_{\tau}} \right| \cdot \left| g_{\mu\nu} \right| = \left| \frac{\partial x_{\mu}}{\partial x'_{\sigma}} \right|^2 g,$$

或者

$$\sqrt{g'} = \left| \frac{\partial x_{\mu}}{\partial x'_{\sigma}} \right| \sqrt{g}。$$

另一方面，根据雅可比定理，体积元

$$\mathrm{d}\tau = \int \mathrm{d}x_1 \mathrm{d}x_2 \mathrm{d}x_3 \mathrm{d}x_4$$

的变换法则为

$$\mathrm{d}\tau' = \left| \frac{\partial x'_{\sigma}}{\partial x_{\mu}} \right| \mathrm{d}\tau。$$

把最后两个等式相乘，我们得到

$$\sqrt{g'}\, \mathrm{d}\tau' = \sqrt{g}\, \mathrm{d}\tau。 \quad\cdots\cdots\cdots\cdots\cdots\cdots\cdots\cdots\cdots\cdots (18)$$

代替 $\sqrt{g}$，我们在下文中引入 $\sqrt{-g}$ 这个量，由于时空连续统的双曲特征，这个量总是实数。不变量 $\sqrt{-g}\, \mathrm{d}\tau$ 等于"局部"参考系中四维体积元的大小，在狭义相对论的意义上，它是用刚性杆和钟测量得到的。

关于时空连续统特征的注：我们假设狭义相对论总是可以应用于无限小的区域，这意味着 $\mathrm{d}s^2$ 总是可以根据（1）用实数 $\mathrm{d}X_1$，$\cdots$，$\mathrm{d}X_4$ 表示。如果我们用 $\mathrm{d}\tau_0$ 表示体积为 $\mathrm{d}X_1$，$\mathrm{d}X_2$，$\mathrm{d}X_3$，$\mathrm{d}X_4$ 的"自然"体积元，那么

$$\mathrm{d}\tau_0 = \sqrt{-g}\, \mathrm{d}\tau。 \quad\cdots\cdots\cdots\cdots\cdots\cdots\cdots\cdots (18a)$$

如果 $\sqrt{-g}$ 在四维连续统的某一点上为零，那就意味着在这一点上，一个无穷小"自然"体积将对应于坐标系中一个有限体积。让我们假设这永远不会发生。那么 g 不可能改变符号。我们将假设，在狭义相对论的意义上，g 总是有一个有限的负值。这是对所考虑的连续统的物理性质的一种假设，同时也是坐标系选择的一个惯例。

但是如果 $-g$ 总是有限的和正的，那么很自然会后验地这样选择坐标，使这个量总是等于一单位。我们将在后面看到，通过对坐标系选择的这种限制，有可能达成自然规律的重要简化。

代替（18），我们将简单地有 $\mathrm{d}\tau' = \mathrm{d}\tau$，根据雅可比定理，可由此得出

$$\left| \frac{\partial x'_\sigma}{\partial x_\mu} \right| = 1。 \quad\cdots\cdots\cdots\cdots\cdots\cdots\cdots\cdots (19)$$

因此，对坐标系的这种选择，只允许行列式为 1 的代换。

但是，如果相信这一步骤表明部分地放弃了广义相对性假设，那就错了。我们不会问"对于行列式为 1 的所有代换是协变的自然规律是什么样的？"但是我们的问题是"广义协变的自然规律是什么样的？"这要到我们把它们公式化以后，才算通过选择特定的参考系来简化它们的表达式。

用基本张量构成新张量：一个张量与基本张量作内积、外积和混合积会给出不同特征和阶的张量。例如，

$$A^\mu = g^{\mu\sigma} A_\sigma,$$

$$A = g_{\mu\nu} \nu A^{\mu\nu}。$$

以下形式特别值得注意：

$$A^{\mu\nu} = g^{\mu\alpha}g^{\nu\beta}A_{\alpha\beta},$$

$$A_{\mu\nu} = g_{\mu\alpha}g_{\nu\beta}A^{\alpha\beta}$$

（分别为协变和逆变张量的"补"），以及

$$B_{\mu\nu} = g_{\mu\nu}g^{\alpha\beta}A_{\alpha\beta}\,。$$

我们称 $B_{\mu\nu}$ 为与 $A_{\mu\nu}$ 相伴的约化张量。类似地，

$$B^{\mu\nu} = g^{\mu\nu}g_{\alpha\beta}A^{\alpha\beta}\,。$$

注意 $g^{\mu\nu}$ 只不过是 $g_{\mu\nu}$ 的补，因为

$$g^{\mu\alpha}g^{\nu\beta}g_{\alpha\beta} = g^{\mu\alpha}\delta_\alpha^\nu = g^{\mu\nu}\,。$$

§9. 测地线方程

由于线元 ds 的定义独立于坐标系，在四维连续统的两点 P 和 P' 之间作这样的连线(测地线)，它使得 $\int ds$ 定常，并且也与坐标选择无关。它的方程是

$$\delta\int_P^{P'} ds = 0\,。 \quad\cdots\cdots\cdots\cdots\cdots\cdots\cdots\cdots (20)$$

以通常的方式进行变分，我们从这个方程获得定义测地线的 4 个微分方程；为完整起见，这里将添加这个运算。设 λ 是坐标 x_ν 的函数，并设它定义了一族与所需的测地线以及通过点 P 和 P' 画出的与其紧邻的所有线相交的曲面。任何这样的线都可以通过将其坐标 x_ν 表示为 λ 的函数来给出。设符号 δ 表示从所要求测地线上的点到相邻线上对应于相同 λ 的点的转变。那么我们可以用

$$\left.\begin{array}{l}\int_{\lambda_1}^{\lambda_2}\delta w\,d\lambda = 0 \\[2mm] w^2 = g_{\mu\nu}\dfrac{dx_\mu}{d\lambda}\dfrac{dx_\nu}{d\lambda}\end{array}\right\} \cdots\cdots\cdots\cdots\cdots (20a)$$

来代替(20)。但是，因为

$$\delta w = \frac{1}{w}\left\{\frac{1}{2}\frac{\partial g_{\mu\nu}}{\partial x_\sigma}\frac{dx_\mu}{d\lambda}\frac{dx_\nu}{d\lambda}\delta x_\sigma + g_{\mu\nu}\frac{dx_\mu}{d\lambda}\delta\left(\frac{dx_\nu}{d\lambda}\right)\right\},$$

以及

$$\delta\left(\frac{dx_\nu}{d\lambda}\right) = \frac{d}{d\lambda}(\delta x_\nu),$$

经过部分积分后，我们由(20a)得到

$$\int_{\lambda_1}^{\lambda_2} \kappa_\sigma \delta x_\sigma \mathrm{d}\lambda = 0,$$

其中

$$\kappa_\sigma = \frac{\mathrm{d}}{\mathrm{d}\lambda}\left\{\frac{g_{\mu\nu}}{w}\frac{\mathrm{d}x_\mu}{\mathrm{d}\lambda}\right\} - \frac{1}{2w}\frac{\partial g_{\mu\nu}}{\partial x_\sigma}\frac{\mathrm{d}x_\mu}{\mathrm{d}\lambda}\frac{\mathrm{d}x_\nu}{\mathrm{d}\lambda}。 \quad\cdots\cdots\cdots\cdots (20b)$$

因为 δx_σ 的值是任意的，由此得出

$$\kappa_\sigma = 0 \quad\cdots\cdots\cdots\cdots\cdots\cdots\cdots (20c)$$

是测地线的方程。

如果 $\mathrm{d}s$ 沿着测地线不为零，那么我们可以选择沿着测地线测量的"弧的长度"s 作为参数 λ。于是 $w = 1$，代替(20c)，我们得到

$$g_{\mu\nu}\frac{\mathrm{d}^2 x_\mu}{\mathrm{d}s^2} + \frac{\partial g_{\mu\nu}}{\partial x_\sigma}\frac{\mathrm{d}x_\sigma}{\mathrm{d}s}\frac{\mathrm{d}x_\mu}{\mathrm{d}s} - \frac{1}{2}\frac{\partial g_{\mu\nu}}{\partial x_\sigma}\frac{\mathrm{d}x_\mu}{\mathrm{d}s}\frac{\mathrm{d}x_\nu}{\mathrm{d}s} = 0,$$

或者，只是改变记法，

$$g_{\alpha\sigma}\frac{\mathrm{d}^2 x_\alpha}{\mathrm{d}s^2} + [\mu\nu,\ \sigma]\frac{\mathrm{d}x_\mu}{\mathrm{d}s}\frac{\mathrm{d}x_\nu}{\mathrm{d}s} = 0, \quad\cdots\cdots\cdots (20d)$$

其中遵循克里斯托费尔(E. Christoffel，1829—1900)，我们记

$$[\mu\nu,\ \sigma] = \frac{1}{2}\left(\frac{\partial g_{\mu\sigma}}{\partial x_\nu} + \frac{\partial g_{\nu\sigma}}{\partial x_\mu} - \frac{\partial g_{\mu\nu}}{\partial x_\sigma}\right)。 \quad\cdots\cdots\cdots (21)$$

最后，如果把(20d)乘以 $g^{\sigma\tau}$(对 τ 作外积，对 σ 作内积)，我们得到测地线方程的形式为

$$\frac{\mathrm{d}^2 x_\tau}{\mathrm{d}s^2} + \{\mu\nu,\ \tau\}\frac{\mathrm{d}x_\mu}{\mathrm{d}s}\frac{\mathrm{d}x_\nu}{\mathrm{d}s} = 0, \quad\cdots\cdots\cdots\cdots (22)$$

其中遵循克里斯托费尔，我们令

$$\{\mu\nu,\ \tau\} = g^{\tau\alpha}[\mu\nu,\ \alpha]。 \quad\cdots\cdots\cdots\cdots\cdots (23)$$

§ 10. 用微分构成张量

借助测地线方程，我们现在可以很容易推导出旧张量通过微分构成新张量的规则。用这种方法，我们得以第一次用公式表示广义协变的微分方程。我们可以通过重复应用下面的简单规则来达到这个目的：

如果在我们的连续统中给定一条曲线，其上的点由曲线上一个固定点到该点的弧长 s 来确定，并且如果又有，ϕ 是空间的一个不变函数，那么 $\dfrac{\mathrm{d}\phi}{\mathrm{d}s}$ 也是一个不变量。证明的要点在于，$\mathrm{d}s$ 与 $\mathrm{d}\phi$ 一样是不变量。

因为

$$\frac{\mathrm{d}\phi}{\mathrm{d}s} = \frac{\partial\phi}{\partial x_\mu}\frac{\mathrm{d}x_\mu}{\mathrm{d}s},$$

所以

$$\psi = \frac{\partial\phi}{\partial x_\mu}\frac{\mathrm{d}x_\mu}{\mathrm{d}s}$$

也是一个不变量，它对于从连续统的一个点开始的所有曲线，也就是对于矢量 $\mathrm{d}x_\mu$ 的任何选择都是不变的，因此立即可知

$$A_\mu = \frac{\partial\phi}{\partial x_\mu} \quad \cdots\cdots\cdots\cdots\cdots\cdots\cdots\cdots\cdots\cdots\cdots\cdots\cdots \text{（24）}$$

是一个协变四维矢量——ϕ 的"梯度"。

根据我们的规则，在曲线上取的导数

$$\chi = \frac{\mathrm{d}\psi}{\mathrm{d}s}$$

也同样是一个不变量。代入 ψ 的值，我们首先得到

$$\chi = \frac{\partial^2\phi}{\partial x_\mu\partial x_\nu}\frac{\mathrm{d}x_\mu}{\mathrm{d}s}\frac{\mathrm{d}x_\nu}{\mathrm{d}s} + \frac{\partial\phi}{\partial x_\mu}\frac{\mathrm{d}^2 x_\mu}{\mathrm{d}s^2},$$

张量的存在不能由此立即导出。但是如果我们可以把测地线作为沿着它取微分的曲线，我们就可以通过代入（22）中的 $\dfrac{\mathrm{d}^2 x_\nu}{\mathrm{d}s^2}$ 得到

$$\chi = \left(\frac{\partial^2\phi}{\partial x_\mu\partial x_\nu} - \{\mu\nu,\ \tau\}\frac{\partial\phi}{\partial x_\tau}\right)\frac{\mathrm{d}x_\mu}{\mathrm{d}s}\frac{\mathrm{d}x_\nu}{\mathrm{d}s}。$$

因为我们可以交换微分的次序，又因为由（23）和（21），$\{\mu\nu,\ \tau\}$ 关于 μ 和 ν 是对称的，由此可知括号中的表达式关于 μ 和 ν 是对称的。由于测地线可以从连续统的一点在任何方向上作出，因此 $\dfrac{\mathrm{d}x_\mu}{\mathrm{d}s}$ 是一个四维矢量，其分量比是任意的，由 §7 的结果可以得出

$$A_{\mu\nu} = \frac{\partial^2 \phi}{\partial x_\mu \partial x_\nu} - \{\mu\nu, \ \tau\} \frac{\partial \phi}{\partial x_\tau} \quad \cdots\cdots\cdots\cdots\cdots \quad (25)$$

是一个二阶协变张量。因此，我们得到以下结果：由一阶协变张量

$$A_\mu = \frac{\partial \phi}{\partial x_\mu},$$

我们可以通过微分构成一个二阶协变张量

$$A_{\mu\nu} = \frac{\partial A_\mu}{\partial x_\nu} - \{\mu\nu, \ \tau\} A_\tau \circ \quad \cdots\cdots\cdots\cdots\cdots \quad (26)$$

我们称张量 $A_{\mu\nu}$ 为张量 A_μ 的"扩张"（协变导数）。首先，我们可以很容易地证明，即使矢量 A_μ 不能表示为梯度，这种运算也会产生一个张量。为了看出这一点，我们首先注意到，如果 ψ 和 ϕ 是标量，那么

$$\psi \frac{\partial \phi}{\partial x_\mu}$$

是一个协变矢量。如果 $\psi^{(1)}$，$\phi^{(1)}$，$\cdots$，$\psi^{(4)}$，$\phi^{(4)}$ 是标量，四个这样的项之和

$$S_\mu = \psi^{(1)} \frac{\partial \phi^{(1)}}{\partial x_\mu} + \cdots + \cdots + \psi^{(4)} \frac{\partial \phi^{(4)}}{\partial x_\mu}$$

也是一个协变矢量。但是很清楚，任何协变矢量都可以用 S_μ 的形式表示。因为，如果 A_μ 是一个矢量，其中它的分量是 x_ν 的任意给定函数，那么为确保 $S_\mu = A_\mu$，我们只需取（对所选的坐标系）

$$\psi^{(1)} = A_1, \quad \phi^{(1)} = x_1,$$
$$\psi^{(2)} = A_2, \quad \phi^{(2)} = x_2,$$
$$\psi^{(3)} = A_3, \quad \phi^{(3)} = x_3,$$
$$\psi^{(4)} = A_4, \quad \phi^{(4)} = x_4 \circ$$

因此，为了证明当任何协变矢量被代入到右边的 A_μ 时，$A_{\mu\nu}$ 仍是一个张量，我们只需要证明这一点对于矢量 S_μ 成立就可以了。但是对于后一个目的来说，看一下（26）的右边可以知道，只要给出在

$$A_\mu = \psi \frac{\partial \phi}{\partial x_\mu}$$

情况下的证明就可以了。现在把（25）的右边乘以 ψ，

$$\psi \frac{\partial^2 \phi}{\partial x_\mu \partial x_\nu} - \{\mu\nu, \ \tau\} \psi \frac{\partial \phi}{\partial x_\tau}$$

是一个张量。类似地，两个矢量的外积

$$\frac{\partial \psi}{\partial x_\mu} \frac{\partial \phi}{\partial x_\nu}$$

是一个张量。由加法得出下式的张量特征，

$$\frac{\partial}{\partial x_\nu}\left(\psi \frac{\partial \phi}{\partial x_\mu}\right) - \{\mu\nu,\ \tau\}\left(\psi \frac{\partial \phi}{\partial x_\tau}\right) 。$$

看一下（26）就会知道，这就完成了对矢量

$$\psi \frac{\partial \phi}{\partial x_\mu}$$

的证明，因此，根据以前已经证明了的结果，这也就完成了对任何矢量 A_μ 的证明。

借助矢量的扩张，我们很容易定义任意阶协变张量的"扩张"。这种运算是矢量扩张的推广。我们只限于二阶张量的情况，因为这足以对构成法则给出清晰的概念。

正如已经观察到的，任何二阶协变张量都可以表示为[①] $A_\mu B_\nu$ 类型的张量之和。因此，导出这种特殊类型的张量扩张的表达式就可以了。由（26），表达式

$$\frac{\partial A_\mu}{\partial x_\sigma} - \{\sigma\mu,\ \tau\} A_\tau,$$

$$\frac{\partial B_\nu}{\partial x_\sigma} - \{\sigma\nu,\ \tau\} B_\tau$$

是张量。把第一个与 B_ν 作外积，第二个与 A_μ 作外积，我们在每种情况下都得到一个三阶张量。把它们相加，我们得到三阶张量

$$A_{\mu\nu\sigma} = \frac{\partial A_{\mu\nu}}{\partial x_\sigma} - \{\sigma\mu,\ \tau\} A_{\tau\nu} - \{\sigma\nu,\ \tau\} A_{\mu\tau}, \quad \cdots\cdots\cdots\cdots (27)$$

---

① 通过对具有任意分量 A_{11}，A_{12}，A_{13}，A_{14} 的矢量与具有分量 1，0，0，0 的矢量作外积，我们产生了一个具有分量

A_{11}	A_{12}	A_{13}	A_{14}
0	0	0	0
0	0	0	0
0	0	0	0

的张量。将这种类型的 4 个张量相加，我们得到一个有任意指定分量的张量 $A_{\mu\nu}$。

其中我们令 $A_{\mu\nu}=A_\mu B_\nu$。由于(27)的右边对 $A_{\mu\nu}$ 及其一阶导数是线性的和齐次的，所以这个张量构成法则导致一个张量，不仅在 $A_\mu B_\nu$ 类型张量的情况下成立，而且在这样的张量之和，即任何二阶协变张量的情况下也成立。我们称 $A_{\mu\nu\sigma}$ 为张量 $A_{\mu\nu}$ 的扩张。

很清楚，(26)和(24)只涉及扩张的特殊情况(分别是一阶张量和零阶张量的扩张)。

一般说来，所有特殊的张量构成法则都包括在(27)并结合张量的乘法中。

§11. 一些特别重要的案例

基本张量：我们将首先证明一些以后有用的引理。根据行列式的微分法则

$$\mathrm{d}g = g^{\mu\nu}g\,\mathrm{d}g_{\mu\nu} = -\,g_{\mu\nu}g\,\mathrm{d}g^{\mu\nu}。\quad\cdots\cdots\cdots\cdots\cdots\cdots\quad(28)$$

最后一项是从倒数第二项得到的，如果我们记得 $g_{\mu\nu}g^{\mu'\nu}=\delta_\mu^{\mu'}$，那么 $g_{\mu\nu}g^{\mu\nu}=4$，因此

$$g_{\mu\nu}\mathrm{d}g^{\mu\nu} + g^{\mu\nu}\mathrm{d}g_{\mu\nu} = 0。$$

由(28)可以得出

$$\frac{1}{\sqrt{-g}}\frac{\partial\sqrt{-g}}{\partial x_\sigma} = \frac{1}{2}\frac{\partial\log(-g)}{\partial x_\sigma} = \frac{1}{2}g^{\mu\nu}\frac{\partial g_{\mu\nu}}{\partial x_\sigma} = \frac{1}{2}g_{\mu\nu}\frac{\partial g^{\mu\nu}}{\partial x_\sigma}。\quad\cdots\cdots\quad(29)$$

此外，由于 $g_{\mu\sigma}g^{\nu\sigma}=\delta_\mu^\nu$，微分后得到

$$\left.\begin{array}{l} g_{\mu\sigma}\mathrm{d}g^{\nu\sigma} = -\,g^{\nu\sigma}\mathrm{d}g_{\mu\sigma} \\[2mm] g_{\mu\sigma}\dfrac{\partial g^{\nu\sigma}}{\partial x_\lambda} = -\,g^{\nu\sigma}\dfrac{\partial g_{\mu\sigma}}{\partial x_\lambda} \end{array}\right\}\quad\cdots\cdots\cdots\cdots\cdots\cdots\quad(30)$$

由此，通过分别与 $g^{\sigma\tau}$ 和 $g_{\nu\lambda}$ 作混合积，并改变对指标的标记，我们有

$$\left.\begin{array}{l} \mathrm{d}g^{\mu\nu} = -\,g^{\mu\alpha}g^{\nu\beta}\mathrm{d}g_{\alpha\beta} \\[2mm] \dfrac{\partial g^{\mu\nu}}{\partial x_\sigma} = -\,g^{\mu\alpha}g^{\nu\beta}\dfrac{\partial g_{\alpha\beta}}{\partial x_\sigma} \end{array}\right\}\quad\cdots\cdots\cdots\cdots\cdots\cdots\quad(31)$$

和

$$\left.\begin{array}{l} \mathrm{d}g_{\mu\nu} = -\,g_{\mu\alpha}g_{\nu\beta}\mathrm{d}g^{\alpha\beta} \\[2mm] \dfrac{\partial g_{\mu\nu}}{\partial x_\sigma} = -\,g_{\mu\alpha}g_{\nu\beta}\dfrac{\partial g^{\alpha\beta}}{\partial x_\sigma} \end{array}\right\}\quad\cdots\cdots\cdots\cdots\cdots\cdots\quad(32)$$

关系式(31)可以导致我们经常使用的一个变换。由(21)

$$\frac{\partial g_{\alpha\beta}}{\partial x_{\sigma}} = [\alpha\sigma, \beta] + [\beta\sigma, \alpha]。 \quad\cdots\cdots\cdots\cdots\cdots (33)$$

将它代入(31)的第二个式子，我们由(23)得到

$$\frac{\partial g^{\mu\nu}}{\partial x_{\sigma}} = - g^{\mu\tau}\{\tau\sigma, \nu\} - g^{\nu\tau}\{\tau\sigma, \mu\}。 \quad\cdots\cdots\cdots\cdots (34)$$

将(34)的右边代入(29)中，我们得到

$$\frac{1}{\sqrt{-g}}\frac{\partial \sqrt{-g}}{\partial x_{\sigma}} = \{\mu\sigma, \mu\}。 \quad\cdots\cdots\cdots\cdots\cdots (29a)$$

逆变矢量的"散度"：如果我们取(26)与逆变基本张量 $g^{\mu\nu}$ 作内积，那么把第一项变换后，等式右边有以下形式

$$\frac{\partial}{\partial x_{\nu}}(g^{\mu\nu}A_{\mu}) - A_{\mu}\frac{\partial g^{\mu\nu}}{\partial x_{\nu}} - \frac{1}{2}g^{\tau\alpha}\left(\frac{\partial g_{\mu\alpha}}{\partial x_{\nu}} + \frac{\partial g_{\nu\alpha}}{\partial x_{\mu}} - \frac{\partial g_{\mu\nu}}{\partial x_{\alpha}}\right)g^{\mu\nu}A_{\tau}。$$

根据(31)和(29)，这个表达式的最后一项可以写成

$$\frac{1}{2}\frac{\partial g^{\tau\nu}}{\partial x_{\nu}}A_{\tau} + \frac{1}{2}\frac{\partial g^{\tau\mu}}{\partial x_{\mu}}A_{\tau} + \frac{1}{\sqrt{-g}}\frac{\partial \sqrt{-g}}{\partial x_{\alpha}}g^{\mu\nu}A_{\tau}。$$

由于求和指标的符号无关紧要，所以这个表达式的前两项抵消了前一个表达式的第二项。然后，如果我们记 $g^{\mu\nu}A_{\mu}=A^{\nu}$，那么 A^{ν} 像 A_{μ} 一样是一个任意矢量，我们最后得到

$$\Phi = \frac{1}{\sqrt{-g}}\frac{\partial}{\partial x_{\nu}}(\sqrt{-g}A^{\nu})。 \quad\cdots\cdots\cdots\cdots\cdots (35)$$

这个标量是逆变矢量 A^{ν} 的散度。

协变矢量的"旋度"：(26)中的第二项关于指标 μ 和 ν 是对称的。因此，$A_{\mu\nu}-A_{\nu\mu}$ 是一个构造特别简单的反对称张量。我们得到

$$B_{\mu\nu} = \frac{\partial A_{\mu}}{\partial x_{\nu}} - \frac{\partial A_{\nu}}{\partial x_{\mu}}。 \quad\cdots\cdots\cdots\cdots\cdots (36)$$

一个六维矢量的反对称扩张：应用(27)于一个二阶反对称张量 $A_{\mu\nu}$，此外还构成由指标循环置换产生的两个方程，把这三个方程加在一起，我们得到三阶张量

$$B_{\mu\nu\sigma} = A_{\mu\nu\sigma} + A_{\nu\sigma\mu} + A_{\sigma\mu\nu} = \frac{\partial A_{\mu\nu}}{\partial x_\sigma} + \frac{\partial A_{\nu\sigma}}{\partial x_\mu} + \frac{\partial A_{\sigma\mu}}{\partial x_\nu}, \quad \cdots\cdots\cdots\cdots (37)$$

很容易证明它是反对称的。

一个六维矢量的散度：取(27)与 $g^{\mu\alpha}g^{\nu\beta}$ 的混合积，我们也得到一个张量。(27)右边的第一项可以写成以下形式

$$\frac{\partial}{\partial x_\sigma}(g^{\mu\alpha}g^{\nu\beta}A_{\mu\nu}) - g^{\mu\alpha}\frac{\partial g^{\nu\beta}}{\partial x_\sigma}A_{\mu\nu} - g^{\nu\beta}\frac{\partial g^{\mu\alpha}}{\partial x_\sigma}A_{\mu\nu} \text{。}$$

如果我们把 $g^{\mu\alpha}g^{\nu\beta}A_{\mu\nu\sigma}$ 记为 $A_\sigma^{\alpha\beta}$，把 $g^{\mu\alpha}g^{\nu\beta}A_{\mu\nu}$ 记为 $A^{\alpha\beta}$，变换后的第一项用(34)给出的值代替

$$\frac{\partial g^{\nu\beta}}{\partial x_\sigma} \text{ 和} \frac{\partial g^{\mu\alpha}}{\partial x_\sigma},$$

从(27)的右边得到一个由七项组成的表达式，其中四项相互抵消，留下的是

$$A_\sigma^{\alpha\beta} = \frac{\partial A^{\alpha\beta}}{\partial x_\sigma} + \{\sigma\gamma, \ \alpha\}A^{\gamma\beta} + \{\sigma\gamma, \ \beta\}A^{\alpha\gamma} \text{。} \quad \cdots\cdots\cdots\cdots (38)$$

这是二阶逆变张量的扩张的表达式，也可以对更高阶和更低阶逆变张量的扩张构成相应的表达式。

我们注意到，以类似的方式，我们也可以构成混合张量的扩张：

$$A_{\mu\sigma}^{\alpha} = \frac{\partial A_\mu^{\alpha}}{\partial x_\sigma} - \{\sigma\mu, \ \tau\}A_\tau^{\alpha} + \{\sigma\tau, \ \alpha\}A_\mu^{\tau} \text{。} \quad \cdots\cdots\cdots\cdots (39)$$

把(38)对指标 β 和 σ 缩并(通过与 δ_β^σ 作内积)，我们得到矢量

$$A^{\alpha} = \frac{\partial A^{\alpha\beta}}{\partial x_\beta} + \{\beta\gamma, \ \beta\}A^{\alpha\gamma} + \{\beta\gamma, \ \alpha\}A^{\gamma\beta} \text{。}$$

由于 $\{\beta\gamma, \ \alpha\}$ 关于指标 β 和 γ 的对称性，如同我们将假设的，如果 $A^{\alpha\beta}$ 是一个反对称张量，则右边的第三项为零。第二项可以根据(29a)变换。因此我们得到

$$A^{\alpha} = \frac{1}{\sqrt{-g}}\frac{\partial(\sqrt{-g}A^{\alpha\beta})}{\partial x_\beta} \text{。} \quad \cdots\cdots\cdots\cdots\cdots (40)$$

这是一个逆变六维矢量的散度的表达式。

二阶混合张量的散度：相对于指标 α 和 σ 缩并(39)，考虑到(29a)，我们得到

$$\sqrt{-g}A_\mu = \frac{\partial(\sqrt{-g}A_\mu^\sigma)}{\partial x_\sigma} - \{\sigma\mu, \ \tau\}\sqrt{-g}A_\tau^\sigma \text{。} \quad \cdots\cdots\cdots (41)$$

如果我们在最后一项中引入逆变张量 $A^{\rho\sigma} = g^{\rho\tau}A^\sigma_\tau$，假设它有形式

$$-\left[\sigma\mu,\ \rho\right]\sqrt{-g}\,A^{\rho\sigma}\ 。$$

进而，如果张量 $A^{\rho\sigma}$ 是对称的，它约化为

$$-\frac{1}{2}\sqrt{-g}\,\frac{\partial g_{\rho\sigma}}{\partial x_\mu}A^{\rho\sigma}\ 。$$

如果我们替代 $A^{\rho\sigma}$ 引入也是对称的协变张量 $A_{\rho\sigma} = g_{\rho\alpha}g_{\sigma\beta}A^{\alpha\beta}$，由于（31），最后一项会有形式

$$\frac{1}{2}\sqrt{-g}\,\frac{\partial g^{\rho\sigma}}{\partial x_\mu}A_{\rho\sigma}\ 。$$

在所讨论的对称情况下，（41）因此可以用以下两种形式代替

$$\sqrt{-g}\,A_\mu = \frac{\partial(\sqrt{-g}\,A^\sigma_\mu)}{\partial x_\sigma} - \frac{1}{2}\frac{\partial g_{\rho\sigma}}{\partial x_\mu}\sqrt{-g}\,A^{\rho\sigma}, \quad\cdots\cdots\cdots\cdots\ (41a)$$

$$\sqrt{-g}\,A_\mu = \frac{\partial(\sqrt{-g}\,A^\sigma_\mu)}{\partial x_\sigma} + \frac{1}{2}\frac{\partial g^{\rho\sigma}}{\partial x_\mu}\sqrt{-g}\,A_{\rho\sigma}, \quad\cdots\cdots\cdots\cdots\ (41b)$$

这是我们以后必须要用到的。

§12. 黎曼–克里斯托费尔张量

我们现在寻找只从基本张量通过微分就可以得到的张量。乍一看，解决方案似乎显而易见。我们用基本张量 $g_{\mu\nu}$ 代替任何给定的张量 $A_{\mu\nu}$ 代入（27）中，这样就有了一个新的张量，即基本张量的扩张。但是我们很容易发现，这种扩张总是为零。然而我们可以用以下方式达到目的。在（27）中取

$$A_{\mu\nu} = \frac{\partial A_\mu}{\partial x_\nu} - \{\mu\nu,\ \rho\}A_\rho,$$

即四维矢量 A_μ 的扩张。于是（通过略有不同的指标名称），我们得到三阶张量

$$A_{\mu\sigma\tau} = \frac{\partial^2 A_\mu}{\partial x_\sigma \partial x_\tau} - \{\mu\sigma,\ \rho\}\frac{\partial A_\rho}{\partial x_\tau} - \{\mu\tau,\ \rho\}\frac{\partial A_\rho}{\partial x_\sigma} - \{\sigma\tau,\ \rho\}\frac{\partial A_\mu}{\partial x_\rho}$$

$$+ \left[-\frac{\partial}{\partial x_\tau}\{\mu\sigma,\ \rho\} + \{\mu\tau,\ \alpha\}\{\alpha\sigma,\ \rho\} + \{\sigma\tau,\ \alpha\}\{\alpha\mu,\ \rho\}\right]A_\rho 。$$

这个表达式提示构成张量 $A_{\mu\sigma\tau} - A_{\mu\tau\sigma}$。这是因为，如果我们这样做的话，$A_{\mu\sigma\tau}$ 表达式中的一些项会抵消 $A_{\mu\tau\sigma}$ 中对应的项，即第一项、第四项和对应于方括号中

最后一项的项，因为所有这些项都是对 σ 和 τ 对称的。对于第二项和第三项之和也同样成立。于是我们得到

$$A_{\mu\sigma\tau} - A_{\mu\tau\sigma} = B^{\rho}_{\mu\sigma\tau}A_{\rho}, \quad \cdots\cdots\cdots\cdots\cdots\cdots\cdots（42）$$

其中

$$B^{\rho}_{\mu\sigma\tau} = -\frac{\partial}{\partial x_{\tau}}\{\mu\sigma,\ \rho\} + \frac{\partial}{\partial x_{\sigma}}\{\mu\tau,\ \rho\} - \{\mu\sigma,\ \alpha\}\{\alpha\tau,\ \rho\}$$

$$+ \{\mu\tau,\ \alpha\}\{\alpha\sigma,\ \rho\}。 \quad \cdots\cdots\cdots\cdots\cdots\cdots\cdots（43）$$

这个结果的主要特点是(42)的右边只有 A_{ρ}，没有它们的导数。由 $A_{\mu\sigma\tau} - A_{\mu\tau\sigma}$ 的张量特征，连同 A_{ρ} 是任意矢量的事实，根据 §7 中的推理，可以知道 $B^{\rho}_{\mu\sigma\tau}$ 是一个张量(黎曼–克里斯托费尔张量)。

这个张量在数学上的重要性如下：如果有一个连续统有这样的性质，即有一个坐标系，对之 $g_{\mu\nu}$ 是常数，那么所有 $B^{\rho}_{\mu\sigma\tau}$ 均为零。如果我们任意选择新坐标系来代替原坐标系，其中 $g_{\mu\nu}$ 不是常数，但是因为它的张量性质，$B^{\rho}_{\mu\sigma\tau}$ 变换后的分量在新坐标系中仍然为零。因此，在适当选择的参考系中，黎曼张量为零是 $g_{\mu\nu}$ 为常数的一个必要条件。在我们的问题中，这对应于以下情况：在适当选择的参考系中，狭义相对论对连续统的一个有限区域是适用的。[①]

令(43)对指标 τ 和 ρ 收缩，我们得到二阶协变张量

$$G_{\mu\nu} = B^{\rho}_{\mu\nu\rho} = R_{\mu\nu} + S_{\mu\nu},$$

其中

$$R_{\mu\nu} = -\frac{\partial}{\partial x_{\alpha}}\{\mu\nu,\ \alpha\} + \{\mu\alpha,\ \beta\}\{\nu\beta,\ \alpha\} \quad \left.\right\} \cdots\cdots\cdots（44）$$

$$S_{\mu\nu} = \frac{\partial^{2}\log\sqrt{-g}}{\partial x_{\mu}\partial x_{\nu}} - \{\mu\nu,\ \alpha\}\frac{\partial\log\sqrt{-g}}{\partial x_{\alpha}}$$

坐标选择的注意事项：由 §8 中方程(18a)可知，坐标选择可能有助于使 $\sqrt{-g}=1$。通过此前两节得到的方程可以看出，在这样的选择下，构成张量的法则得到了重要的简化。这尤其适用于 $G_{\mu\nu}$ 这个刚刚发展出来的张量，它在即将阐述的理论中起基本作用。因为这种特殊坐标选择会使 $S_{\mu\nu}$ 为零，故张量 $G_{\mu\nu}$ 约

---

① 数学家已经证明了这也是一个充分条件。

化为 $R_{\mu\nu}$。

鉴于此，我将在下文中以简化形式给出所有关系式，这种简化是由特定的坐标选择得出的。如果在特殊情况下有所需要，很容易回到广义协变方程。

C. 引力场理论

§13. 引力场中质点的运动方程

根据狭义相对论，不受外力作用的自由运动物体沿直线做匀速运动。根据广义相对论，对于四维空间的一部分，情况也是如此，在这一部分中，坐标系 K_0 可以而且确实是这样选择的，即令它具有(4)中给出的特殊常数值。

如果我们在任意选定的坐标系 K_1 中，正确考虑在 K_1 中观察到的物体的运动，那么根据 §2，这正是在引力场中的运动。由以下考虑，得到在 K_1 中物体的运动法则没有任何困难。在 K_0 中，运动法则对应于一条四维直线，即一条测地线。现在，由于测地线的定义独立于参考系，其方程也将是质点在 K_1 中的运动方程。如果我们取

$$\Gamma^{\tau}_{\mu\nu} = - \{\mu\nu, \ \tau\}, \quad\cdots\cdots\cdots\cdots\cdots\cdots\cdots (45)$$

那么该点在 K_1 中的运动方程变为

$$\frac{\mathrm{d}^2 x_{\tau}}{\mathrm{d}s^2} = \Gamma^{\tau}_{\mu\nu} \frac{\mathrm{d}x_{\mu}}{\mathrm{d}s} \frac{\mathrm{d}x_{\nu}}{\mathrm{d}s}\,。\quad\cdots\cdots\cdots\cdots\cdots\cdots (46)$$

我们现在给出一个显而易见的假设：即使不存在可以使得狭义相对论在有限区域内成立的参考系 K_0，这个协变方程组也定义了该点在引力场中的运动。由于(46)只包含 $g_{\mu\nu}$ 的一阶导数，即使在 K_0 存在的特殊情况下，这些导数之间也不存在任何关系，所以我们更有理由做这样的假设。[1]

如果 $\Gamma^{\tau}_{\mu\nu}$ 为零，那么该点在直线上做匀速运动。因此这些量影响了运动对均匀性的偏离。它们是引力场的分量。

---

[1] 由 §12，只有在二阶(和一阶)导数之间才存在关系式 $B^{\rho}_{\mu\sigma\tau} = 0$。

§14. 不存在物质时的引力场方程

我们此后将这样区分"引力场"和"物质"，我们把除了引力场以外的一切都称为"物质"。因此，我们应用的"物质"这个词不仅包括普通意义上的物质，也包括电磁场。

我们的下一个任务是在不存在物质的情况下找到引力场方程。这里我们再次应用前一节中用于建立质点运动方程的方法。待求的方程在任何情况下都必须满足的一种特殊情况是狭义相对论的情况，其中 $g_{\mu\nu}$ 具有某些常数值。设这在与一个确定的坐标系 K_0 相关的某个有限空间中发生。相对于这个系统，在 (43) 中定义的黎曼张量 $B^\rho_{\mu\sigma\tau}$ 的所有分量全部为零。于是它们对于所考虑的空间为零，在任何其他坐标系中也是如此。

因此，当所有 $B^\rho_{\mu\sigma\tau}$ 为零时，待求的不存在物质的引力场方程必须在任何情况下都满足。但是这个条件太过分了。因为很清楚，例如，质点在其周围产生的引力场肯定不能通过选择任何坐标系"变换掉"，也就是它不能被变换成 $g_{\mu\nu}$ 为常数的情况。

这促使我们对于不存在物质的引力场要求，从张量 $B^\rho_{\mu\nu\tau}$ 导出的对称张量 $G_{\mu\nu}$ 应该为零。这样我们得到了关于 10 个量 $g_{\mu\nu}$ 的 10 个方程，它们在所有 $B^\rho_{\mu\nu\tau}$ 为零的特殊情况下都是满足的。应用我们选择的一个坐标系，并考虑到 (44)，不存在物质的场的方程是

$$\left.\begin{array}{l} \dfrac{\partial \Gamma^\alpha_{\mu\nu}}{\partial x_\alpha} + \Gamma^\alpha_{\mu\beta}\Gamma^\beta_{\nu\alpha} = 0 \\[3mm] \sqrt{-g} = 1 \end{array}\right\} \quad\cdots\cdots\cdots\cdots\cdots\cdots\cdots\cdots\cdots \quad (47)$$

必须指出，在选择这些方程时只有最低限度的任意性。因为除了 $G_{\mu\nu}$ 之外，没有一个二阶张量只由 $g_{\mu\nu}$ 及其导数构成而不包含高于二阶的导数，并且在这些导数中是线性的。[①]

这些按照广义相对论的要求用纯数学方法推导的方程，与运动方程 (46) 一

---

① 确切地说，仅对张量 $G_{\mu\nu}+\lambda g_{\mu\nu}g^{\alpha\beta}G_{\alpha\beta}$ 可以作此断言，其中 λ 是一个常数。然而，如果我们取这个张量为 0，我们就又回到等式 $G_{\mu\nu}=0$。

起给出了作为一阶近似的牛顿引力定律，以及作为二阶近似的对勒维耶(J. Le Verrier, 1811—1877)发现的水星近日运动(经摄动修正后存留的)的解释。在我看来，这些事实必须被看作理论正确性的令人信服的证据。

§15. 引力场的哈密顿函数以及动量和能量定律

为了说明场方程相当于动量和能量定律，最方便的是把它们写成下面的哈密顿形式

$$\left.\begin{array}{l} \delta\int H\mathrm{d}\tau = 0 \\[2mm] H = g^{\mu\nu}\Gamma^{\alpha}_{\mu\beta}\Gamma^{\beta}_{\nu\alpha} \\[2mm] \sqrt{-g} = 1 \end{array}\right\} \quad\cdots\cdots\cdots\cdots\cdots\cdots \text{(47a)}$$

其中，在我们考察的有限的四维积分区域的边界上，变分均为零。

我们首先必须证明形式(47a)等价于方程(47)。为此，我们把 H 看作 $g^{\mu\nu}$ 和 $g^{\mu\nu}_{\sigma} = \left(\dfrac{\partial g^{\mu\nu}}{\partial x_{\sigma}}\right)$ 的函数。那么首先有

$$\delta H = \Gamma^{\alpha}_{\mu\beta}\Gamma^{\beta}_{\nu\alpha}\delta g^{\mu\nu} + 2g^{\mu\nu}\Gamma^{\alpha}_{\mu\beta}\,\delta\Gamma^{\beta}_{\nu\alpha} = -\Gamma^{\alpha}_{\mu\beta}\Gamma^{\beta}_{\nu\alpha}\delta g^{\mu\nu} + 2\Gamma^{\alpha}_{\mu\beta}\delta(g^{\mu\nu}\Gamma^{\beta}_{\nu\alpha})\ \circ$$

但是

$$\delta(g^{\mu\nu}\Gamma^{\beta}_{\nu\alpha}) = -\frac{1}{2}\delta\left[g^{\mu\nu}g^{\beta\lambda}\left(\frac{\partial g_{\nu\lambda}}{\partial x_{\alpha}} + \frac{\partial g_{\alpha\lambda}}{\partial x_{\nu}} - \frac{\partial g_{\alpha\nu}}{\partial x_{\lambda}}\right)\right]\ \circ$$

圆括号中最后两项产生的项的符号不同，但它们可以通过交换指标 μ 和 β 而彼此得到(因为求和指标的名称并非实质性的)。它们在 δH 的表达式中相互抵消，因为它们与对指标 μ 和 β 对称的量 $\Gamma^{\alpha}_{\mu\beta}$ 相乘。于是只剩下圆括号中的第一项需要考虑，所以，考虑到(31)，我们得到

$$\delta H = -\Gamma^{\alpha}_{\mu\beta}\Gamma^{\beta}_{\nu\alpha}\delta g^{\mu\nu} + \Gamma^{\alpha}_{\mu\beta}\,\delta g^{\mu\beta}_{\alpha}\ \circ$$

于是

$$\left.\begin{array}{l} \dfrac{\partial H}{\partial g^{\mu\nu}} = -\Gamma^{\alpha}_{\mu\beta}\Gamma^{\beta}_{\nu\alpha} \\[4mm] \dfrac{\partial H}{\partial g^{\mu\nu}_{\sigma}} = \Gamma^{\sigma}_{\mu\nu} \end{array}\right\} \quad\cdots\cdots\cdots\cdots\cdots\cdots \text{(48)}$$

在(47a)中进行变分，我们首先得到

$$\frac{\partial}{\partial x_\alpha}\left(\frac{\partial H}{\partial g_\alpha^{\mu\nu}}\right) - \frac{\partial H}{\partial g^{\mu\nu}} = 0, \quad\cdots\cdots\cdots\cdots\cdots\cdots\quad (47b)$$

由于(48)，它与(47)一致，这就是要证明的。

如果我们将(47b)乘以 $g_\sigma^{\mu\nu}$，那么因为

$$\frac{\partial g_\sigma^{\mu\nu}}{\partial x_\alpha} = \frac{\partial g_\alpha^{\mu\nu}}{\partial x_\sigma},$$

且因此，

$$g_\sigma^{\mu\nu}\frac{\partial}{\partial x_\alpha}\left(\frac{\partial H}{\partial g_\alpha^{\mu\nu}}\right) = \frac{\partial}{\partial x_\alpha}\left(g_\sigma^{\mu\nu}\frac{\partial H}{\partial g_\alpha^{\mu\nu}}\right) - \frac{\partial H}{\partial g_\alpha^{\mu\nu}}\frac{\partial g_\alpha^{\mu\nu}}{\partial x_\sigma},$$

我们得到方程

$$\frac{\partial}{\partial x_\alpha}\left(g_\sigma^{\mu\nu}\frac{\partial H}{\partial g_\alpha^{\mu\nu}}\right) - \frac{\partial H}{\partial x_\sigma} = 0,$$

或者[1]

$$\left.\begin{aligned}\frac{\partial t_\sigma^\alpha}{\partial x_\alpha} &= 0\\ -2\kappa t_\sigma^\alpha &= g_\sigma^{\mu\nu}\frac{\partial H}{\partial g_\alpha^{\mu\nu}} - \delta_\sigma^\alpha H\end{aligned}\right\} \quad\cdots\cdots\cdots\cdots\cdots\cdots\quad (49)$$

其中，由于(48)，(47)的第二式和(34)，有

$$\kappa t_\sigma^\alpha = \frac{1}{2}\delta_\sigma^\alpha g^{\mu\nu}\Gamma_{\mu\beta}^\lambda\Gamma_{\nu\lambda}^\beta - g^{\mu\nu}\Gamma_{\mu\beta}^\alpha\Gamma_{\nu\sigma}^\beta。 \quad\cdots\cdots\cdots\cdots\quad (50)$$

需要注意的是，t_σ^α 不是一个张量；另一方面，(49)适用于 $\sqrt{-g} = 1$ 的所有坐标系。这个方程表达了引力场的动量和能量守恒定律。实际上，这个方程对三维体积 V 的积分产生了 4 个方程

$$\frac{\mathrm{d}}{\mathrm{d}x_4}\int t_\sigma^4\mathrm{d}V = \int(lt_\sigma^1 + mt_\sigma^2 + nt_\sigma^3)\mathrm{d}S。 \quad\cdots\cdots\cdots\cdots\quad (49a)$$

其中 l，m，n 表示曲面边界上元素 $\mathrm{d}S$ 处向内法线方向的方向余弦(在欧几里得几何的意义上)。我们意识到这是守恒定律通常形式的表达式。我们称量 t_σ^α 为引力场的"能量分量"。

---

[1] 引入因子 -2κ 的原因以后将是显然的。

我现在将给出方程(47)的第三种形式，它对于清楚地理解我们的主题特别有用。通过将场方程(47)乘以 $g^{\nu\sigma}$，它们将以"混合"形式得到。注意到

$$g^{\nu\sigma}\frac{\partial \Gamma^\alpha_{\mu\nu}}{\partial x_\alpha} = \frac{\partial}{\partial x_\alpha}(g^{\nu\sigma}\Gamma^\alpha_{\mu\nu}) - \frac{\partial g^{\nu\sigma}}{\partial x_\alpha}\Gamma^\alpha_{\mu\nu},$$

由于(34)，它等于

$$\frac{\partial}{\partial x_\alpha}(g^{\nu\sigma}\Gamma^\alpha_{\mu\nu}) - g^{\nu\beta}\Gamma^\sigma_{\alpha\beta}\Gamma^\alpha_{\mu\nu} - g^{\sigma\beta}\Gamma^\nu_{\beta\alpha}\Gamma^\alpha_{\mu\nu},$$

或者(用不同符号的求和指标)

$$\frac{\partial}{\partial x_\alpha}(g^{\sigma\beta}\Gamma^\alpha_{\mu\beta}) - g^{\gamma\delta}\Gamma^\sigma_{\gamma\beta}\Gamma^\beta_{\delta\mu} - g^{\nu\sigma}\Gamma^\alpha_{\mu\beta}\Gamma^\beta_{\nu\alpha}\ \circ$$

这个表达式的第三项抵消了由场方程(47)中第二项产生的项；应用关系式(50)，第二项可以写成

$$\kappa\left(t^\sigma_\mu - \frac{1}{2}\delta^\sigma_\mu t\right),$$

其中 $t = t^\alpha_\alpha$。因此，代替方程(47)，我们得到

$$\left.\begin{array}{l}\dfrac{\partial}{\partial x_\alpha}(g^{\sigma\beta}\Gamma^\alpha_{\mu\beta}) = -\kappa(t^\sigma_\mu - \dfrac{1}{2}\delta^\sigma_\mu t) \\[3mm] \sqrt{-g} = 1\end{array}\right\} \quad\cdots\cdots\cdots\cdots\cdots\quad (51)$$

§16. 引力场方程的一般形式

§15 中建立的不存在物质空间的场方程将与牛顿理论的场方程

$$\nabla^2\phi = 0$$

相比较。我们需要与泊松方程

$$\nabla^2\phi = 4\pi\kappa\rho$$

对应的方程，其中 ρ 表示物质密度。

狭义相对论得出惯性质量就是能量的结论，这导致它的完整数学表达式是一个二阶对称张量，即能量张量。因此，在广义相对论中，我们必须引入一个相应的物质能量张量 T^α_σ，它像引力场的能量分量 t_σ［方程(49)和(50)］一样，

具有混合特征，但属于对称协变张量[①]。

方程组(51)说明了如何将这个能量张量(相当于泊松方程中的密度 ρ)引进到引力场方程中。如果我们考虑一个完整的系统(如太阳系)，由于系统的总质量，以及因此它的总引力作用，将取决于系统的总能量，因此取决于可测量的(ponderable)能量连同引力能量。这将允许在(51)中引入物质和引力场的能量分量之和 $t_\mu^\sigma + T_\mu^\sigma$ 来代替单独的引力场能量分量来表达。因此，代替(51)，我们得到张量方程

$$\left.\begin{array}{c} \dfrac{\partial}{\partial x_\alpha}(g^{\sigma\beta}T^\alpha_{\mu\beta}) = -\kappa\left[\,(t_\mu^\sigma + T_\mu^\sigma) - \dfrac{1}{2}\delta_\mu^\sigma(t+T)\,\right] \\[3mm] \sqrt{-g} = 1 \end{array}\right\} \quad\cdots\cdots\cdots\cdots (52)$$

其中我们设 $T = T_\mu^\mu$(劳厄标量)。这些是待求的一般引力场方程的混合形式。由此反向推演，代替(47)我们有

$$\left.\begin{array}{c} \dfrac{\partial}{\partial x_\alpha}\Gamma^\alpha_{\mu\nu} + \Gamma^\alpha_{\mu\beta}\Gamma^\beta_{\nu\alpha} = -\kappa\left(T_{\mu\nu} - \dfrac{1}{2}g_{\mu\nu}T\right) \\[3mm] \sqrt{-g} = 1 \end{array}\right\} \quad\cdots\cdots\cdots\cdots (53)$$

必须承认，如果只根据相对性假设就引入物质能量张量，理由不够充分。因此，我们这里必须根据以下要求来推导：引力场的能量将起到引力的作用，与任何其他类型的能量完全一样。但是，选择这些方程的最重要原因在于它们的结果，即精确地对应于方程(49)和(49a)的动量和能量守恒方程和对总能量的各个分量成立。这将在 §17 中说明。

§17.　一般情况下的守恒定律

很容易变换方程(52)，使右边的第二项为零。把(52)对指标 μ 和 σ 缩并，然后乘以 $\dfrac{1}{2}\delta_\mu^\sigma$，再从方程(52)中减去它，于是得出

$$\dfrac{\partial}{\partial x_\alpha}\left(g^{\sigma\beta}\Gamma^\alpha_{\mu\beta} - \dfrac{1}{2}\delta_\mu^\sigma g^{\lambda\beta}\Gamma^\alpha_{\lambda\beta}\right) = -\kappa(t_\mu^\sigma + T_\mu^\sigma)\,。 \quad\cdots\cdots\cdots (52\text{a})$$

---

① $g_{\alpha\tau}T^\alpha_\sigma = T_{\sigma\tau}$ 和 $g^{\sigma\beta}T^\alpha_\sigma = T^{\alpha\beta}$ 是对称张量。

对这个方程作 $\dfrac{\partial}{\partial x_\sigma}$ 运算。我们有

$$\frac{\partial^2}{\partial x_\alpha \partial x_\sigma}(g^\sigma \Gamma^\alpha_{\beta\mu}) = -\frac{1}{2}\frac{\partial^2}{\partial x_\alpha \partial x_\sigma}\left[g^{\sigma\beta}g^{\alpha\lambda}\left(\frac{\partial g_{\mu\lambda}}{\partial x_\beta} + \frac{\partial g_{\beta\lambda}}{\partial x_\mu} - \frac{\partial g_{\mu\beta}}{\partial x_\lambda}\right)\right].$$

通过把第三项的贡献中的求和指标 α 和 σ 与 β 和 λ 交换，可以看出圆括号中的第一项与第二项相互抵消。第二项可以根据 (31) 重组，所以我们有

$$\frac{\partial^2}{\partial x_\alpha \partial x_\sigma}(g^{\sigma\beta}\Gamma^\alpha_{\mu\beta}) = \frac{1}{2}\frac{\partial^3 g^{\alpha\beta}}{\partial x_\alpha \partial x_\beta \partial x_\mu}. \qquad\cdots\cdots\cdots\cdots (54)$$

(52a) 左边的第二项首先给出

$$-\frac{1}{2}\frac{\partial^2}{\partial x_\alpha \partial x_\mu}(g^{\lambda\beta}\Gamma^\alpha_{\lambda\beta}),$$

或者

$$\frac{1}{4}\frac{\partial^2}{\partial x_\alpha \partial x_\mu}\left[g^{\lambda\beta}g^{\alpha\delta}\left(\frac{\partial g_{\delta\lambda}}{\partial x_\beta} + \frac{\partial g_{\delta\beta}}{\partial x_\lambda} - \frac{\partial g_{\lambda\beta}}{\partial x_\delta}\right)\right].$$

对我们所作的坐标选择，由于 (29)，由圆括号中最后一项得出的项消失。其他两项可以合并，由 (31)，它们一起给出

$$-\frac{1}{2}\frac{\partial^3 g^{\alpha\beta}}{\partial x_\alpha \partial x_\beta \partial x_\mu},$$

因此，考虑到 (54)，我们有恒等式[①]

$$\frac{\partial^2}{\partial x_\alpha \partial x_\sigma}\left(g^{\sigma\beta}\Gamma^\alpha_{\mu\beta} - \frac{1}{2}\delta^\sigma_\mu g^{\lambda\beta}\Gamma^\alpha_{\lambda\beta}\right) \equiv 0. \qquad\cdots\cdots\cdots (55)$$

由 (55) 和 (52a) 可以得出

$$\frac{\partial(t^\sigma_\mu + T^\sigma_\mu)}{\partial x_\sigma} = 0. \qquad\cdots\cdots\cdots\cdots (56)$$

因此，从我们的引力场方程可以得出，动量和能量守恒定律是满足的。这从导出方程 (49a) 的考虑中最容易看出；此外，代替引力场的能量分量 t^σ，我们必须引入物质场和引力场的能量分量的总成。

①　原文恒等式中把 $g^{\sigma\beta}\Gamma^\alpha_{\mu\beta}$ 误作 $g^{\sigma\beta}\Gamma^\alpha_{\mu\beta}$。——中译者注

§18. 作为场方程结果的物质的动量和能量定律

将(53)乘以$\dfrac{\partial g^{\mu\nu}}{\partial x_\sigma}$，考虑到

$$g_{\mu\nu}\frac{\partial g^{\mu\nu}}{\partial x_\sigma}$$

为零，我们通过在§15中使用的方法得到方程式

$$\frac{\partial t_\sigma^\alpha}{\partial x_\alpha}+\frac{1}{2}\frac{\partial g^{\mu\nu}}{\partial x_\sigma}T_{\mu\nu}=0,$$

或者，由于(56)，

$$\frac{\partial T_\sigma^\alpha}{\partial x_\alpha}+\frac{1}{2}\frac{\partial g^{\mu\nu}}{\partial x_\sigma}T_{\mu\nu}=0。 \quad\cdots\cdots\cdots\cdots\cdots\cdots\cdots（57）$$

与(41b)的比较表明，在我们选择的坐标系中，这个方程无非断定物质能量张量的散度等于零。在物理上，左边第二项的出现表明，动量和能量守恒定律在严格意义上不能只应用于物质，否则就只能应用于$g^{\mu\nu}$是常数的情况，即引力场强度为零的情况。第二项是表示在单位体积和单位时间内从引力场转移到物质的动量和能量的表达式。如果在(41)的意义上把(57)改写为

$$\frac{\partial T_\sigma^\alpha}{\partial x_\alpha}=-\Gamma_{\alpha\sigma}^\beta T_\beta^\alpha。 \quad\cdots\cdots\cdots\cdots\cdots\cdots\cdots（57a）$$

这一点会更加清楚，上式右边表示了引力场对物质的能量效应。

因此，引力场方程包含了支配物质现象过程的四个条件。如果物质现象能够用四个相互独立的微分方程来表示，它们就完整地给出了物质现象的方程。[①]

D. 物质现象

在B部分发展的数学方法，使我们立即能够把在狭义相对论中描述的物质

---

① 关于这个问题，参见 H. Hilbert, *Nachr. d. K. Gesellsch. d. Wiss. zu Göttingen*, *Math.-phys. Klasse*, 1915，p. 3。

的物理定律(水动力学，麦克斯韦电动力学)进一步推广，使其与广义相对论相容。这样做了以后，广义相对性原理实际上并没有限制进一步的可能性；但它使我们熟悉了引力场对所有过程的影响，而不需要引入任何新的假设。

没有必要对物质的物理性质在较狭窄的意义上引入确定的假设。尤其是，电磁场理论与引力场理论一起能否为物质理论提供充分的基础，可能仍然是一个悬而未决的问题。关于这一点，广义相对性公设原则上不能告诉我们与此相关的任何东西。电磁学与引力理论能否结合来完成前者无法单独完成的任务，还须在这个理论的建立中观察。

§ 19. 无摩擦绝热流体的欧拉方程

设 p 和 ρ 是两个标量，我们称前者为流体的"压力"，后者为流体的"密度"；设其间存在一个方程。令逆变对称张量

$$T^{\alpha\beta} = - g^{\alpha\beta}p + \rho \frac{\mathrm{d}x_\alpha}{\mathrm{d}s}\frac{\mathrm{d}x_\beta}{\mathrm{d}s} \quad\cdots\cdots\cdots\cdots\cdots\cdots \text{(58)}$$

为流体的逆变能量张量。属于它的有协变张量

$$T_{\mu\nu} = - g_{\mu\nu}p + g_{\mu\alpha}g_{\mu\beta}\frac{\mathrm{d}x_\alpha}{\mathrm{d}s}\frac{\mathrm{d}x_\beta}{\mathrm{d}s}\rho, \quad\cdots\cdots\cdots\cdots \text{(58a)}$$

以及混合张量①

$$T^{\alpha}_{\sigma} = - \delta^{\alpha}_{\sigma}p + g_{\sigma\beta}\frac{\mathrm{d}x_\beta}{\mathrm{d}s}\frac{\mathrm{d}x_\alpha}{\mathrm{d}s}\rho。 \quad\cdots\cdots\cdots\cdots\cdots \text{(58b)}$$

将(58b)的右边代入(57a)，我们得到广义相对论的欧拉流体动力学方程。理论上，它们给出了运动问题的完整解，因为 $g_{\alpha\beta}$ 是给定的，四个方程(57a)连同给定的 p 与 ρ 之间的方程，以及方程

$$g_{\alpha\beta}\frac{\mathrm{d}x_\alpha}{\mathrm{d}s}\frac{\mathrm{d}x_\beta}{\mathrm{d}s} = 1,$$

足够定义六个未知量

$$p, \ \rho, \ \frac{\mathrm{d}x_1}{\mathrm{d}s}, \ \frac{\mathrm{d}x_2}{\mathrm{d}s}, \ \frac{\mathrm{d}x_3}{\mathrm{d}s}, \ \frac{\mathrm{d}x_4}{\mathrm{d}s}。$$

---

① 如果一位观察者对无限小区域应用狭义相对论意义上的一个参照系，并与它一起运动，那么能量密度 $T^4_4 = \rho - p$。这给出了 ρ 的定义。因此，ρ 对不可压缩流体不是常数。

如果 $g_{\mu\nu}$ 也是未知的，那么还需要方程(53)。这样，为了定义十个函数 $g_{\mu\nu}$，我们有了十一个方程，因此这些函数看起来被过分定义了。然而我们必须记住，方程(57a)已经包含在方程(53)中，所以后者只代表七个独立方程。这种定义不足是有充分理由的，因为对坐标系的选择有广泛的自由度，使得这个问题在数学上仍不确定，以至于有三个空间函数是可以随意选择的。[①]

§20. 自由空间中的麦克斯韦电磁场方程

设 ϕ_ν 是一个协变矢量(电磁势矢量)的分量。根据(36)，由方程组

$$F_{\rho\sigma} = \frac{\partial \phi_\rho}{\partial x_\sigma} - \frac{\partial \phi_\sigma}{\partial x_\rho} \quad\cdots\cdots\cdots\cdots\cdots (59)$$

构成电磁场协变六维矢量的分量 $F_{\rho\sigma}$。由(59)可以得出，

$$\frac{\partial F_{\rho\sigma}}{\partial x_\tau} + \frac{\partial F_{\sigma\tau}}{\partial x_\rho} + \frac{\partial F_{\tau\rho}}{\partial x_\sigma} = 0 \quad\cdots\cdots\cdots\cdots (60)$$

是满足的，由(37)，它的左边是一个三阶反对称张量。因此，(60)实质上包含可以写成以下形式的四个方程：

$$\left.\begin{array}{l}
\dfrac{\partial F_{23}}{\partial x_4} + \dfrac{\partial F_{34}}{\partial x_2} + \dfrac{\partial F_{42}}{\partial x_3} = 0 \\[2mm]
\dfrac{\partial F_{34}}{\partial x_1} + \dfrac{\partial F_{41}}{\partial x_3} + \dfrac{\partial F_{13}}{\partial x_4} = 0 \\[2mm]
\dfrac{\partial F_{41}}{\partial x_2} + \dfrac{\partial F_{12}}{\partial x_4} + \dfrac{\partial F_{24}}{\partial x_1} = 0 \\[2mm]
\dfrac{\partial F_{12}}{\partial x_3} + \dfrac{\partial F_{23}}{\partial x_1} + \dfrac{\partial F_{31}}{\partial x_2} = 0
\end{array}\right\} \quad\cdots\cdots\cdots (60a)$$

这组方程对应于麦克斯韦方程组中的第二个。通过令

$$\left.\begin{array}{ll}
F_{23} = H_x, & F_{14} = E_x \\[1mm]
F_{31} = H_y, & F_{24} = E_y \\[1mm]
F_{12} = H_z, & F_{34} = E_z
\end{array}\right\} \quad\cdots\cdots\cdots\cdots (61)$$

[①] 放弃在 $g=-1$ 的条件下选取的坐标系，便剩下四个空间函数可以自由选择，对应于我们选择坐标系时可用的四个任意函数。

我们可以立即看出这一点。然后，代替（60a），我们可以用三维矢量分析的通常符号写出

$$
\left.\begin{aligned}
-\frac{\partial H}{\partial t} &= \operatorname{curl} E \\
\operatorname{div} H &= 0
\end{aligned}\right\} \quad \cdots\cdots\cdots\cdots\cdots\cdots\cdots\cdots\cdots \text{（60b）}
$$

我们通过推广闵可夫斯基给出的形式得到麦克斯韦的第一组方程。我们引入与 $F^{\alpha\beta}$ 相伴的逆变六维矢量

$$
F^{\mu\nu} = g^{\mu\alpha} g^{\nu\beta} F_{\alpha\beta}, \quad \cdots\cdots\cdots\cdots\cdots\cdots\cdots\cdots \text{（62）}
$$

以及电流密度的逆变矢量 J^{μ}。然后，考虑到（40），下面的方程组对于不变量[1]为一个单位（与选择的坐标系一致）的任何代换都是不变的：

$$
\frac{\partial}{\partial x_{\nu}} F^{\mu\nu} = J^{\mu}。 \quad \cdots\cdots\cdots\cdots\cdots\cdots\cdots\cdots \text{（63）}
$$

令

$$
\left.\begin{aligned}
F^{23} &= H'_x, \quad F^{14} = -E'_x \\
F^{31} &= H'_y, \quad F^{24} = -E'_y \\
F^{12} &= H'_z, \quad F^{34} = -E'_z
\end{aligned}\right\} \quad \cdots\cdots\cdots\cdots\cdots\cdots \text{（64）}
$$

在狭义相对论的特殊情况下，它们等于量 $H_x, \cdots, E_z$；此外

$$
J^1 = j_x, \quad J^2 = j_y, \quad J^3 = j_z, \quad J^4 = \rho,
$$

代替（63），我们得到

$$
\left.\begin{aligned}
\frac{\partial E'}{\partial t} + j &= \operatorname{curl} H' \\
\operatorname{div} E' &= \rho
\end{aligned}\right\} \quad \cdots\cdots\cdots\cdots\cdots\cdots\cdots\cdots \text{（63a）}
$$

因此，遵循我们就坐标系选择确立的惯例，方程（60），（62）和（63）构成了自由空间的麦克斯韦场方程的推广。

电磁场的能量分量：我们构成内积

$$
\kappa_{\sigma} = F_{\sigma\mu} J^{\mu}。 \quad \cdots\cdots\cdots\cdots\cdots\cdots\cdots\cdots \text{（65）}
$$

由（61），以三维方式写出的它们的分量为

---

[1]　指代换的行列式。——中译者注

$$\begin{cases} \kappa_1 = \rho E_x + [j \cdot H]^x \\ \vdots \quad \vdots \quad \vdots \quad \vdots \\ \kappa_4 = -(jE) \end{cases} \quad \cdots\cdots\cdots\cdots\cdots\cdots \text{(65a)}$$

κ_σ 是一个协变矢量，其分量分别等于单位时间和单位体积内从电质量转移到电磁场的负动量或能量。如果电质量是自由的，也就是说，只受电磁场的影响，那么协变矢量 κ_σ 将为零。

为了得到电磁场的能量分量 T_σ^ν，我们只需给出方程(57)形式的 $\kappa_\sigma = 0$。由(63)和(65)我们首先有

$$\kappa_\sigma = F_{\sigma\mu} \frac{\partial F^{\mu\nu}}{\partial x_\nu} = \frac{\partial}{\partial x_\nu}(F_{\sigma\mu} F^{\mu\nu}) - F^{\mu\nu} \frac{\partial F_{\sigma\mu}}{\partial x_\nu} \, 。$$

由于(60)，右边的第二项可以变换为

$$F^{\mu\nu} \frac{\partial F_{\sigma\mu}}{\partial x_\nu} = -\frac{1}{2} F^{\mu\nu} \frac{\partial F_{\mu\nu}}{\partial x_\sigma} = -\frac{1}{2} g^{\mu\alpha} g^{\nu\beta} F_{\alpha\beta} \frac{\partial F_{\mu\nu}}{\partial x_\sigma} \, ,$$

由于对称性，这后一个表达式也可以写成以下形式

$$-\frac{1}{4}\left[g^{\mu\alpha} g^{\nu\beta} F_{\alpha\beta} \frac{\partial F_{\mu\nu}}{\partial x_\sigma} + g^{\mu\alpha} g^{\nu\beta} \frac{\partial F_{\alpha\beta}}{\partial x_\sigma} F_{\mu\nu} \right] \, 。$$

但它也可以写成

$$-\frac{1}{4} \frac{\partial}{\partial x_\sigma}(g^{\mu\alpha} g^{\nu\beta} F_{\alpha\beta} F_{\mu\nu}) + \frac{1}{4} F_{\alpha\beta} F_{\mu\nu} \frac{\partial}{\partial x_\sigma}(g^{\mu\alpha} g^{\nu\beta}) \, 。$$

其中第一项可以更简洁地写成

$$-\frac{1}{4} \frac{\partial}{\partial x_\sigma}(F^{\mu\nu} F_{\mu\nu}) \, ;$$

对第二项进行微分及化简后得到

$$-\frac{1}{2} F^{\mu\tau} F_{\mu\nu} g^{\nu\rho} \frac{\partial g_{\rho\tau}}{\partial x_\sigma} \, 。$$

将这三项放在一起，我们得到关系式

$$\kappa_\sigma = \frac{\partial T_\sigma^\nu}{\partial x_\nu} - \frac{1}{2} g^{\tau\mu} \frac{\partial g_{\mu\nu}}{\partial x_\sigma} T_\tau^\nu , \quad \cdots\cdots\cdots\cdots\cdots \text{(66)}$$

其中

$$T_\sigma^\nu = -F_{\sigma\alpha} F^{\nu\alpha} + \frac{1}{4} \delta_\sigma^\nu F_{\alpha\beta} F^{\alpha\beta} \, 。$$

如果 κ_σ 为零，那么根据方程(30)，方程(66)分别等价于方程(57)或(57a)。因此，T''_σ 是电磁场的能量分量。借助(61)和(64)很容易证明，在狭义相对论的情况下，电磁场的这些能量分量给出了众所周知的麦克斯韦–坡印亭表达式。

通过一直应用使 $\sqrt{-g}=1$ 的坐标系，我们现在已经推导出引力场和物质所满足的一般定律。我们因此实现了公式和计算的相当大的简化，且并未违背广义协变性的要求；因为我们通过选择特殊坐标系，从广义协变方程中导出了我们的方程。

然而，采取引力场和物质的能量分量的相应的广义定义，即使没有选择特殊的坐标系，是否仍然有可能以方程(56)形式表述守恒定律，以及通过以下方式表述与(52)或(52a)性质相同的引力场方程，即其左边是一个普通意义上的散度，右边是物质和引力的能量分量之和，这个问题仍不缺乏形式上的意义。我发现在这两种情况下都确实如此。但是我不认为值得交流我在这个问题上多少有点泛泛的思考，因为毕竟这些思考并未给予我们任何实质性的新东西。

E. 理论的应用

§21. 牛顿理论作为一阶近似

正如已经不止一次提到的，作为广义相对论特例的狭义相对论，由具有常数值(4)的 $g_{\mu\nu}$ 表述。根据已经说过的，这意味着完全忽略引力的影响。通过考虑 $g_{\mu\nu}$ 与(4)的值之差额与 1 相比甚小的情况，并忽略二阶和更高阶的小量，我们得到更接近实际的近似。(第一种近似观点)

进一步假设，在所考虑的时空区域内，对适当选择的坐标系，空间无限远处的 $g_{\mu\nu}$ 趋向于值(4)；也就是说，我们正在考虑的引力场可以被认为是专门由有限区域内的物质产生的。

人们可能会认为，这些近似一定会把我们导向牛顿的理论。但是为了达到这个目的，我们还需要用第二种观点来逼近基本方程。让我们来关注一个质点

根据方程(16)所做的运动。在狭义相对论的情况下，分量

$$\frac{dx_1}{ds}, \frac{dx_2}{ds}, \frac{dx_3}{ds}$$

可以取任意值。这表明低于真空中光速的任何速度

$$v = \sqrt{\left(\frac{dx_1}{dx_4}\right)^2 + \left(\frac{dx_2}{dx_4}\right)^2 + \left(\frac{dx_3}{dx_4}\right)^2}$$

都有可能出现。如果局限于几乎只符合我们经验的情况，即 v 远小于光速的情况，这意味着分量

$$\frac{dx_1}{ds}, \frac{dx_2}{ds}, \frac{dx_3}{ds}$$

可以作为小量处理，而 $\frac{dx_4}{ds}$ 与 1 的差别是二阶小量。（第二种近似观点）

现在我们注意到，从第一种近似观点来看，量 $\Gamma_{\mu\nu}^\tau$ 都是至少为一阶的小量。因此，看一下式(46)就可以知道，在这个方程中，从第二种近似观点来看，我们只需要考虑 $\mu=\nu=4$ 的项。局限于最低阶项，代替(46)，我们首先得到方程

$$\frac{d^2x_\tau}{dt^2} = \Gamma_{44}^\tau,$$

这里我们取 $ds = dx_4 = dt$；或者限于从第一种近似观点来看是一阶的项：

$$\frac{d^2x_\tau}{dt^2} = [44, \tau](\tau = 1, 2, 3),$$

$$\frac{d^2x_4}{dt^2} = -[44, 4]。$$

除此之外，如果我们假设引力场是一个准静态场，通过局限于产生引力场的物质的运动缓慢（与光的传播速度相比）的情况，与对空间坐标的微分相比，我们可以忽略右边对时间的微分，所以我们有

$$\frac{d^2x_\tau}{dt^2} = -\frac{1}{2}\frac{\partial g_{44}}{\partial x_\tau}(\tau = 1, 2, 3)。 \quad\cdots\cdots\cdots\cdots\cdots\cdots (67)$$

这是按照牛顿理论的质点运动方程，其中 $\frac{1}{2}g_{44}$ 起了引力势的作用。在这个结果中值得注意的是，到一阶近似，基本张量的分量 g_{44} 单独定义了质点的运动。

我们现在转而讨论场方程(53)。这里，我们必须认为，"物质"的能量张量几乎完全由在最狭窄意义上的物质密度定义，即由(58)右边的第二项[或分别为(58a)或(58b)]定义。如果我们构成所考虑的近似，那么除了 $T_{44} = \rho = T$ 外，所有分量均为零。(53)左边第二项是一个二阶小量；对于所考虑的近似，第一项给出

$$\frac{\partial}{\partial x_1}[\mu\nu, \ 1] + \frac{\partial}{\partial x_2}[\mu\nu, \ 2] + \frac{\partial}{\partial x_3}[\mu\nu, \ 3] - \frac{\partial}{\partial x_4}[\mu\nu, \ 4] \ 。$$

对于 $\mu = \nu = 4$，在忽略了对时间微分的各项以后，这给出

$$-\frac{1}{2}\left(\frac{\partial^2 g_{44}}{\partial x_1^2} + \frac{\partial^2 g_{44}}{\partial x_2^2} + \frac{\partial^2 g_{44}}{\partial x_3^2}\right) = -\frac{1}{2}\nabla^2 g_{44} \ 。$$

方程(53)的最后一个于是生成

$$\nabla^2 g_{44} = \kappa\rho 。 \quad\cdots\cdots\cdots\cdots\cdots\cdots\cdots\cdots\cdots \quad (68)$$

方程(67)和(68)合在一起等价于牛顿引力定律。

由(67)和(68)，引力势的表达式成为

$$-\frac{\kappa}{8\pi}\int\frac{\rho\mathrm{d}\tau}{r}, \quad\cdots\cdots\cdots\cdots\cdots\cdots\cdots\cdots \quad (68a)$$

而用我们选择的时间单位，牛顿理论给出

$$-\frac{K}{c^2}\int\frac{\rho\mathrm{d}\tau}{r},$$

其中 K 表示常数 6.7×10^{-8}，这通常称为引力常数。通过比较，我们得到

$$\kappa = \frac{8\pi K}{c^2} = 1.87 \times 10^{-27} 。 \quad\cdots\cdots\cdots\cdots\cdots \quad (69)$$

§22. 静态引力场中杆和钟的行为，光线的弯曲以及行星轨道的近日运动

为了得到作为一阶近似的牛顿理论，我们需要计算的只是引力场的十个分量 $g_{\mu\nu}$ 中的 g_{44}，因为只有这个分量出现在引力场中质点运动方程的一阶近似(67)中。然而，由此已经很明显，$g_{\mu\nu}$ 的其他分量必定与(4)中给出的值相差一个一阶小量。这是条件 $g = -1$ 所要求的。

对于在坐标原点处点质量产生的场，到一阶近似，我们得到径向对称的解

$$g_{\rho\sigma} = -\delta_{\rho\sigma} - \alpha \frac{x_\rho x_\sigma}{r^3} \quad (\rho,\ \sigma = 1,\ 2,\ 3)$$

$$g_{\rho 4} = g_{4\rho} = 0 \quad (\rho = 1,\ 2,\ 3) \qquad\qquad \Bigg\} \cdots\cdots\cdots\cdots (70)$$

$$g_{44} = 1 - \frac{\alpha}{r}$$

其中根据 $\rho = \sigma$ 或 $\rho \neq \sigma$，$\delta_{\rho\sigma}$ 分别为 1 或 0，r 是量 $+\sqrt{x_1^2 + x_2^2 + x_3^2}$。根据 (68a)，如果 M 表示场产生的质量，则

$$\alpha = \frac{\kappa M}{4\pi}。 \qquad\cdots\cdots\cdots\cdots\cdots\cdots\cdots (70a)$$

很容易验证，对于一阶小量，这个 (质量以外的) 场方程组正确到一阶小量。

我们现在考察质量 M 的场对空间度规性质的影响。在"局部"(§4) 测量的长度和时间 $\mathrm{d}s$ 与坐标差 $\mathrm{d}x_\nu$ 之间总是有以下关系式成立，

$$\mathrm{d}s^2 = g_{\mu\nu} \mathrm{d}x_\mu \mathrm{d}x_\nu。$$

例如，对于与 x 轴"平行"的长度测量单位，我们应当设 $\mathrm{d}s^2 = -1$；$\mathrm{d}x_2 = \mathrm{d}x_3 = \mathrm{d}x_4 = 0$。因此 $-1 = g_{11} \mathrm{d}x_1^2$。此外，如果测量单位在 x 轴上，那么方程 (70) 的第一个给出

$$g_{11} = -\left(1 + \frac{\alpha}{r}\right)。$$

从这两个关系可以得出，正确到一阶小量，

$$\mathrm{d}x = 1 - \frac{\alpha}{2r}。 \qquad\cdots\cdots\cdots\cdots\cdots\cdots (71)$$

因此，当存在重力场时，如果把单位测量杆沿着半径放置，那么它相对于坐标系略微收缩。

以类似的方式，我们得到切向坐标的长度，例如，如果我们令

$$\mathrm{d}s^2 = -1；\mathrm{d}x_1 = \mathrm{d}x_3 = \mathrm{d}x_4 = 0；x_1 = r,\ x_2 = x_3 = 0。$$

结果是

$$-1 = g_{22} \mathrm{d}x_2^2 = -\mathrm{d}x_2^2。 \qquad\cdots\cdots\cdots\cdots\cdots\cdots (71a)$$

因此，在切线方向，质点的引力场对杆的长度没有影响。

所以，在引力场里，如果我们想要用同一根杆，独立于其位置和取向表示同一个区间，那么欧几里得几何甚至对一阶近似都不成立；看一下 (70a) 和

(69)就肯定可以知道，预期的偏差太微小，在地球表面的测量中无法察觉。

进而，我们让一个单位钟静止于静态引力场中，由此考察它的快慢。这里我们对钟周期有 $ds=1$；$dx_1=dx_2=dx_3=0$。因此，

$$1 = g_{44}dx_4^2;$$

$$dx_4 = \frac{1}{\sqrt{g_{44}}} = \frac{1}{\sqrt{1+(g_{44}-1)}} = 1 - \frac{1}{2}(g_{44}-1),$$

或者

$$dx_4 = 1 + \frac{\kappa}{8\pi}\int\rho\frac{d\tau}{r}。 \quad\cdots\cdots\cdots\cdots\cdots\cdots (72)$$

因此，如果把钟放在有重质量附近，它会走得较慢。由此可以得出结论，从巨大恒星表面到达我们这里的光谱线一定显示朝向光谱红色端的移动。[①]

我们现在来考察静态引力场中光线的路径。根据狭义相对论，光速由以下方程给出

$$-dx_1^2 - dx_2^2 - dx_3^2 + dx_4^2 = 0,$$

因此，根据广义相对论，光速由以下方程给出

$$ds^2 = g_{\mu\nu}dx_\mu dx_\nu = 0。 \quad\cdots\cdots\cdots\cdots\cdots\cdots (73)$$

如果方向即比值 $dx_1:dx_2:dx_3$ 给定，那么方程(73)给出量

$$\frac{dx_1}{dx_4}, \ \frac{dx_2}{dx_4}, \ \frac{dx_3}{dx_4},$$

因此，速度

$$\sqrt{\left(\frac{dx_1}{dx_4}\right)^2 + \left(\frac{dx_2}{dx_4}\right)^2 + \left(\frac{dx_3}{dx_4}\right)^2} = \gamma$$

在欧几里得几何的意义上被定义了。很容易看出，如果 $g_{\mu\nu}$ 不是常数，光线的路径必定相对于坐标系弯曲。如果 n 是垂直于光传播的方向，那么惠更斯原理说明，光线在平面(γ, n)中有曲率$-\dfrac{\partial\gamma}{\partial n}$。

我们考察光线在距离质量 $M\Delta$ 处经过时的曲率。如果我们选择与附图一致

---

① 弗罗因德利希(E. Freundlich, 1885—1964)对某些类型恒星光谱的观测表明这种效应存在，但这一结果的判决性测试尚未进行。

的坐标系，光线的总弯曲（如果凹向原点，计算结果为正）由下式

$$B = \int_{-\infty}^{+\infty} \frac{\partial \gamma}{\partial x_1} dx_2$$

足够精确地给出，而（73）和（70）给出

$$\gamma = \sqrt{-\frac{g_{44}}{g_{22}}} = 1 - \frac{\alpha}{2r}\left(1 + \frac{x_2^2}{r^2}\right)。$$

完成这个计算，我们得到

$$B = \frac{2\alpha}{\Delta} = \frac{\kappa M}{2\pi\Delta}。 \quad\cdots\cdots\cdots\cdots\cdots\cdots\cdots\cdots\cdots\cdots（74）$$

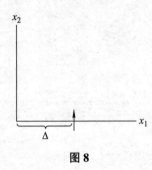

图 8

据此，一束光在太阳旁经过时偏转 1.7″；一束光在木星旁经过时偏转约 0.02″。

如果我们计算引力场到更高阶的近似，同样地，以相应的精度计算相对无限小质量的质点的轨道运动，对开普勒-牛顿行星运动定律，我们发现有以下类型的偏移。行星的椭圆轨道在运动方向缓慢旋转，其数值为每公转

$$\varepsilon = 24\pi^3 \frac{a^2}{T^2 c^2 (1 - e^2)}。 \quad\cdots\cdots\cdots\cdots\cdots\cdots\cdots\cdots（75）$$

在这个公式中，a 表示半长轴，c 表示通常测量的光速，e 表示偏心率，T 表示以秒为单位的公转时间。[①]

计算得到水星轨道的转动为每世纪 43″，与勒维耶的天文观测完全一致；天文学家在这颗行星的近日点运动中发现，在考虑到其他行星的干扰后，仍然有一个无法解释的剩余量，而它正好就是这个数值。

---

① 有关计算参考原始论文：A. Einstein, *Sitzungsber. d. Preuss. Akad. d. Wiss.*, 1915, p. 831；K. Schwarzschild, ibid., 1916, p. 189。

瑞士阿劳中学，爱因斯坦在这里读了一年高中。爱因斯坦晚年曾回忆道："正是阿劳中学成了孕育狭义相对论思想的土壤。"

八

哈密顿原理与广义相对论

爱因斯坦

· Hamilton's Principle and the General Theory of Relativity ·

· A. Einstein ·

变分原理与场方程——引力场的独立存在性——不变量理论制约下的引力场方程的性质

英文版译自 Hamiltonsches Princip und allgemeine Relativitätstheorie，*Sitzungsberichte der Preussischen Akad. d. Wissenschaften*，1916。

Sir W. Rowan Hamilton.

洛伦兹和希尔伯特最近以特别清晰的形式给出了广义相对论,[①] 他们从单一变分原理推导出了它的方程。本文将做同样的工作。但是我在这里的目的是，基于广义相对论允许的观点，以尽可能明白易懂的方式，尽可能一般的术语，来展示基本的联系。尤其是，我们将尽可能少作特殊假设，从而与希尔伯特对这个主题的处理形成鲜明的对比。另一方面，与我自己最近对这个问题的处理相反，这次在坐标系的选择方面是完全自由的。

§1. 变分原理与场方程

设引力场像往常一样用张量[②] $g_{\mu\nu}$（或 $g^{\mu\nu}$）来描述；而物质，包括电磁场，由任何数量的时空函数 $q_{(\rho)}$ 来描述。我们并不关心这些函数在不变量理论中是如何被描述的。此外，设 $\mathfrak{H}$ 为

$$g^{\mu\nu}, \quad g^{\mu\nu}_{\sigma}\left(=\frac{\partial g^{\mu\nu}}{\partial x_\sigma}\right) \text{ 和 } g^{\mu\nu}_{\sigma\tau}\left(=\frac{\partial^2 g^{\mu\nu}}{\partial x_\sigma \partial x_\tau}\right), \quad q_{(\rho)} \text{ 和 } q_{(\rho)\alpha}\left(=\frac{\partial q_{(\rho)}}{\partial x_\alpha}\right)$$

的函数，于是如果 $g^{\mu\nu}$ 和 $q_{(\rho)}$ 彼此独立地变化，并使 $\delta q_{(\rho)}$，$\delta g^{\mu\nu}$ 和 $\frac{\partial}{\partial x_\sigma}(\delta g_{\mu\nu})$ 在积分限均为零，那么有多少个函数 $g_{\mu\nu}$ 和 $q_{(\rho)}$ 需要定义，变分原理

$$\delta \int \mathfrak{H} d\tau = 0 \quad \cdots\cdots\cdots\cdots\cdots\cdots\cdots\cdots\cdots\cdots\cdots\cdots (1)$$

就给出多少个微分方程。

我们现在将假设 $\mathfrak{H}$ 关于 $g_{\sigma\tau}$ 是线性的，并且 $g^{\mu\nu}_{\sigma\tau}$ 的系数只取决于 $g^{\mu\nu}$。然后我们可以把变分原理(1)用一个对我们更方便的原理替代。因为经过适当的部分积分，我们得到

◀哈密顿（W. Hamilton，1805—1865），爱尔兰数学家、天文学家、物理学家。

---

① 洛伦兹的四篇论文发表于 *Publications of the Koninkl. Akad. van Wetensch. te Amsterdam*，1915 和 1916；D. Hilbert，*Göttinger Nachr.*，1915，Part 3。

② 目前未使用 $g_{\mu\nu}$ 的张量特征。

$$\int \mathfrak{H} d\tau = \int \mathfrak{H}^* d\tau + F, \quad\cdots\cdots\cdots\cdots\cdots\cdots (2)$$

其中 F 表示在所考虑区域边界上的积分，$\mathfrak{H}^*$ 只与 $g^{\mu\nu}$，$g^{\mu\nu}_\sigma$，$q_{(\rho)}$，$q_{(\rho)\alpha}$ 有关，而不再与 $g^{\mu\nu}_{\sigma\tau}$ 有关。对于我们感兴趣的这种变分，由（2）我们得到

$$\delta \int \mathfrak{H} d\tau = \delta \int \mathfrak{H}^* d\tau, \quad\cdots\cdots\cdots\cdots\cdots\cdots (3)$$

因此我们可以把变分原理（1）用以下更方便的形式来代替：

$$\delta \int \mathfrak{H}^* d\tau = 0 。 \quad\cdots\cdots\cdots\cdots\cdots\cdots (1a)$$

通过对 $g^{\mu\nu}$ 和 $q_{(\rho)}$ 作变分，我们得到物质和引力的场方程：[①]

$$\frac{\partial}{\partial x_\alpha}\left(\frac{\partial \mathfrak{H}^*}{\partial g^{\mu\nu}_\alpha}\right) - \frac{\partial \mathfrak{H}^*}{\partial g^{\mu\nu}} = 0, \quad\cdots\cdots\cdots\cdots\cdots (4)$$

$$\frac{\partial}{\partial x_\alpha}\left(\frac{\partial \mathfrak{H}^*}{\partial q_{(\rho)\alpha}}\right) - \frac{\partial \mathfrak{H}^*}{\partial q_{(\rho)}} = 0 。 \quad\cdots\cdots\cdots\cdots (5)$$

§2. 引力场的独立存在性

如果我们对 $\mathfrak{H}$ 依赖于 $g^{\mu\nu}$，$g^{\mu\nu}_\sigma$，$g^{\mu\nu}_{\sigma\tau}$，$q_{(\rho)}$，$q_{(\rho)\alpha}$ 的方式不作限制性的假设，那么能量分量不能分为属于引力场和属于物质的两部分。为了保证理论的这一特性，我们假设

$$\mathfrak{H} = \mathfrak{G} + \mathfrak{M}, \quad\cdots\cdots\cdots\cdots\cdots\cdots (6)$$

其中 $\mathfrak{G}$ 仅依赖于 $g^{\mu\nu}$，$g^{\mu\nu}_\sigma$，$g^{\mu\nu}_{\sigma\tau}$，$\mathfrak{M}$ 仅依赖于 $g^{\mu\nu}$，$q_{(\rho)}$，$q_{(\rho)\alpha}$。于是方程（4）和（5）[②]有形式

$$\frac{\partial}{\partial x_\alpha}\left(\frac{\partial \mathfrak{G}^*}{\partial g^{\mu\nu}_\alpha}\right) - \frac{\partial \mathfrak{G}^*}{\partial g^{\mu\nu}} = \frac{\partial \mathfrak{M}}{\partial g^{\mu\nu}}, \quad\cdots\cdots\cdots\cdots (7)$$

---

① 为简单起见，公式中省略了求和号。在一个项中出现两次的指标总被认为是求和，因此例如在（4）中，$\frac{\partial}{\partial x_\alpha}\left(\frac{\partial \mathfrak{H}^*}{\partial g^{\mu\nu}_\alpha}\right)$ 表示 $\sum_\alpha \frac{\partial}{\partial x_\alpha}\left(\frac{\partial \mathfrak{H}^*}{\partial g^{\mu\nu}_\alpha}\right)$。

② 原文误作"方程（4）和（4a）"。——中译者注

$$\frac{\partial}{\partial x_\alpha}\left(\frac{\partial \mathfrak{M}}{\partial q_{(\rho)\alpha}}\right) - \frac{\partial \mathfrak{M}}{\partial q_{(\rho)}} = 0。 \quad\cdots\cdots\cdots\cdots\cdots\cdots\cdots (8)$$

这里 $\mathfrak{G}^*$ 与 $\mathfrak{G}$ 的关系如同 $\mathfrak{H}^*$ 与 $\mathfrak{H}$ 的关系。

需要特别注意的是，如果我们假设 $\mathfrak{M}$ 或 $\mathfrak{H}$ 也依赖于 $q_{(\rho)}$ 的高于一阶的导数，那么方程(8)或(5)将不得不由其他方程来代替。同样可以想象，$q_{(\rho)}$ 必须被认为不是相互独立的，而是由条件方程联系起来的。所有这些对于下面的推导都不重要，因为它们仅仅基于方程(7)，而方程(7)是通过对 $g^{\mu\nu}$ 变化我们的积分得到的。

§3. 不变量理论制约下的引力场方程的性质

我们现在假设

$$ds^2 = g_{\mu\nu}dx_\mu dx_\nu \quad\cdots\cdots\cdots\cdots\cdots\cdots\cdots\cdots\cdots (9)$$

是一个不变量。这决定了 $g_{\mu\nu}$ 的变换特征。至于描述物质的 $q_{(\rho)}$ 的变换特征，我们不作任何假定。另一方面，设函数 $H = \dfrac{\mathfrak{H}}{\sqrt{-g}}$，$G = \dfrac{\mathfrak{G}}{\sqrt{-g}}$ 和 $M = \dfrac{\mathfrak{M}}{\sqrt{-g}}$ 相对于任何时空坐标代换都是不变量。根据这些假设，由(1)推导得出方程(7)和(8)的广义协变性。进而得出 G(除了一个常数因子)必定等于黎曼曲率张量的标量；因为没有其他不变量具有对 G 所要求的性质。[①] 所以 $\mathfrak{G}^*$ 也是完全确定的，因此场方程(7)的左边也是确定的。[②]

根据广义相对性公设，我们现在将推导出函数 $\mathfrak{G}^*$ 的一些性质。为此，我们通过取

$$x'_\nu = x_\nu + \Delta x_\nu \quad\cdots\cdots\cdots\cdots\cdots\cdots\cdots\cdots (10)$$

来进行坐标的无穷小变换，其中 Δx_ν 是坐标的任意无穷小函数，x_ν'是在原系统中有坐标 x_ν 的世界点在新系统中的坐标。对于坐标，也对于任何其他量，如下

---

① 在这里可以找到广义相对性公设导致一个非常确定的引力理论的原因。

② 通过做部分积分我们得到

$$\mathfrak{G}^* = \sqrt{-g}\,g^{\mu\nu}\left[\{\mu\alpha, \beta\}\{\nu\beta, \alpha\} - \{\mu\nu, \alpha\}\{\alpha\beta, \beta\}\right]。$$

类型的变换法则

$$\psi' = \psi + \Delta\psi$$

都是适用的，其中 $\Delta\psi$ 必须总是可以由 Δx_ν 表示。从 $g^{\mu\nu}$ 的协变性质，我们很容易推导出对 $g^{\mu\nu}$ 和 $g^{\mu\nu}_\sigma$ 的变换法则

$$\Delta g^{\mu\nu} = g^{\mu\alpha}\frac{\partial(\Delta x_\nu)}{\partial x_\alpha} + g^{\nu\alpha}\frac{\partial(\Delta x_\mu)}{\partial x_\alpha}, \quad\cdots\cdots\cdots\cdots\cdots(11)$$

$$\Delta g^{\mu\nu}_\sigma = \frac{\partial(\Delta g^{\mu\nu})}{\partial x_\sigma} - g^{\mu\nu}_\alpha\frac{\partial(\Delta x_\alpha)}{\partial x_\sigma}\circ \quad\cdots\cdots\cdots\cdots\cdots(12)$$

由于 $\mathfrak{G}^*$ 仅取决于 $g^{\mu\nu}$ 和 $g^{\mu\nu}_\sigma$，因此有可能借助（11）和（12）计算出 $\Delta\mathfrak{G}^*$。于是我们得到方程

$$\sqrt{-g}\,\Delta\!\left(\frac{\mathfrak{G}^*}{\sqrt{-g}}\right) = S^\nu_\sigma\frac{\partial(\Delta x_\sigma)}{\partial x_\nu} + 2\frac{\partial\mathfrak{G}^*}{\partial g^{\mu\sigma}_\alpha}g^{\mu\nu}\frac{\partial^2\Delta x_\sigma}{\partial x_\nu\partial x_\alpha}, \quad\cdots\cdots(13)$$

其中为简洁起见，我们设

$$S^\nu_\sigma = 2\frac{\partial\mathfrak{G}^*}{\partial g^{\mu\sigma}}g^{\mu\nu} + 2\frac{\partial\mathfrak{G}^*}{\partial g^{\mu\sigma}_\alpha}g^{\mu\nu}_\alpha + \mathfrak{G}^*\delta^\nu_\sigma - \frac{\partial\mathfrak{G}^*}{\partial g^{\mu\alpha}_\nu}g^{\mu\alpha}_\sigma\circ \quad\cdots\cdots\cdots(14)$$

从这两个方程我们得出对后面很重要的两个推论。我们知道 $\dfrac{\mathfrak{G}}{\sqrt{-g}}$ 对于任何代换都是一个不变量，但我们不知道 $\dfrac{\mathfrak{G}^*}{\sqrt{-g}}$ 是否如此。然而很容易证明，后一个量对于坐标的任何线性代换都是不变量。因而可知，如果所有 $\dfrac{\partial^2\Delta x_\sigma}{\partial x_\nu\partial x_\alpha}$ 为零，那么（13）的右边必定恒为零。因而 $\mathfrak{G}^*$ 一定满足恒等式

$$S^\nu_\sigma \equiv 0\circ \quad\cdots\cdots\cdots\cdots\cdots\cdots\cdots\cdots\cdots\cdots\cdots(15)$$

此外，如果我们这样选择 Δx_ν，使得它们仅在给定区域内部不为零，但在无限接近边界处为零，那么由所讨论的变换，方程（2）中出现的边界积分值不变。因此 $\Delta F = 0$，所以[①]

$$\Delta\int\mathfrak{G}\mathrm{d}\tau = \Delta\int\mathfrak{G}^*\mathrm{d}\tau\circ$$

---

① 通过引入量 $\mathfrak{G}$ 和 $\mathfrak{G}^*$ 代替 $\mathfrak{H}$ 和 $\mathfrak{H}^*$。

但是等式的左边一定为零，因为$\dfrac{\mathfrak{G}}{\sqrt{-g}}$和$\sqrt{-g}$都是不变量。因此，等式右边也为

零。于是，考虑到(13)，(14)和(15)，[①] 我们首先得出等式

$$\int \frac{\partial \mathfrak{G}^*}{\partial g_\alpha^{\mu\sigma}} g^{\mu\nu} \frac{\partial^2(\Delta x_\sigma)}{\partial x_\nu \partial x_\alpha} \mathrm{d}\tau = 0, \quad \cdots\cdots\cdots\cdots\cdots \quad (16)$$

通过两次部分积分变换该方程，并考虑到Δx_σ可以自由选择，我们得到恒等式

$$\frac{\partial^2}{\partial x_\nu \partial x_\alpha}\left(g^{\mu\nu} \frac{\partial \mathfrak{G}^*}{\partial g_\alpha^{\mu\sigma}}\right) \equiv 0。 \quad \cdots\cdots\cdots\cdots\cdots \quad (17)$$

根据由$\dfrac{\mathfrak{G}}{\sqrt{-g}}$的不变性推出的两个恒等式(16)和(17)，以及广义相对性公

设，我们现在可以得出结论。

首先通过与$g^{\mu\nu}$作混合乘积对引力场方程(1)作变换。然后我们得到(通过把指标σ和ν互换)与场方程(7)等价的方程

$$\frac{\partial}{\partial x_\alpha}\left(g^{\mu\nu} \frac{\partial \mathfrak{G}^*}{\partial g_\alpha^{\mu\sigma}}\right) = -\left(\mathfrak{T}_\sigma^\nu + \mathfrak{t}_\sigma^\nu\right), \quad \cdots\cdots\cdots\cdots \quad (18)$$

其中我们设

$$\mathfrak{T}_\sigma^\nu = -\frac{\partial \mathfrak{M}}{\partial g^{\mu\sigma}} g^{\mu\nu}, \quad \cdots\cdots\cdots\cdots\cdots\cdots \quad (19)$$

$$\mathfrak{t}_\sigma^\nu = -\left(\frac{\partial \mathfrak{G}^*}{\partial g_\alpha^{\mu\sigma}} g_\alpha^{\mu\nu} + \frac{\partial \mathfrak{G}^*}{\partial g^{\mu\sigma}} g^{\mu\nu}\right) = \frac{1}{2}\left(\mathfrak{G}^* \delta_\sigma^\nu - \frac{\partial \mathfrak{G}^*}{\partial g_\nu^{\mu\alpha}} g_\sigma^{\mu\alpha}\right)。 \quad \cdots\cdots \quad (20)$$

由(14)和(15)可以证明对$\mathfrak{t}_\sigma^\nu$的最后一个表达式是正确的。把(18)对于x_ν作微分，并对ν求和，又由于(17)，有

$$\frac{\partial}{\partial x_\nu}\left(\mathfrak{T}_\sigma^\nu + \mathfrak{t}_\sigma^\nu\right) = 0。 \quad \cdots\cdots\cdots\cdots\cdots \quad (21)$$

方程(21)表达了动量和能量守恒。我们称$\mathfrak{T}_\sigma^\nu$为物质的能量分量，$\mathfrak{t}_\sigma^\nu$为引力场的能量分量。

考虑到(20)，通过令引力场方程(7)乘以$g_\sigma^{\mu\nu}$并对μ和ν求和，有

$$\frac{\partial \mathfrak{t}_\sigma^\nu}{\partial x_\nu} + \frac{1}{2} g_\sigma^{\mu\nu} \frac{\partial \mathfrak{M}}{\partial g^{\mu\nu}} = 0,$$

---

① 原文为(14)，(15)和(16)。——中译者注

或者，考虑(19)和(21)，有

$$\frac{\partial \mathfrak{T}_\sigma^\nu}{\partial x_\nu} + \frac{1}{2} g_\sigma^{\mu\nu} \mathfrak{T}_{\mu\nu} = 0, \quad \cdots\cdots\cdots\cdots\cdots\cdots\cdots (22)$$

其中 $\mathfrak{T}_{\mu\nu}$ 表示量 $g_{\nu\sigma} \mathfrak{T}_\mu^\sigma$。这些就是物质的能量分量必须满足的 4 个方程。

需要强调的是，(广义协变)守恒定律(21)和(22)是根据引力场方程(7)推出的，其中方程(7)仅仅结合了广义协变(相对性)公设，而没有用到对物质现象的场方程(8)。

九
基于广义相对论的宇宙学考虑

爱因斯坦

· *Cosmological Considerations on the General Theory of Relativity* ·

· A. Einstein ·

牛顿理论——按照广义相对论的边界条件——物质均匀分布的空间有限的宇宙——关于引力场方程的一个附加项——计算和结果

英文版译自 Kosmologische Betrachtungen zur allgemeinen Relativitätstheorie，*Sitzungsberichte der Preussischen Akad. d. Wissenschaften*，1917。

Am Tage der Fünfhundertjahr=
feier der Universität Rostock
ernennt die Medizinische Fakultät den
Doktor der Philosophie Herrn Professor
Albert Einstein in Anerkennung der ge=
waltigen Arbeit seines Geistes, durch die
er die Begriffe von Raum und Zeit, von
Schwerkraft und Materie von Grund aus
erneuert hat, ehrenhalber zum Doktor
der Medizin.

Rostock 12. November 1919

Der Dekan

众所周知，泊松方程

$$\nabla^2 \phi = 4\pi\kappa\rho \cdots\cdots\cdots\cdots\cdots\cdots\cdots\cdots\cdots\cdots \quad (1)$$

结合质点的运动方程，还不能完全代替牛顿的超距作用理论。仍然要考虑这样一种情况，即在空间无限远处，势 ϕ 趋向于一个固定的极限值。在广义相对论的引力理论中有一个类似的情况。在这里，如果我们真的必须要把宇宙看作在空间上是无限的，那么我们就必须通过在空间无限处的限制条件来补充微分方程。

在我对行星问题的处理中，我通过以下形式的假设选择这些限制条件：有可能选择一个参考系，使得在空间无限远处的所有引力势 $g_{\mu\nu}$ 都是常数。但是，当我们想要考虑物理宇宙的更大部分时，我们可以取相同的限制条件这一点绝不是先验地显而易见的。在接下来的几页中，我将给出到目前为止我对这个至关重要问题所作的思考。

§1. 牛顿理论

众所周知，牛顿关于 ϕ 在空间无限远处有常数极限的限制条件，导致了物质密度在无限远处成为零的看法。因为我们可以想象，在宇宙空间中可能有一处，从大范围来看，其周围的物质引力场具有球形对称性。然后根据泊松方程，为了使 ϕ 可以在无限远处趋向一个极限，当到中心的距离 r 增加时，平均密度 ρ 必须比 $\dfrac{1}{r^2}$ 更快地减少到零。[①] 因此，在这个意义上，宇宙根据牛顿理论是有限的，虽然它可能拥有无穷大的总质量。

由此首先会想到，由天体发出的辐射将部分地离开牛顿的宇宙系统，向外

◀1919 年，爱因斯坦获得罗斯托克大学授予的荣誉博士学位证书。

---

　　① ρ 是物质的平均密度，计算区域的大小与相邻恒星之间的距离相比是大的，但与整个恒星系统相比是小的。

辐射，并在无限远处失效和消失。难道并非所有天体都是如此吗？对这个问题几乎不可能给出否定的回答。因为若假设 ϕ 在空间无限处有一个有限的极限，那么可由此推出动能有限的天体将能够克服牛顿引力到达空间的无限远处。根据统计力学，只要恒星系统的总能量(转移到一颗恒星上的能量)足以将这颗恒星送到无限远处而无法返回，这种情况就一定会不时发生。

我们也许可以通过假设无限远处的极限势有一个很高的值来尝试避免这种特殊的困难。如果引力势的值不一定受天体制约，这将是一种可行的方法。但真实情况是，我们不得不承认，引力场出现任何巨大势差都与实际相矛盾。这些势差的数量级必须非常小，使得它们产生的恒星速度不会超过实际观测到的速度。

通过把恒星系统与处于热平衡的气体相比较，如果我们把气体分子的玻尔兹曼分布定律应用到恒星上，我们会发现牛顿恒星系统根本不可能存在。因为中心与空间无限远处之间的有限的势差对应于有限的密度比值。因此，无限远处密度为零意味着中心处密度为零。

看来基于牛顿理论很难克服这些困难。我们可以自问：这些困难是否可以通过修改牛顿理论予以消除呢？首先，我们将提出一种方法，其本身并不十分重要，只是为后续内容做了铺垫。代替泊松方程，我们写出

$$\nabla^2\phi - \lambda\phi = 4\pi\kappa\rho, \quad\quad\quad\quad\quad\quad (2)$$

其中 λ 表示一个通用常数。如果 ρ_0 是质量分布的一个均匀密度，那么

$$\phi = -\frac{4\pi\kappa}{\lambda}\rho_0 \quad\quad\quad\quad\quad\quad (3)$$

是方程(2)的一个解。如果密度 ρ_0 等于宇宙中物质的真实平均密度，那么这个解会对应于恒星的物质在空间均匀分布的情况。于是，这个解就对应于均匀地充满了物质的中心空间的无限扩张。如果不改变平均密度，我们设想物质是局部非均匀分布的，那么除了 ϕ 有方程(3)的常数值之外，还会有一个额外的 ϕ，在密度更大的物质附近，它将更像牛顿场，因为 $\lambda\phi$ 比 $4\pi\kappa\rho$ 更小。

这样构成的宇宙就引力场而言没有中心。不需要假设空间无限远处密度的减小，只需假设平均势和平均密度都将在无限远处保持为常数。我们在牛顿理论中发现的与统计力学的矛盾不再重复。对于确定的但特别小的密度，物质处

于平衡状态，不需要任何物质内部的力（压力）来保持平衡。

§2. 按照广义相对论的边界条件

在本节中，我将带领读者走我自己走过的路，一条相当崎岖曲折的路，因为不这样的话，读者对旅程结束时的结果可能不会很感兴趣。我将得出的结论是，我迄今为止一直在维护的引力场方程，仍然需要些许改动，使得在广义相对论的基础上，可以避开那些在§1中提出的牛顿理论面临的基本困难。这种改动完全符合§1中泊松方程（1）到方程（2）的过渡。我们最后推断，空间无限远处的边界条件完全消失，因为就其空间维度而言，宇宙连续统可以看作有限空间（三维）体积的独立连续统。

我直到最近才形成的关于空间无限远处限制条件的观点基于以下考虑。在一个前后一致的相对论中，没有相对于"空间"的惯性，而只有质量相对于其他质量的惯性。因此，如果我有一个质量，它与宇宙中所有其他质量相距足够远，那么它的惯性一定会降到零。我们将尝试用数学方法来表示这个条件。

根据广义相对论，负动量由协变张量的前三个分量给出，能量由其最后一个分量乘以 $\sqrt{-g}$ 给出，

$$m\sqrt{-g}\,g_{\mu\alpha}\frac{\mathrm{d}x_\alpha}{\mathrm{d}s}, \quad\cdots\cdots\cdots\cdots\cdots\cdots\cdots\cdots\text{（4）}$$

其中我们像往常一样设

$$\mathrm{d}s^2 = g_{\mu\nu}\mathrm{d}x_\mu\mathrm{d}x_\nu。 \quad\cdots\cdots\cdots\cdots\cdots\cdots\cdots\text{（5）}$$

有可能选择坐标系使得引力场在每一点都是空间各向同性的，在这种特别明白易懂的情况下，我们更简单地有

$$\mathrm{d}s^2 = -A(\mathrm{d}x_1^2 + \mathrm{d}x_2^2 + \mathrm{d}x_3^2) + B\mathrm{d}x_4^2。$$

此外，如果同时有

$$\sqrt{-g} = 1 = \sqrt{A^3 B},$$

那么我们由（4）中得到小速度下动量分量的一阶近似

$$m \frac{A}{\sqrt{B}} \frac{\mathrm{d}x_1}{\mathrm{d}x_4}, \quad m \frac{A}{\sqrt{B}} \frac{\mathrm{d}x_2}{\mathrm{d}x_4}, \quad m \frac{A}{\sqrt{B}} \frac{\mathrm{d}x_3}{\mathrm{d}x_4},$$

以及能量(在静止情况下)的一阶近似

$$m\sqrt{B} \ 。$$

由动量的表达式可知，$m\dfrac{A}{\sqrt{B}}$起着静止质量的作用。因为 m 是质点特有的常数，与其位置无关，如果我们在空间无限远处保持条件$\sqrt{-g}=1$，那么仅当 A 减小到零，B 增加到无穷大时，$m\dfrac{A}{\sqrt{B}}$才为零。因此，系数 $g_{\mu\nu}$ 的这种退化看起来是被所有惯性的相对性公设所要求的。这个要求意味着势能 $m\sqrt{B}$ 在无限远处变成无穷大。因此，一个质点永远不能离开该系统；更详细的研究表明，光线也是如此。因此，无限远处引力势具有这种行为的宇宙系统，不会像刚才在有关牛顿理论的讨论中那样，有日渐消散的危险。

我要指出，作为本论据的基础的关于引力势的简化假设的引入，只是为了清晰起见。有可能找到 $g_{\mu\nu}$ 在无限远处行为的一般公式，这些公式表达了问题的本质，而无须进一步的限制性假设。

在这个阶段，在数学家格罗默尔(J. Grommer，1879—1933)的友好帮助下，我研究了中心对称的静态引力场，它在无限远处以上述方式退化。应用了引力势 $g_{\mu\nu}$，并由之根据引力场方程计算出了物质的能量张量 $T_{\mu\nu}$。但是这里也证明了，对于恒星系统来说，这种类型的边界条件根本不可能予以考虑，如同天文学家德西特(W. de Sitter，1872—1934)最近正确指出的那样。

有重物质的逆变能量张量 $T^{\mu\nu}$ 由下式给出

$$T^{\mu\nu} = \rho \frac{\mathrm{d}x_\mu}{\mathrm{d}s} \frac{\mathrm{d}x_\nu}{\mathrm{d}s},$$

其中 ρ 是在自然度量中的物质密度。在适当选择的坐标系中，与光速相比，恒星的速度是很小的。因此，我们可以用 $\sqrt{g_{44}}\,\mathrm{d}x_4$ 代替 $\mathrm{d}s$。这向我们表明，$T_{\mu\nu}$ 的所有分量与最后一个分量 T_{44} 相比一定都很小。但是，要使这一条件与选定的边界条件相一致是非常不可能的。回想起来，这个结果并不令人吃惊。恒星速度小的事实允许我们做出这样的结论：在有恒星之处，引力势(在我们所说的情况下是$\sqrt{B}$)绝不会比地球上的大很多。这个来自统计推理的结果，与牛顿理论的结果完全相同。无论如何，我们的计算使我相信，在空间无限远处也许不能假设对$g_{\mu\nu}$的这种退化条件。

这个尝试失败后，接下来有两种可能性。

（a）如同在行星的问题中，选择一个合适的参考系，我们可能需要使$g_{\mu\nu}$在空间无限远处近似等于以下值

$$
\begin{array}{cccc}
-1 & 0 & 0 & 0 \\
0 & -1 & 0 & 0 \\
0 & 0 & -1 & 0 \\
0 & 0 & 0 & 1
\end{array}
$$

（b）我们可以完全避免在空间无限远处设置声称普遍有效的边界条件；但是在所考虑的区域的空间限制下，我们必须在每种情况下单独给出$g_{\mu\nu}$，因为迄今为止我们习惯于单独给出时间的初始条件。

可能性(b)没有提供解决问题的希望，等同于放弃。这是目前德西特采取的一个确凿无疑的观点。[①] 但我必须承认，在这个基本问题上如此彻底地退出对我来说是十分困难的。我不应该轻易放弃，除非朝向令人满意观点推进的每一个努力都被证明是徒劳的。

可能性(a)在许多方面都不令人满意。首先，这些边界条件以参考系的确定选择为前提，这违背了相对性原理的精神。其次，如果我们采取这种观点，我们就不能满足惯性相对性的要求。因为质量为m的（在自然度量中）质点的惯性取决于$g_{\mu\nu}$；但是如上所述，它们与空间无限远处的假设值相差并不多。因此，惯性确实会受到影响，但不会受到（存在于有限空间中）物质的制约。根据这种观点，如果只有一个质点存在，它将具有惯性，而且事实上，这个惯性与它被真实宇宙中其他质量围绕时的惯性几乎一样大。最后必须提及牛顿理论中提到过的那些统计上的反对意见。

从现在所说的可以看出，我并未成功地用公式表述对空间无限远处的边界条件。尽管如此，仍然有一条可能的出路，不是像(b)中所建议的那样放弃。

---

① de Sitter, *Akad. van Wetensch. te Amsterdam*, 8 Nov., 1916.

因为如果有可能把宇宙看作一个关于其空间维度有限的(闭)连续统,那么我们就根本不需要任何这样的边界条件。我们将进而证明,相对论的一般公设和恒星速度小的事实与宇宙在空间上是有限的假定是相容的;当然,为了贯彻这种想法,我们还需要对引力场方程做一个一般化修正。

§3. 物质均匀分布的空间有限的宇宙

根据广义相对论,四维时空连续统的度规特征(曲率)在每一点都由该点的物质及其状态来定义。因此,由于物质分布缺乏均匀性,这个连续统的度规结构必定极其复杂。但是如果我们只关心大范围的结构,我们可以认为物质均匀地分布在巨大的空间中,所以它的分布密度是一个变动极其缓慢的可变函数。因此,我们的做法会有点类似于大地测量学者的做法,他们用一个椭球面作为地表形状的近似,小范围的地表形状其实是极其复杂的。

我们从物质分布的经验中得出的最重要的事实是,与光速相比,恒星的相对速度非常小。所以我认为,目前可以把我们的推理建立在下列近似假设上。存在一个参考系,物质相对于它而言可以被看作是永久静止的。因此,对于这个系统,根据(5),物质的逆变能量张量 $T^{\mu\nu}$ 具有以下简单形式

$$\left.\begin{matrix} 0 & 0 & 0 & 0 \\ 0 & 0 & 0 & 0 \\ 0 & 0 & 0 & 0 \\ 0 & 0 & 0 & \rho \end{matrix}\right\} \quad \cdots\cdots\cdots\cdots\cdots\cdots\cdots\cdots\cdots\cdots\cdots\cdots (6)$$

其中(平均)分布密度标量 ρ 可以先验地是空间坐标的函数。但是如果我们假设宇宙在空间中是有限的,我们就会得到 ρ 与位置无关的假设。我们的以下考虑就是基于这个假设的。

至于引力场,它是由质点的运动方程

$$\frac{\mathrm{d}^2 x_\nu}{\mathrm{d}s^2} + \{\alpha\beta, \ \nu\} \frac{\mathrm{d}x_\alpha}{\mathrm{d}s} \frac{\mathrm{d}x_\beta}{\mathrm{d}s} = 0$$

得出的,即静态引力场中的质点只有当 g_{44} 与位置无关时才能保持静止状态。

此外，我们已预先假定时间坐标 x_4 与所有量值无关，所以对于待求的解，我们可以要求：对于所有 x_ν 有

$$g_{44} = 1。 \quad\cdots\cdots\cdots\cdots\cdots\cdots\cdots\cdots\cdots\cdots\cdots \quad (7)$$

此外，如同通常对静态问题那样，我们必须设

$$g_{14} = g_{24} = g_{34} = 0。 \quad\cdots\cdots\cdots\cdots\cdots\cdots\cdots\cdots \quad (8)$$

现在还需要确定引力势的那些分量，它们定义了连续统（g_{11}，g_{12}，$\cdots$，g_{33}）的纯空间几何关系。由我们关于场产生的质量的均匀分布假设可知，待求空间的曲率必定是常数。因此，对这样的质量分布，待求的带有常数 x_4 的 x_1，x_2，x_3 的有限连续统将是一个球面空间。

例如，我们用以下方式构成这样一个空间。从具有线元 $\mathrm{d}\sigma$ 的一个四维欧氏空间 ξ_1，ξ_2，ξ_3，ξ_4 开始；因此设

$$\mathrm{d}\sigma^2 = \mathrm{d}\xi_1^2 + \mathrm{d}\xi_2^2 + \mathrm{d}\xi_3^2 + \mathrm{d}\xi_4^2。 \quad\cdots\cdots\cdots\cdots\cdots \quad (9)$$

在这个空间中我们考虑超曲面

$$R^2 = \xi_1^2 + \xi_2^2 + \xi_3^2 + \xi_4^2， \quad\cdots\cdots\cdots\cdots\cdots\cdots \quad (10)$$

其中 R 表示一个常数。这个超曲面的点形成了一个三维连续统，即一个曲率半径为 R 的球面空间。

我们开始时使用的四维欧氏空间只是为了方便定义超曲面。我们感兴趣的只是超曲面的那些点，它们的度规性质与物质均匀分布的物理空间的度规性质一致。为了描述这个三维连续统，我们可以使用坐标 ξ_1，ξ_2，ξ_3（在超平面 $\xi_4 = 0$ 上的投影），因为根据（10），ξ_4 可以用 ξ_1，ξ_2，ξ_3 表示。从（9）中消去 ξ_4，我们对球面空间的线元得到表达式

$$\left.\begin{array}{l} \mathrm{d}\sigma^2 = \gamma_{\mu\nu}\mathrm{d}\xi_\mu\mathrm{d}\xi_\nu \\[2mm] \gamma_{\mu\nu} = \delta_{\mu\nu} + \dfrac{\xi_\mu\xi_\nu}{R^2 - \rho^2} \end{array}\right\} \quad\cdots\cdots\cdots\cdots\cdots\cdots \quad (11)$$

其中如果 $\mu = \nu$，则 $\delta_{\mu\nu} = 1$；如果 $\mu \neq \nu$，则 $\delta_{\mu\nu} = 0$，且 $\rho^2 = \xi_1^2 + \xi_2^2 + \xi_3^2$。如果要考察两点 $\xi_1 = \xi_2 = \xi_3 = 0$ 之一的周围，所选择的坐标是方便的。

现在，待求的四维时空宇宙的线元也已给出。对于两个指标都不同于 4 的势 $g_{\mu\nu}$，我们必须设

$$g_{\mu\nu} = -\left(\delta_{\mu\nu} + \frac{x_{\mu}x_{\nu}}{R^2 - (x_1^2 + x_2^2 + x_3^2)}\right)。 \quad\text{.................} \quad (12)$$

这个方程与(7)和(8)相结合,完美地定义了测量杆、钟和光线的行为。

§4. 关于引力场方程的一个附加项

对于任何选定的坐标系,我提出的引力场方程如下:

$$\left.\begin{aligned}
G_{\mu\nu} &= -\kappa\left(T_{\mu\nu} - \frac{1}{2}g_{\mu\nu}T\right) \\
G_{\mu\nu} &= -\frac{\partial}{\partial x_{\alpha}}\{\mu\nu,\ \alpha\} + \{\mu\alpha,\ \beta\}\{\nu\beta,\ \alpha\} \\
&\quad + \frac{\partial^2 \log\sqrt{-g}}{\partial x_{\mu}\partial x_{\nu}} - \{\mu\nu,\ \alpha\}\frac{\partial \log\sqrt{-g}}{\partial x_{\alpha}}
\end{aligned}\right\} \quad\text{...............} \quad (13)$$

当我们代入(7),(8)和(12)中给出的 $g_{\mu\nu}$ 值,以及(6)中指示的物质能量的(逆变)张量值时,方程组(13)无论如何也不会满足。在下节中将说明如何方便地进行这种计算。所以,如果我迄今为止使用的场方程(13),确定是符合广义相对性公设的唯一方程,那么我们也许应该得出结论,即相对论不允许宇宙在空间上有限的假设。

然而,方程(13)[1]容易使人想到与相对性公设相容的一个扩展,并且它完全类似于方程(2)给出的泊松方程的扩展。因为在场方程(13)的左边,我们可以加上乘以$-\lambda$ 的基本张量 $g_{\mu\nu}$,其中$-\lambda$ 是一个目前未知的通用常数,它不会破坏广义协变性。代替场方程(13),我们写出

$$G_{\mu\nu} - \lambda g_{\mu\nu} = -\kappa\left(T_{\mu\nu} - \frac{1}{2}g_{\mu\nu}T\right)。 \quad\text{.................} \quad (13a)$$

在 λ 足够小的情况下,这个场方程在任何情况下都符合由太阳系导出的经验事实。它还满足动量和能量守恒定律,因为我们通过在哈密顿原理中引入增加了一个通用常数的标量替代黎曼张量,得到(13a)代替(13);而哈密顿原理当然

---

[1] 原文误作"方程组(14)"。——中译者注

保证了守恒定律的有效性。在 §5 中将证明，场方程(13a)与我们对场和物质的设想是相容的。

§5. 计算和结果

因为我们的连续统中所有点都是平等的，所以对一个点进行计算就足够了，例如，对具有坐标

$$x_1 = x_2 = x_3 = x_4 = 0$$

的两个点中的一个点进行计算。然后，对于(13a)中的 $g_{\mu\nu}$，在它们只有一阶微分或完全没有微分的情况下，我们都必须代入值

$$
\begin{array}{rrrr}
-1 & 0 & 0 & 0 \\
0 & -1 & 0 & 0 \\
0 & 0 & -1 & 0 \\
0 & 0 & 0 & 1
\end{array}
$$

因此我们首先得到

$$G_{\mu\nu} = \frac{\partial}{\partial x_1}[\mu\nu,\ 1] + \frac{\partial}{\partial x_2}[\mu\nu,\ 2] + \frac{\partial}{\partial x_3}[\mu\nu,\ 3] + \frac{\partial^2 \log\sqrt{-g}}{\partial x_\mu \partial x_\nu}。$$

考虑到(7)，(8)和(13)，我们容易发现，如果两个关系式

$$-\frac{2}{R^2} + \lambda = -\frac{\kappa\rho}{2}, \quad -\lambda = -\frac{\kappa\rho}{2},$$

或者

$$\lambda = \frac{\kappa\rho}{2} = \frac{1}{R^2} \dots\dots\dots\dots\dots\dots\dots\dots (14)$$

得到满足，那么(13a)中的所有方程都得到满足。

因此，新引入的通用常数 λ 既定义了能保持平衡的平均分布密度 ρ，也定义了球形空间的半径 R 和体积 $2\pi^2 R^3$。根据我们的观点，宇宙的总质量 M 是有限的，事实上，

$$M = \rho \cdot 2\pi^2 R^3 = 4\pi^2 \frac{R}{\kappa} = \pi^2 \sqrt{\frac{32}{k^3 \rho}}。 \quad \dots\dots\dots\dots (15)$$

因此，与我们的推理一致的真实宇宙的理论观点如下。根据物质的分布，空间曲率随时间和地点而变化，但是我们可以借助一个球形空间粗略地逼近它。无论如何，这种观点在逻辑上是一致的，并且从广义相对论的观点来看是最接近的；至于从当前天文学知识的角度来看它是否站得住脚，这里不予讨论。为了达到这个一致的观点，无可否认，我们不得不引入引力场方程的一个扩展，我们关于引力的实际知识并没有证实这一扩展。然而，需要强调的是，即使没有引入补充项，我们的结果给出的空间曲率也为正。这一项之所以是必要的，只是为了使物质的准静态分布成为可能，就如同恒星速度小这个事实所要求的那样。

十
引力场在物质基本粒子的结构中
起重要作用吗？

爱因斯坦

· Do Gravitational Fields Play an Essential Part in the
Structure of the Elementary Particles of Matter? ·

· A. Einstein ·

现存观点的缺陷——无标量的场方程——关于宇宙学
问题——结论

英文版译自 Spielen Gravitationsfelder im Aufber der materiellen Elementarteilchen eine wesentliche Rolle?, *Sitzungsberichte der Preussischen Akad. d. Wissenschaften*，1919。

无论是牛顿的引力理论还是相对论的引力理论，迄今为止都没有推动物质构成理论的发展。鉴于这一事实，下面几页将说明，有理由认为，构成原子的基本组成物是靠引力结合在一起的。

§1. 现存观点的缺陷

人们煞费苦心地构造了一种解释构成电子的电平衡的理论。尤其是米（G. Mie，1868—1957）对这个问题进行了深入的研究。他的理论得到了理论物理学家的大力支持，除了麦克斯韦-洛伦兹理论的能量项之外，其理论主要基于在能量张量中引入的取决于电动力势的各个分量的补充项。这些新的项在外部空间是无关紧要的，但在电子内部却是有效的，可以对抗电斥力保持平衡。尽管由米、希尔伯特和外尔所建立的这一理论的形式结构很美，但其物理结果迄今为止并不令人满意。一方面，可能性太多令人气馁；另一方面，这些附加项还未能形成一种简单形式，未能得到令人满意的解。

到目前为止，广义相对论并未改变这个问题的状态。如果我们暂时忽略附加的宇宙项，那么场方程的形式是

$$G_{\mu\nu} - \frac{1}{2}g_{\mu\nu}G = -\kappa T_{\mu\nu}, \quad\cdots\cdots\cdots\cdots\cdots\cdots\cdots (1)$$

其中 $G_{\mu\nu}$ 表示缩并的黎曼曲率张量，G 是经过重复缩并形成的曲率标量，$T_{\mu\nu}$ 是"物质"的能量张量。$T_{\mu\nu}$ 不依赖于 $g_{\mu\nu}$ 的导数的假设，与这些方程的历史发展保持一致。因为在狭义相对论的意义上，这些量当然是能量分量；而在狭义相对论中，变量 $g_{\mu\nu}$ 并不出现。选择等式左边的第二项，使得(1)左边的散度恒等于零，因此取(1)的散度，我们得到方程

$$\frac{\partial \mathfrak{T}_\mu^\sigma}{\partial x_\sigma} + \frac{1}{2}g_\mu^{\sigma\tau}\mathfrak{T}_{\sigma\tau} = 0, \quad\cdots\cdots\cdots\cdots\cdots\cdots (2)$$

◀三位诺贝尔物理学奖得主的合照。前排从左至右依次为 1907 年获奖者迈克尔逊，1921 年获奖者爱因斯坦，1923 年获奖者密立根（A. Millikan，1868—1953）。

在狭义相对论的极限情况，它给出了完整的守恒方程

$$\frac{\partial T_{\mu\nu}}{\partial x_\nu} = 0 \text{。}$$

这就是(1)的左边第二项的物理基础。无论如何不能先验地认为，这种类型的有限过渡有任何可能的意义。因为如果引力场确实在物质粒子的结构中起着重要作用，那么对它们来说，朝向 $g_{\mu\nu}$ 为常数这种极限情况的过渡将失去其合理性，因为事实上，对 $g_{\mu\nu}$ 为常数情况，不可能有任何物质粒子。因此，如果我们想要考虑引力可能参与构成粒子的场的结构的可能性，我们就不能把方程(1)看作是已经得到确认的了。

将电磁场的麦克斯韦-洛伦兹能量分量 $\phi_{\mu\nu}$ 置于(1)中，得到

$$T_{\mu\nu} = \frac{1}{4} g_{\mu\nu} \phi_{\sigma\tau} \phi^{\sigma\tau} - \phi_{\mu\sigma} \phi_{\nu\tau} g^{\sigma\tau}, \quad\cdots\cdots\cdots\cdots\cdots\cdots (3)$$

通过取散度并化简，我们由(2)得到[1]

$$\phi_{\mu\sigma} \mathfrak{I}^\sigma = 0, \quad\cdots\cdots\cdots\cdots\cdots\cdots\cdots (4)$$

为简洁起见，我们设

$$\frac{\partial}{\partial x_\tau}(\sqrt{-g}\,\phi_{\mu\nu} g^{\mu\sigma} g^{\nu\tau}) = \frac{\partial \mathfrak{f}^{\sigma\tau}}{\partial x_\tau} = \mathfrak{I}^\sigma \text{。} \quad\cdots\cdots\cdots\cdots (5)$$

在计算中，我们应用麦克斯韦方程组中的第二个，得到

$$\frac{\partial \phi_{\mu\nu}}{\partial x_\rho} + \frac{\partial \phi_{\nu\rho}}{\partial x_\mu} + \frac{\partial \phi_{\rho\mu}}{\partial x_\nu} = 0 \text{。} \quad\cdots\cdots\cdots\cdots\cdots (6)$$

我们从(4)式可以看出，电流密度 $\mathfrak{I}^\sigma$ 必定处处为零。因此，由方程(1)，我们不能像人们早就知道的那样，通过局限于麦克斯韦-洛伦兹理论的电磁分量来得出电子的理论。所以，如果我们坚持用方程(1)，我们就会被迫走上米氏理论的老路。[2]

不仅是物质问题，还有宇宙学问题，也导致了对方程(1)的怀疑。正如我在以前的论文中所指出的，广义相对论要求宇宙在空间上是有限的。但是这种宇宙观使得方程(1)的扩展成为必须的，即引入一个新的通用常数 λ，它与宇

---

① A. Einstein, *Sitzungsber. d. Preuss. Akad. d. Wiss.*, 1916, pp. 187–188.

② D. Hilbert, *Göttinger Nachr.*, 20 Nov., 1915.

宙的总质量（或与物质的平衡密度）成固定关系。这严重损害了该理论的形式美。

§2. 无标量的场方程

用以下场方程代替场方程(1)可以克服上述困难，

$$G_{\mu\nu} - \frac{1}{4}g_{\mu\nu}G = -\kappa T_{\mu\nu}, \quad\text{.........................} \quad (1a)$$

其中 $T_{\mu\nu}$ 表示由(3)给出的电磁场的能量张量。

本方程第二项中因子 $-\frac{1}{4}$ 在形式上合理的理由，在于它使得左边的标量

$$g^{\mu\nu}\left(G_{\mu\nu} - \frac{1}{4}g_{\mu\nu}G\right)$$

恒为零，如同右边的标量 $g^{\mu\nu}T_{\mu\nu}$ 因为(3)恒为零一样。如果我们基于方程(1)而不是(1a)进行推理，相反地，我们应该已经得到条件 $G=0$，这必定对 $g_{\mu\nu}$ 处处成立，而与电场无关。很清楚，方程组[(1a), (3)]是方程组[(1), (3)]的一个结果，反之则不然。

乍一看，我们可能怀疑(1a)和(6)一起是否足以定义整个场。在广义相对论中，我们需要 $n-4$ 个彼此独立的微分方程来定义 n 个独立变量，因为在解中，由于可以自由选择坐标，必定会自然地出现所有坐标的 4 个相当任意的函数。因此，为了定义 16 个独立量 $g_{\mu\nu}$ 和 $\phi_{\mu\nu}$，我们需要 12 个相互独立的方程，巧得很，方程(1a)的 9 个和方程(6)的 3 个是相互独立的。

求出(1a)的散度，并考虑到 $G_{\mu\nu} - \frac{1}{2}g_{\mu\nu}G$ 的散度为零，我们得到

$$\phi_{\sigma\alpha}J^{\alpha} + \frac{1}{4\kappa}\frac{\partial G}{\partial x_{\sigma}} = 0。 \quad\text{..............................} \quad (4a)$$

由此我们首先看出，在电密度为零的四维区域中的曲率标量 G 是常数。如果我们假设的空间所有这些部分都是互相连接的，从而只有在单独的"世界线"中，电密度才不为零，因此在这些世界线之外无论何处，曲率标量都有一个常数值

G_0。但是等式(4a)也允许有关 G 在具有非零电密度域内行为的一个重要结论。按照惯例，如果我们认为电是移动的电荷密度，通过设

$$J^{\sigma} = \frac{\mathfrak{J}^{\sigma}}{\sqrt{-g}} = \rho \frac{\mathrm{d}x_{\sigma}}{\mathrm{d}s}, \quad \cdots\cdots\cdots\cdots\cdots\cdots\cdots\cdots\cdots \quad (7)$$

以及通过令(4a)与 J^{σ} 作内积，又由于 $\phi_{\mu\nu}$ 的不对称性，我们得到关系式

$$\frac{\partial G}{\partial x_{\sigma}} \frac{\mathrm{d}x_{\sigma}}{\mathrm{d}s} = 0 \text{。} \cdots\cdots\cdots\cdots\cdots\cdots\cdots\cdots\cdots \quad (8)$$

因此，曲率标量在电运动的每一条世界线上都是常数。方程(4a)可以形象地阐释如下：曲率标量起着负压力的作用，它在电粒子之外有常数值 G_0。在每个粒子的内部存在一个负压力（正的 $G-G_0$），负压力的下降保持电动力的平衡。压力的极小值，或者曲率标量的极大值，在粒子内部均不随时间变化。

我们现在将场方程(1a)写成以下形式

$$\left(G_{\mu\nu} - \frac{1}{2} g_{\mu\nu} G \right) + \frac{1}{4} g_{\mu\nu} G_0 = -\kappa \left(T_{\mu\nu} + \frac{1}{4\kappa} g_{\mu\nu} (G - G_0) \right) \text{。} \quad \cdots\cdots \quad (9)$$

另一方面，我们把带有已给出宇宙项的方程变换为

$$G_{\mu\nu} - \lambda g_{\mu\nu} = -\kappa \left(T_{\mu\nu} - \frac{1}{2} g_{\mu\nu} T \right) \text{。}$$

减去乘以 $\frac{1}{2}$ 的标量方程，我们接下来得到

$$\left(G_{\mu\nu} - \frac{1}{2} g_{\mu\nu} G \right) + g_{\mu\nu} \lambda = -\kappa T_{\mu\nu} \text{。}$$

然而，在只有电场和引力场的区域中，这个方程的右边为零。通过构成标量，对这样的区域我们得到

$$-G + 4\lambda = 0 \text{。}$$

因此，在这样的区域中，曲率标量是常数，所以 λ 可以用 $\frac{1}{4} G_0$ 代替。于是，我们可以将前面的场方程(1)写成以下形式，

$$G_{\mu\nu} - \frac{1}{2} g_{\mu\nu} G + \frac{1}{4} g_{\mu\nu} G_0 = -\kappa T_{\mu\nu} \text{。} \cdots\cdots\cdots\cdots\cdots\cdots \quad (10)$$

比较(9)和(10)，我们看到新的场方程与原来的场方程之间没有区别，除了作

为"引力质量"的张量 $T_{\mu\nu}$ 现在被 $T_{\mu\nu} + \dfrac{1}{4\kappa} g_{\mu\nu}(G - G_0)$ 替代，后者与曲率张量无关。

但是新的公式有这样一个很大的优点，即在基本方程中出现的量 λ 是一个积分常数，不再是基本定律特有的通用常数。

§3. 关于宇宙学问题

由最后一个结果可以推断，在我们的新公式的表示下，无须额外的假设，宇宙就可以被看作在空间上是有限的。与前一篇论文一样，我将再一次说明，对于均匀的物质分布，球形宇宙与方程是相容的。

首先我们设

$$ds^2 = -\gamma_{ik}dx_i dx_k + dx_4^2 (i,\ k = 1,\ 2,\ 3)。 \quad\cdots\cdots\cdots\cdots\cdots \quad (11)$$

然后，如果 P_{ik} 和 P 分别是三维空间中的二阶曲率张量和曲率标量，那么我们就有

$$G_{ik} = P_{ik}(i,\ k = 1,\ 2,\ 3),$$
$$G_{i4} = G_{4i} = G_{44} = 0,$$
$$G = -P,$$
$$-g = \gamma。$$

因此在我们的情况下有

$$G_{ik} - \frac{1}{2}g_{ik}G = P_{ik} - \frac{1}{2}\gamma_{ik}P(i,\ k = 1,\ 2,\ 3),$$

$$G_{44} - \frac{1}{2}g_{44}G = \frac{1}{2}P。$$

从这里开始，我们用两种方式来继续我们的考虑。首先基于方程（1a），这里 $T_{\mu\nu}$ 表示由构成物质的带电粒子所产生的电磁场的能量张量。对于这个场处处有

$$\mathfrak{T}_1^1 + \mathfrak{T}_2^2 + \mathfrak{T}_3^3 + \mathfrak{T}_4^4 = 0。$$

各个 $\mathfrak{T}_\mu^\nu$ 是随位置变化很大的量；但是对我们的目标而言，无疑可以把它们用它们的平均值来代替。因此我们必须选择

$$\mathfrak{T}_1^1 = \mathfrak{T}_2^2 = \mathfrak{T}_3^3 = -\frac{1}{3}\mathfrak{T}_4^4 = 常数$$
$$\mathfrak{T}_\mu^\nu = 0(\mu \neq \nu) \quad\quad\quad\quad\quad (12)$$

因此

$$T_{ik} = \frac{1}{3}\frac{\mathfrak{T}_4^4}{\sqrt{\gamma}}\gamma_{ik}, \quad T_{44} = \frac{\mathfrak{T}_4^4}{\sqrt{\gamma}} 。$$

考虑到迄今为止所证明的，代替(1a)我们得到

$$P_{ik} - \frac{1}{4}\gamma_{ik}P = -\frac{1}{3}\gamma_{ik}\frac{\kappa\mathfrak{T}_4^4}{\sqrt{\gamma}}, \quad\quad\quad\quad (13)$$

$$\frac{1}{4}P = -\frac{\kappa\mathfrak{T}_4^4}{\sqrt{\gamma}} 。 \quad\quad\quad\quad\quad (14)$$

方程(13)的标量与(14)一致。正是由于这个原因，我们的基本方程允许球形宇宙的想法。由(13)和(14)有

$$P_{ik} + \frac{4}{3}\frac{\kappa\mathfrak{T}_4^4}{\sqrt{\gamma}}\gamma_{ik} = 0, \quad\quad\quad\quad (15)$$

并且已知这个方程组被(三维)球形宇宙满足[1]。

　　但是我们也可以把我们的考虑建立在方程(9)的基础上。从现象学的角度来看，(9)的右边的那些项是将被物质的能量张量代替的项；也就是说，它们将被替换为

$$
\begin{matrix}
0 & 0 & 0 & 0 \\
0 & 0 & 0 & 0 \\
0 & 0 & 0 & 0 \\
0 & 0 & 0 & \rho
\end{matrix}
$$

其中 ρ 表示假定处于静止状态的物质的平均密度。因此，我们得到方程

$$P_{ik} - \frac{1}{2}\gamma_{ik}P - \frac{1}{4}\gamma_{ik}G_0 = 0, \quad\quad\quad\quad (16)$$

$$\frac{1}{2}P + \frac{1}{4}G_0 = -\kappa\rho 。 \quad\quad\quad\quad\quad (17)$$

---

[1]　H. Weyl, Raum, Zeit, Materie, § 33.

由标量方程(16)及方程(17)，我们得到

$$G_0 = -\frac{2}{3}P = 2\kappa\rho, \quad\cdots\cdots\cdots\cdots\cdots\cdots\cdots (18)$$

因此由(16)得到

$$P_{ik} - \kappa\rho\gamma_{ik} = 0, \quad\cdots\cdots\cdots\cdots\cdots\cdots\cdots (19)$$

除了系数的表达式外，这个方程与(15)一致。通过比较我们得到

$$\mathfrak{T}_4^4 = \frac{3}{4}\rho\sqrt{\gamma}。 \quad\cdots\cdots\cdots\cdots\cdots\cdots (20)$$

这个等式表明，在构成物质的能量中，四分之三来自电磁场，四分之一来自引力场。

§4. 结论

上述考虑表明了无须引入米氏理论的假设性补充项，仅由引力场和电磁场构造出物质理论结构的可能性。因为这种可能性使我们不必为了求解宇宙学问题而引入一个特殊常数 λ，所以它显得特别可行。另一方面，也有一个特殊的困难。因为，如果我们把(1)专用于球对称静态的情况，那么我们得到的定义 $g_{\mu\nu}$ 和 $\phi_{\mu\nu}$ 的方程就缺少了一个，结果是电的任何球对称分布似乎都能够保持平衡。因此，在给定的场方程的基础上，还不能立即解决基本量子的构成问题。

爱因斯坦与第一任妻子米列娃的合照。

十一
引力和电[①]

外尔

· *Gravitation and Electricity* ·

· H. Weyl ·

你(外尔)的思想表现出一种奇妙的内在一致性。除了与实际的符合之外，无论如何，它都是巨大的思想成果。

——爱因斯坦

① 本章方括号中的注释是外尔后加的。

英文版译自 Gravitation und Elektrizität, *Sitzungsberichte der Preussischen Akad. d. Wissenschaften*，1918。

按照黎曼的说法,① 几何学基于以下两个事实:

1. 空间是一个三维连续统:因此, 它的点的流形可以始终由三个坐标 x_1, x_2, x_3 的值表示。

2. 勾股定理:两个无限接近的点

$$P = (x_1,\ x_2,\ x_3)\ \text{和}\ P' = (x_1 + \mathrm{d}x_1,\ x_2 + \mathrm{d}x_2,\ x_3 + \mathrm{d}x_3)\ \cdots\cdots (1)$$

之间距离 $\mathrm{d}s$ 的平方(可使用任何坐标)是相应坐标 $\mathrm{d}x_\mu$ 的二次型:

$$\mathrm{d}s^2 = \sum_{\mu\nu} g_{\mu\nu}\mathrm{d}x_\mu\mathrm{d}x_\nu,\quad \text{其中}\ g_{\mu\nu} = g_{\nu\mu}\circ\ \cdots\cdots\cdots\cdots (2)$$

第二个事实可以简单地说成空间是一个度规连续统。与瞬时作用②的物理学精神完全一致, 我们假设勾股定理只有在距离无限小的极限情况下才会严格成立。

狭义相对论导致了这样的发现:时间是作为第四个坐标(x_4)与三个空间坐标以平等的地位相联系, 因此物质事件的发生场所, 即世界, 是一个四维度规连续统。所以, 定义世界的度规性质的二次型(2)没必要像在三维空间的几何情况那样是正的, 但它具有惯性指数3。③ 黎曼本人并非没有指出这个二次型应该被认为是一个物理事实, 因为例如在离心力中, 它会显示为对物质实际作用的原点, 因此物质可能对它作出反应。直到那时, 所有几何学家和哲学家都把空间的度规性质看作属于空间本身, 与空间包含的物质无关。正是基于这种想法, 我们这个时代的爱因斯坦独立于黎曼, 建立了他的广义相对论的宏伟大厦, 而这种想法在黎曼那个时代是完全不可能实现的。根据爱因斯坦, 引力现象也必须用几何学描述, 而物质影响测量所依据的定律就是引力定律:在(2)中 $g_{\mu\nu}$ 构成引力势的各个分量。因此引力势由不变的二次微分形式组成, 而电磁现象由一个四维势控制, 它的各个分量 ϕ_μ 一起构成不变线性微分形式 $\sum\phi_\mu\mathrm{d}x_\mu$。但到目前为止, 引力和电这两类现象是并列且相互独立的。

◀年轻时的外尔。

① *Math. Werke* (2nd ed., Leipzig, 1892), No. XII, p. 282.
② 瞬时作用(immediate action)指无时间延迟的作用, 如牛顿引力。——中译者注
③ 也就是说, 如果选择的坐标使得在连续统的某个特定点有 $\mathrm{d}s^2 = \pm\mathrm{d}x_1^2\pm\mathrm{d}x_2^2\pm\mathrm{d}x_3^2\pm\mathrm{d}x_4^2$, 那么在每种情况下都有三个正号和一个负号。

列维-齐维塔①、海森伯格（G. Hessenberg，1874—1925）②和作者③后来的工作都十分清楚地表明，如果要与大自然一致，黎曼几何的发展必须基于的基本概念是矢量的无限小平行位移。如果 P 和 P^* 是由一条曲线连接的任意两点，那么 P 处的给定矢量可以沿着这条曲线，平行于自身从 P 移动到 P^*。但是一般说来，矢量从 P 到 P^* 的这种移动是不可积的，也就是说，到达 P^* 处的矢量取决于位移经过的路径。只有在欧几里得的"无引力"几何中才能得到那种可积性。在我看来，上面提到的黎曼几何仍然包含有限几何的残余元素而无任何实质性的理由。这是由于这种几何学碰巧起源于曲面理论。二次型（2）使我们不但能够比较同一点上两个矢量的长度，而且能够比较任意两点上矢量的长度。但是真正的无穷小几何，一定只认可从一点到无限接近于它的另一点的长度转移原则。这就不允许我们假设从一点到有限距离处的另一点的长度转移问题是可积的，尤其是因为方向转移的问题已被证明不可积了。这样的一种假设被认定是错误的，一种几何学出现了，当它应用于世界时，它以一种令人惊讶的方式不仅解释了引力现象，而且也解释了电磁场现象。根据现在正在成形的理论，这两类现象来源相同，事实上我们一般不能把电从引力中任意地分离出来。在这个理论中，所有物理量在世界几何中都有意义。尤其是表示物理效应的量立刻呈现为纯数字。这个理论导致了一个在本质上明确定义的世界法则。它甚至允许我们在一定意义上理解为什么世界有四个维度。我现在将首先给出修正的黎曼几何的结构草图，但不去考虑它的物理解释。它在物理学上的应用会自然而然地随之而来。

在给定的坐标系中，无限接近于 P 的点 P' 的相对坐标 $\mathrm{d}x_\mu$——见（1）——是无限小位移 PP' 的分量。从一个坐标系到另一个坐标系的过渡用以下确定的变换公式来表示

$$x_\mu = x_\mu(x_1^*, x_2^*, \cdots, x_n^*), \quad \mu = 1, 2, \cdots, n$$

它确定了同一点在两个系统中的坐标之间的关系。然后在点 P 的同一无限小位移的分量 $\mathrm{d}x_\mu$ 与分量 $\mathrm{d}x_\mu^*$ 之间，我们有线性变换公式

① Nozione di parallelismo …, *Rend. del Circ. Matem. di Palermo*, Vol. 42(1917).

② Vektorielle Begründung der Differentialgeometrie, *Math. Ann.*, Vol. 78 (1917).

③ Space, Time, and Matter(1st ed., Berlin, 1918), §14.

$$\mathrm{d}x_\mu = \sum_\nu \alpha_{\mu\nu}\mathrm{d}x_\nu^*, \quad\cdots\cdots\cdots\cdots\cdots\cdots\cdots\cdots\cdots\cdots\cdots (3)$$

其中 $\alpha_{\mu\nu}$ 是导数 $\dfrac{\partial x_\mu}{\partial x_\nu^*}$ 在点 P 的值。参考两个坐标系中的任一个，点 P 处的逆变矢量 x 的分量是 n 个已知数 ξ^μ，这些分量变换到另一坐标系的方式，与无限小位移分量的变换方式 (3) 完全相同。我把点 P 处的矢量的总成记为 P 处的矢量空间。首先，它是线性的或仿射的，即将 P 处的矢量乘以一个数，或者将两个这样的矢量相加，总是在 P 处产生另一个矢量；其次，它是度规的，即通过属于 (2) 的一个对称双线性形式，标量积

$$x \cdot x = y \cdot x = \sum_{\mu\nu} g_{\mu\nu}\xi^\mu\eta^\nu$$

被不变地分配给具有分量 ξ^μ，η^ν 的每对矢量 x 和 y。然而我们认为，这种形式只确定到一个任意的正的比例因子。如果空间点的流形用坐标 x_μ 表示，那么由点 P 处度规性质，$g_{\mu\nu}$ 仅确定到成比例的程度。在物理意义上，也只有 $g_{\mu\nu}$ 的比才具有直接的实际意义。因为当 P 是一个给定的原点时，方程

$$\sum_{\mu\nu} g_{\mu\nu}\mathrm{d}x_\mu\mathrm{d}x_\nu = 0$$

被由 P 发出的光信号所到达的那些无限接近的世界点满足。为了得到解析表达式，我们必须首先选择一个确定的坐标系，其次在每个点 P 处确定赋予 $g_{\mu\nu}$ 的任意比例因子。因此，出现的公式必须具有双重不变性：它们必须对于坐标的任何连续变换是不变的，并且当用 $\lambda g_{\mu\nu}$ 来代替 $g_{\mu\nu}$ 时，它们必须保持不变，其中 λ 是位置的一个任意连续函数。不变性的这种第二属性的出现是我们的理论的特征。

如果 P，P^* 是任意两点，并且如果对 P 处的每个矢量 x 这样指定 P^* 处的矢量 x^*，即一般情况下，使得 αx 成为 αx^*，$x+y$ 成为 x^*+y^*（α 是指定的任意数），并且 P 处的零矢量唯一地对应于 P^* 处的零矢量，我们然后在 P^* 处的矢量空间上作 P 处矢量空间的仿射或线性仿制品。当矢量 x^*，y^* 在 P^* 处的标量积与矢量 x 和 y 在 P 处的标量积对于所有矢量对 x，y 成比例时，这个仿制品具有特别接近的相似性（在我们看来，只有这种相似仿制品的想法有客观意义；但以前的理论允许更确定的等同仿制品的概念）。点 P 的矢量到邻近点 P' 的平行位移的意义是由两个公理化的公设确定的。

1. 通过点 P 处的矢量到邻近点 P' 的平行位移，在 P' 处的矢量空间上形成了与 P 处的矢量空间的相似图像。

2. 如果 P_1，P_2 是 P 的邻域中的两个点，并且 P 处的无限小矢量 PP_2 通过到点 P_1 的平行位移变换成 P_1P_{12}，而 P 处的 PP_1 通过到 P_2 的平行位移变换成 P_2P_{21}，则 P_{12} 与 P_{21} 重合，即无限小平行位移是可交换的。

第一个公设中说的平行位移是矢量空间从 P 到 P' 的仿射变换，公设中这部分的解析表示如下：在 $P = (x_1，x_2，\cdots，x_n)$ 处的矢量 ξ^μ，通过位移变换成在 $P' = (x_1+\mathrm{d}x_1，x_2+\mathrm{d}x_2，\cdots，x_n+\mathrm{d}x_n)$ 处的矢量 $\xi^\mu+\mathrm{d}\xi^\mu$，其分量与 ξ^μ 成线性关系，即

$$\mathrm{d}\xi^\mu = -\sum_\nu \mathrm{d}\gamma_\nu^\mu \xi^\nu。 \quad\cdots\cdots\cdots\cdots\cdots\cdots\cdots\cdots\quad (4)$$

第二个公设告诉我们，$\mathrm{d}\gamma_\nu^\mu$ 有线性微分形式

$$\mathrm{d}\gamma_\nu^\mu = \sum_\rho \Gamma_{\nu\rho}^\mu \mathrm{d}x_\rho，$$

它们的系数有对称性

$$\Gamma_{\nu\rho}^\mu = \Gamma_{\rho\nu}^\mu。 \quad\cdots\cdots\cdots\cdots\cdots\cdots\cdots\cdots\cdots\quad (5)$$

如果 P 处的两个矢量 ξ^μ，η^μ 通过 P' 处的平行位移变换为 $\xi^\mu+\mathrm{d}\xi^\mu$，$\eta^\mu+\mathrm{d}\eta^\mu$，那么第一个公设中所述的超越仿射性的相似性公设告诉我们，

$$\sum_{\mu\nu} (g_{\mu\nu} + \mathrm{d}g_{\mu\nu})(\xi^\mu + \mathrm{d}\xi^\mu)(\eta^\nu + \mathrm{d}\eta^\nu)$$

必定正比于

$$\sum_{\mu\nu} g_{\mu\nu}\xi^\mu\eta^\nu。$$

如果我们称与 1 相差无穷小的一个比例因子为 $1+\mathrm{d}\phi$，并按公式

$$\alpha_\mu = \sum_\nu g_{\mu\nu}\alpha^\nu$$

以通常方式定义指标的缩并，我们得到

$$\mathrm{d}g_{\mu\nu} - (\mathrm{d}\gamma_{\nu\mu} + \mathrm{d}\gamma_{\mu\nu}) = g_{\mu\nu}\mathrm{d}\phi。 \quad\cdots\cdots\cdots\cdots\cdots\quad (6)$$

由此可知，$\mathrm{d}\phi$ 是一个线性微分形式

$$\mathrm{d}\phi = \sum_\mu \phi_\mu \mathrm{d}x_\mu。 \quad\cdots\cdots\cdots\cdots\cdots\cdots\cdots\quad (7)$$

如果这是已知的，那么方程(6)或

$$\Gamma_{\mu,\,\nu\rho} + \Gamma_{\nu,\,\mu\rho} = \frac{\partial g_{\mu\nu}}{\partial x_\rho} - g_{\mu\nu}\phi_\rho$$

与对称性条件(5)一起，明确地给出了量 Γ。因此，除了二次型(2)之外，空间的内部度规联系还与线性形式(7)有关——它确定到一个任意比例因子①。如果我们用 $\lambda g_{\mu\nu}$ 替代 $g_{\mu\nu}$ 但不改变坐标系，那么量 $\mathrm{d}\gamma_{\nu\mu}$ 不变，$\mathrm{d}\gamma_{\mu\nu}$ 有了因子 λ，而 $\mathrm{d}g_{\mu\nu}$ 成为 $\lambda\mathrm{d}g_{\mu\nu}+g_{\mu\nu}\mathrm{d}\lambda$。于是由方程(6)可知，$\mathrm{d}\phi$ 成为

$$\mathrm{d}\phi + \frac{\mathrm{d}\lambda}{\lambda} = \mathrm{d}\phi + \mathrm{d}(\log\lambda)\;。$$

因此，在线性型 $\sum\phi_\mu\mathrm{d}x_\mu$ 中还未确定的，不是必须通过任意选择测量单位来确定的一个比例因子，而是其中固有的包含在加性全微分中的任意单元。对于几何的解析表示，形式

$$g_{\mu\nu}\mathrm{d}x_\mu\mathrm{d}x_\nu,\ \phi_\mu\mathrm{d}x_\mu \quad\cdots\cdots\cdots\cdots\cdots\cdots\cdots\ (8)$$

与

$$\lambda\cdot g_{\mu\nu}\mathrm{d}x_\mu\mathrm{d}x_\nu \ \text{和}\ \phi_\mu\mathrm{d}x_\mu + \mathrm{d}(\log\lambda)\quad\cdots\cdots\cdots\cdots\cdots\ (9)$$

的地位是平等的，其中 λ 是位置的任意正函数。从而其分量为

$$F_{\mu\nu} = \frac{\partial\phi_\mu}{\partial x_\nu} - \frac{\partial\phi_\nu}{\partial x_\mu},\quad\cdots\cdots\cdots\cdots\cdots\cdots\cdots\ (10)$$

也就是形式

$$F_{\mu\nu} = \mathrm{d}x_\mu\delta x_\nu = \frac{1}{2}F_{\mu\nu}\,\Delta x_{\mu\nu}$$

---

① ［我现就以下几点修改这个结构〔见《空间、时间、物质》(*Raum，Zeit，Materie*)第四版(1921)，§13 和 §18 中的最后陈述〕。(a)代替平行位移必须满足的公设 1 和 2，现在有一个新的公设：设在点 P 处有一个坐标系，应用这个坐标系，在 P 处的每个矢量的各个分量，都不会因为平行位移到无限接近 P 的任何一点而改变。这个公设认为平行位移的实质是位置的变换，对此可以正确地断言它使矢量"无变化"。(b)有关单一点 P 上的测度，据此 P 处的每一个矢量 $x=\xi^\mu$ 都有这样的一簇(tract)，使得两个矢量当且仅当具有相同测度数 $l = \sum g_{\mu\nu}\xi^\mu\eta^\nu$ 时才定义相同的簇，现在必须加入 P 与其邻域中各点之间的测度关系：通过一个全等变换到无限接近的点 P'，在 P 的一簇成为在 P' 的一个确定的簇。如果我们要求簇全等变换概念与(a)中刚刚假定的矢量平行位移的概念相类似，我们就会看到，这个过程(其中轨迹的测度 l 增加了 $\mathrm{d}l$)可以用以下等式表达，

$$\mathrm{d}l = l\mathrm{d}\phi;\ \mathrm{d}\phi = \sum\phi_\mu\mathrm{d}x_\mu\;。$$

在这些情况下，测度和测度联系明确定义了"仿射"联系(平行位移)——事实上，根据我目前对空间问题的看法，这是几何学中最基本的事实——而根据本文给出的表述，在给定测度中，正是线性形式 $\mathrm{d}\phi$ 仍然在平行位移中保持了任意性。］

的反对称张量具有不变的意义，它双线性地依赖于点 P 处的两个任意位移 dx 和 δx，或者更确切地说，线性地依赖于有分量 $\Delta x_{\mu\nu} = dx_\mu\delta x_\nu - dx_\nu\delta x_\mu$ 的曲面元，它是由这两个位移确定的。迄今为止发展的理论的一种特殊情况，即在原点任意选择的长度单位，可以通过平行位移，以与路径无关的方式转移到所有空间点——这种特殊情况发生在当 $g_{\mu\nu}$ 可以用 ϕ_μ 为零的方式绝对确定之时。于是 $\Gamma^\mu_{\nu\rho}$ 不是别的，就是克里斯托费尔三指标符号。这种情况发生的必要和充分不变条件是张量 $F_{\mu\nu}$ 恒为零。

这自然就表明在世界几何中把 ϕ_μ 解释为四维势，并因此把张量 F 解释为电磁场。因为没有电磁场是爱因斯坦理论成立的必要条件，到目前为止，该理论只解释了引力现象。如果这个观点被接受，就会看到电量具有这样一种性质：它在一个确定的坐标系中用数字进行的描述，并不依赖于测量单位的任意选择。事实上，对于测量单位和维数，必须有一个新的理论定位。迄今为止，一个量被称为，例如，二阶张量，如果在选择了任意测量单位之后，这个量的单一值在每个坐标系中确定了数字 $a_{\mu\nu}$ 的一个矩阵，这些数字构成了任意两个无限小位移的一个不变双线性形式

$$a_{\mu\nu}dx_\mu\delta x_\nu \quad\cdots\cdots\cdots\cdots\cdots\cdots\cdots\cdots\cdots\cdots\cdots (11)$$

的系数。但是这里我们讨论的是一个张量，如果以一个坐标系为基础，并且在明确选择了包含在 $g_{\mu\nu}$ 中的比例因子之后，各个分量 $a_{\mu\nu}$ 可以被无歧义地确定，使得在变换坐标时形式 (11) 保持不变，但当用 $\lambda g_{\mu\nu}$ 代替 $g_{\mu\nu}$ 时，$a_{\mu\nu}$ 成为 $\lambda^e a_{\mu\nu}$。那么我们说张量有权重 e，或者说，如果认为线元 ds 的大小是"长度$=l$"，则张量的维数为 l^{2e}。只有那些权重为 0 的张量是绝对不变的。具有分量 $F_{\mu\nu}$ 的场张量就是这种类型。由 (10)，它满足麦克斯韦方程组中的第一个

$$\frac{\partial F_{\nu\rho}}{\partial x_\mu} + \frac{\partial F_{\rho\mu}}{\partial x_\nu} + \frac{\partial F_{\mu\nu}}{\partial x_\rho} = 0 \,。$$

一旦明确了平行位移的概念，就可以毫无困难地建立几何和张量运算。

(a) 测地线：给定点 P 及在该点的一个矢量，从 P 出发的在该矢量方向上的测地线，是通过该矢量平行于自身沿自身方向连续运动给出的。应用合适的参数 τ，测地线的微分方程是

$$\frac{d^2 x_\mu}{d\tau^2} + \Gamma^\mu_{\nu\rho}\frac{dx_\nu}{d\tau}\frac{dx_\rho}{d\tau} = 0 \,。$$

（当然它不能被描述为最小长度的线，因为曲线长度这个概念没有意义。）

（b）**张量运算**：例如为了通过微分从分量为 f_μ 的权重为 0 的一阶协变张量场推导出二阶张量场，我们借助点 P 处的任意矢量 ξ^μ 来构成不变量 $f_\mu\xi^\mu$，以及它从具有坐标 x_μ 的点 P 过渡到具有坐标 $x_\mu+\mathrm{d}x_\mu$ 的相邻点 P' 无限小变化，这种变化是在过渡过程中沿着与其自身平行的方向移动矢量来实现的。对于这种变化，我们有

$$\frac{\partial f_\mu}{\partial x_\nu}\xi^\mu \mathrm{d}x_\nu + f_\rho \mathrm{d}\xi^\rho = \left(\frac{\partial f_\mu}{\partial x_\nu} - \Gamma^\rho_{\mu\nu} f_\rho\right)\xi^\mu \mathrm{d}x_\nu \ 。$$

因此，右边括号中的量是权重为 0 的二阶张量场的分量，它是由场 f 以完全不变的方式构成的。

（c）**曲率**：为了构造黎曼曲率张量的类似物，让我们从上面使用过的一个无限小平行四边形图形开始，它由点 P，P_1，P_2 和 $P_{12}=P_{21}$ 组成。[①] 如果我们把 P 处的矢量 $\boldsymbol{x}=\xi^\mu$ 平行于其自身移动到 P_1，再从 P_1 移动到 P_{12}，第二次先移动到 P_2，然后到 P_{21}，那么由于 P_{12} 与 P_{21} 重合，构成在这一点上得到的两个矢量的差 $\Delta\boldsymbol{x}$ 是有意义的。对于它们的分量，我们有

$$\Delta\xi^\mu = \Delta R^\mu_\nu \xi^\nu , \quad\cdots\cdots\cdots\cdots\cdots\cdots\cdots\cdots\cdots（12）$$

其中 ΔR^μ_ν 与被移动的矢量 $\boldsymbol{x}$ 无关，但是另一方面，与由位移 $PP_1=\mathrm{d}x_\mu$ 和 $PP_2=\delta x_\mu$ 定义的曲面元线性相关。因此，

$$\Delta R^\mu_\nu = R^\mu_{\nu\rho\sigma}\mathrm{d}x_\rho\delta x_\sigma = \frac{1}{2}R^\mu_{\nu\rho\sigma}\Delta x_{\rho\sigma} \ 。$$

曲率 $R^\mu_{\nu\rho\sigma}$ 的分量仅与位置 P 有关，它们具有两种对称特性：（1）当最后两个指标 ρ 和 σ 交换时它们改变符号，（2）如果我们把 $\nu\rho\sigma$ 三者循环交换，并将适当的分量相加，则结果是 0。简化指标 μ，我们在 $R_{\mu\nu\rho\sigma}$ 中得到权重为 1 的四阶协变张量的分量。甚至无须计算，我们就可以看到 R 以一种自然不变的方式分为两部分，即

$$R^\mu_{\nu\rho\sigma}=P^\mu_{\nu\rho\sigma}-\frac{1}{2}\delta^\mu_\nu F_{\rho\sigma}（若\ \mu=\nu,\ 则\ \delta^\mu_\nu=1；\ 若\ \mu\neq\nu,\ 则\ \delta^\mu_\nu=0）, \quad\cdots\cdots\cdots（13）$$

---

① ［无限小"平行四边形"的对边由从一边到另一边的平行位移产生，这一点在这里并不重要；我们只关心点 P_{12} 与 P_{21} 的重合。］

相对论原理

其中第一个量，$P^{\mu}_{\nu\rho\sigma}$，不仅对指标 $\rho\sigma$，对 μ 和 ν 也是反对称的。鉴于方程 $F_{\mu\nu}=0$ 标识了我们的空间是一个没有电磁场的空间，即空间中长度问题是可积的，所以如(13)所示，方程 $P^{\mu}_{\nu\rho\sigma}=0$ 是引力场不存在的不变条件，即方向转运问题可积的不变条件。只有欧几里得空间是一个既没有电也没有引力的空间。

如像(12)的一个线性复制品(它对每个矢量 x 分配了一个矢量 Δx)的最简单不变量是它的"迹"

$$\frac{1}{n}\Delta R^{\mu}_{\mu}。$$

对此，由(13)，我们在当前情况下得到形式

$$-\frac{1}{2}F_{\rho\sigma}\mathrm{d}x_{\rho}\delta x_{\sigma},$$

这我们在上面已经遇到过了。如像 $-\frac{1}{2}F_{\rho\sigma}$ 这样的张量的最简单不变量是"它的量值的平方"

$$L = \frac{1}{4}F_{\rho\sigma}F^{\rho\sigma}。\quad\cdots\cdots\cdots\cdots\cdots\cdots\cdots\cdots\quad(14)$$

L 很明显是权重为-2的不变量，因为张量 F 的权重为0。如果 g 是 $g_{\mu\nu}$ 的负行列式，且

$$\mathrm{d}\omega = \sqrt{g}\,\mathrm{d}x_0\mathrm{d}x_1\mathrm{d}x_2\mathrm{d}x_3 = \sqrt{g}\,\mathrm{d}x$$

是一个无限小体积元的体积，那么众所周知，麦克斯韦理论由电作用量支配，电作用量等于这个最简单不变量在任何选定区域的积分 $\int L\mathrm{d}\omega$，并且实际上该理论在以下意义上受制约，即对在世界区域的极限处消失的 $g_{\mu\nu}$ 和 ϕ_{μ} 的任何变化，我们有

$$\delta\int L\mathrm{d}\omega = \int(S^{\mu}\mathrm{d}\phi_{\mu} + T^{\mu\nu}\delta g_{\mu\nu})\,\mathrm{d}\omega,$$

其中

$$S^{\mu} = \frac{1}{\sqrt{g}}\frac{\partial(\sqrt{g}F^{\mu\nu})}{\partial x_{\nu}}$$

是广义麦克斯韦方程组的左边(其右边是四维电流的分量)，而 $T^{\mu\nu}$ 构成电磁场的能量-动量张量。因为 L 是一个权重为-2的不变量，而 n 维几何中的体积元

是权重为 $\frac{1}{2}n$ 的不变量，所以仅当维数 $n=4$ 时积分才有意义。因此，根据我们的解释，麦克斯韦理论的可能性局限于四维情况。然而，在四维世界里，电磁作用量成为一个纯粹的数字。尽管如此，量 1 的大小不能用传统的 c.g.s 系统[①]的单位确定，直到经由观察验证的一个物理问题（例如电子），基于我们的理论进行过计算。

现在从几何转到物理，按照米氏理论的先例，[②] 我们必须假定所有自然法则都取决于一个确定的积分不变量，即作用量

$$\int W \mathrm{d}\omega = \int \mathfrak{W} \mathrm{d}x, \quad \mathfrak{W} = W\sqrt{g},$$

使得真实世界与所有其他可能的四维度量空间以下面的特征相区分：真实世界中包含在其域内任何部分中的作用量，关于在所述区域极限处消失的势 $g_{\mu\nu}$ 和 ϕ_{μ} 的这种变化，都取平稳值。作用的世界密度 W 必定是权重为 -2 的不变量。作用量在任何情况下都是一个纯数字；因此，我们的理论立即解释了世界的原子结构，当前的观点对之添加了最根本的重要性——作用量子。我们对 W 可以作出的最简单和最自然的推测是

$$W = R^{\mu}_{\nu\rho\sigma} R^{\nu\rho\sigma}_{\mu} = |R|^2。$$

由(13)，对之我们也有

$$W = |P|^2 + 4L。$$

（除了因子 4 以外，这里没有什么可以怀疑的了，因子 4 乘以电项 L 后加到第一项上）。但是，即使不详述作用量，我们也可以从作用原理中推导出一些一般结论，因为我们将说明，根据希尔伯特、洛伦兹、爱因斯坦、克莱因（F. Klein，1849—1925）和作者[③]的研究，物质守恒四定律（能量-动量张量）可以与作用量（包含四个任意函数）相对于坐标变换的不变性相联系，因此以相同的方式，电守恒定律与"测度不变性"［从(8)到(9)的过渡］相联系，后者在这里首

---

① c.g.s 系统中以厘米（cm）、克（g）和秒（s）为基本单位。——中译者注

② *Ann. d. Physik*, 37, 39, 40, 1912-1913.

③ Hilbert, Die Grundlagen der Physik, *Göttinger Nachrichten*, 20 Nov., 1915；洛伦兹的四篇论文，载于 *Versl. K. AK. Van Wetensch.*, Amsterdam, 1915-1916; A. Einstein, *Berl. Ber.*, 1916, pp. 1111-1116; F. Klein, *Gött. Nachr.*, 25 Jan., 1918; H. Weyl, *Ann. d. Physik*, 54, 1917, pp. 121-125。

次出现，引入了第五个任意函数。在我看来，它与能量动量原理相联系的方式，对支持这里提出的理论提供了最强有力的一个一般性论据——如果在纯粹推测性的确认上还有任何疑问的话。

对于在所考虑的世界区域边界处为零的任何变量，我们有

$$\delta \int \mathfrak{W} dx = \left(\int \mathfrak{W}^{\mu\nu} \delta g_{\mu\nu} + \mathfrak{w}^{\mu} \delta \phi_{\mu} \right) dx \, (\mathfrak{W}^{\mu\nu} = \mathfrak{W}^{\nu\mu}) \, \text{。} \cdots\cdots (15)$$

然后自然法则取形式

$$\mathfrak{W}^{\mu\nu} = 0, \quad \mathfrak{w}^{\mu} = 0 \text{。} \cdots\cdots\cdots\cdots (16)$$

前者可被视为引力场定律，后者可被视为电磁场定律。由

$$\mathfrak{W}^{\mu}_{\nu} = \sqrt{g}\, W^{\mu}_{\nu}, \quad \mathfrak{w}^{\mu} = \sqrt{g}\, w^{\mu}$$

定义的量 W^{μ}_{ν}, w^{μ} 分别是权重为 -2 的二阶或一阶张量的混合分量或逆变分量。根据不变性，方程组(16)中有五个是冗余的。这在以下五个不变恒等式中表达出来，存在于其左边：

$$\frac{\partial \mathfrak{w}^{\mu}}{\partial x_{\mu}} \equiv \mathfrak{W}^{\mu}_{\mu}, \quad\cdots\cdots\cdots\cdots\cdots\cdots (17)$$

$$\frac{\partial \mathfrak{W}^{\mu}_{\nu}}{\partial x_{\mu}} - \Gamma^{\alpha}_{\nu\beta} \mathfrak{W}^{\beta}_{\alpha} \equiv \frac{1}{2} F_{\mu\nu} \mathfrak{w}^{\mu} \text{。} \quad\cdots\cdots\cdots\cdots (18)$$

第一个结果来自度量不变性。因为如果在从(8)到(9)的过渡中，我们假设 $\log \lambda$ 是位置 $\delta\rho$ 的一个无穷小函数，那么我们得到变分

$$\delta g_{\mu\nu} = g_{\mu\nu} \delta\rho, \quad \delta\phi_{\mu} = \frac{\partial(\delta\rho)}{\partial x_{\mu}} \text{。}$$

由此，变分(15)必须为零。第二，如果利用作用量相对于坐标变换的不变性，借助世界连续统的一个无限小变形，[1] 我们得到恒等式

$$\frac{\partial \mathfrak{W}^{\mu}_{\nu}}{\partial x_{\mu}} - \frac{1}{2} \frac{\partial g_{\alpha\beta}}{\partial x_{\nu}} \mathfrak{W}^{\alpha\beta} + \frac{1}{2} \left(\frac{\partial \mathfrak{w}^{\mu}}{\partial x_{\mu}} \phi_{\nu} - \Gamma_{\alpha\nu} \mathfrak{w}^{\alpha} \right) \equiv 0,$$

由(17)，当用 $g_{\alpha\beta}\mathfrak{W}^{\alpha\beta}$ 代替 $\frac{\partial \mathfrak{w}^{\mu}}{\partial x_{\mu}}$ 时，它变为(18)。

因此，仅从引力定律，我们已经得到

---

① Weyl, *Ann. d. Physik*, 54, 1917, pp. 121-125; F. Klein, *Gött. Nachr.*, 25 Jan., 1918.

$$\frac{\partial w^{\mu}}{\partial x_{\mu}} = 0, \quad\cdots\cdots\cdots\cdots\cdots\cdots\cdots\cdots\cdots (19)$$

仅从电磁场定律有

$$\frac{\partial}{\partial x_{\mu}}\mathfrak{W}_{\nu}^{\mu} - \varGamma_{\nu\beta}^{\alpha}\mathfrak{W}_{\alpha}^{\beta} = 0 。 \quad\cdots\cdots\cdots\cdots\cdots\cdots (20)$$

在麦克斯韦理论中，w^{μ} 有形式

$$w^{\mu} \equiv \frac{\partial(\sqrt{g}F^{\mu\nu})}{\partial x_{\nu}} - \mathfrak{s}^{\mu}, \quad \mathfrak{s}^{\mu} = \sqrt{g}s^{\mu},$$

其中 s^{μ} 表示四维电流。因为这里的第一部分恒满足方程(19)，所以这个方程给予我们电守恒定律

$$\frac{1}{\sqrt{g}}\frac{\partial(\sqrt{g}s^{\mu})}{\partial x_{\mu}} = 0 。$$

类似地，在爱因斯坦的引力理论中，$\mathfrak{W}_{\nu}^{\mu}$ 由两项组成，第一项恒满足方程(20)，第二项等于能量-动量张量 T_{ν}^{μ} 的混合分量乘以 $\sqrt{g}$。因此，方程(20)导致物质守恒的四条定律。如果我们选择作用量有形式(14)，那么相当类似的情况也在我们的理论中成立。五个守恒原理是场定律的"消元式"，即它们以双重方式从场定律中得出，并因此证明了其中有五个是冗余的。

对于形式为(14)的作用量，麦克斯韦方程组可写为，例如，

$$\frac{1}{\sqrt{g}}\frac{\partial(\sqrt{g}F^{\mu\nu})}{\partial x_{\nu}} = s^{\mu}, \quad\cdots\cdots\cdots\cdots\cdots\cdots (21)$$

而电流是

$$s_{\mu} = \frac{1}{4}\left(R\phi_{\mu} + \frac{\partial R}{\partial x_{\mu}}\right),$$

其中如果我们首先对 μ 和 ρ 缩并，然后相对 ν 和 σ 缩并，那么 R 表示来自 $R_{\nu\rho\sigma}^{\mu}$ 的一个权重为-1 的不变量。如果 R^{*} 表示仅从 $g_{\mu\nu}$ 构造出的黎曼曲率不变量，那么计算给出

$$R = R^{*} - \frac{3}{\sqrt{g}}\frac{\partial(\sqrt{g}\phi^{\mu})}{\partial x_{\mu}} + \frac{3}{2}\phi_{\mu}\phi^{\mu} 。$$

在静态情况，电磁势的空间分量消失，所有量都与时间 x_{0} 无关，由(21)我们必定有

$$R = R^* + \frac{3}{2}\phi_0\phi^0 = 常数。$$

但是在 $R \neq 0$ 的世界区域内，我们可以通过适当地确定长度单位，使得处处有 $R=$ 常数 $= \pm 1$。只是在随时间变化的情况下，我们只能期望曲面 $R=0$，这显然会起某个特殊作用。R 不能作为作用密度(在爱因斯坦的引力理论中用 R^* 表示)，因为它没有权重 -2。结果是，虽然我们的理论导出了麦克斯韦电磁方程，但它没有导出爱因斯坦的引力方程。取而代之的是一组四阶微分方程。但实际上，爱因斯坦的引力方程是严格正确的这件事是非常不可能的。因为，最重要的是，其中出现的引力常数与自然界的其他常数完全不同，例如电荷的引力半径和电子的质量，与电子本身的半径的数量级完全不同(小 10^{20} 或 10^{40} 倍)。[1]

我在这里的意图仅仅是扼要地发展这个理论的一般原理。[2] 自然出现的问题是，基于(14)给出的作用量的特殊形式，由理论推导出的物理学结果，以及把这些结果与经验相比较，尤其是考察电子的存在和迄今为止原子中无法解释的过程的特性能否从这个理论中导出。[3] 从数学的角度来看，这项任务非常复杂，因为如果我们局限于线性项，就不可能获得近似解；其原因是，电子内部的高阶项肯定不能忽略，不然得到的线性方程一般只有零解。我打算在别处再回过头来更详细地讨论所有这些问题。

---

① Weyl, *Ann. d. Physik*, 54, 1917, p. 133.

② ［定义符合以下要求的所有允许作为作用量的不变量 W 的问题，已经由魏岑伯克(R. Weitzenböck, 1885—1955)(*Sitzungsber. d. Akad. d. Wissensch. in Wien*, 129, 1920; 130, 1921)解决，这些要求是：它们所包含的 $g_{\mu\nu}$ 的导数至多为二阶，ϕ_μ 的导数至多为一阶。如果我们忽略不变量 W，那么对它的变分 $\delta \int W d\omega$ 恒为零，于是根据巴赫(R. Bach)后来的计算(*Math. Zeitschrift*, 9, 1921, pp. 125, 189)，只剩下三个组合。真正的 W 似乎是麦克斯韦的 L 和 R 的平方的线性组合。这个猜想已经被泡利(*Physik. Zeitschrift.*, 20, 1919, pp. 457-467)和我更仔细地验证过了；尤其是，到目前为止，我们在此基础上成功地进展到推导出质点的运动方程。上面选择的不变量(14)从一开始就有问题，相反地，它似乎在自然界中不起质点作用。参见 Raum, Zeit, Materie, ed. 4, §35, §36, 或者 Weyl, *Physik. Zeitschr.*, 22, 1921, pp. 473-480。］

③ ［其间我几乎已经放弃了由米氏理论激发的这些希望；我不相信物质问题可以仅仅由场论来解决。关于这一点，请参阅我的论文 Feld und Materie, *Ann. d. Physik*, 65, 1921, pp. 541-563。］

译后记

· Postscript to the Chinese Version ·

狭义相对论如果我不发表，5 年之内就会有人发表；广义相对论如果我不发表，50 年之内也不会有人发表。

——爱因斯坦

本书中的论文都发表于20世纪初，距今100多年了，有些专用术语比较生僻，也有些与现今所用的在意义上有所不同。为了避免困惑，在中译者注里已有所提及，这里汇总并补充。若有不当之处，敬请读者指正。这些术语大部分是电磁场理论和电动力学方面的。

1. Force，一般都表示"力"，但有时也用作能量的量度，因此，本书中有的 electromotive force 译为"电动势"，表示导体在磁场中运动时出现的电位差（如35页，论文三，以及81、89页，论文五）。相应地，magnetomotive force 译为"磁动（通）势"（50页，论文三，以及81、89页，论文五）。

2. 在另一种情况下（49页，论文三），electromotive force 译为"电动力"，指的是洛伦兹力的磁场力部分。带电粒子在电磁场中所受的力为 $F=qE+v{\times}B$，其中 E 是电场强度，v 是点电荷运动速度，B 是磁感应强度，均为矢量，q 是电荷。F 的第二项 $v{\times}B$ 是其磁场力部分，第一项 qE 是电场力部分。也有些书中称整个 F 为洛伦兹力。

3. 洛伦兹力的电场力部分，本书中用的名称是 electric force，译为"电力"，也就是"静电力"，但也有例外，如在35页（论文三）中，就用作"电场"，对之已加注说明。相仿的有 magnetic force，译为"磁力"。

4. 另外，89页（论文五）中出现了 electrodynamic potential（four-potential），译为电动力势（四维势）。four-potential 是四维势，即电磁四维势（electromagnetic four-potential），它组合了电场标量势和磁场矢量势。这个词也在171页（论文十）中出现。

5. 50页（论文三）有"seat"of electrodynamic electromotive force（unipolar machine）译为"电动力学的电动力的'位置'问题（单极发电机）"。单极发电机指圆柱形磁体绕中心轴旋转时轴与圆柱表面产生电位差。

6. Electron，译为"电子"，从论文二开始出现，其实泛指"带电粒子"，对此爱因斯坦在论文三的§10中有明确的说明。

7. 11、18、22页（论文二）中出现的 electromagnetic momentum 译为"电

◀爱因斯坦和妹妹玛雅的童年合照。

磁动量"。

8. 78、79、81、82 页(论文五)中出现的 motive force vector 译为"原动力矢量",在 78 页有定义。这个概念似乎很少进一步应用。

9. 18、23、24、25、26 页(论文二)中出现的 electric moment 译为"电矩",在第 18 页有定义。

10. 13、17、25 页(论文二),48、58 页(论文三)和 78、81、89 页(论文五)中出现的 ponderomotive force 和 ponderomotive 均译为"有质动力",在第 13 页中给出了它的定义。但其意义与现代的有所不同。根据维基百科,这个名词的现代常用意义是:ponderomotive force 是带电粒子在不均匀振荡电磁场中所受到的非线性力。

11. ponderable 在文中多次出现,大部分译为"有重",如 26、27 页(论文二)及 82、89 页(论文五)中的"有重物体",58 页(论文三)中的"有重质点"和 59 页(论文三)及 146 页(论文七)中的"有重质量"等。也有一处译为"可测量的(能量)",在 135 页(论文七)。

12. 论文十一的 electricity 译为"电",这篇文章是统一引力和电磁力的最早尝试。

13. empty space,译为"空虚空间",在论文三中使用,其实就是"真空";后面的论文中直接使用 vacuum,译为"真空"。

14. wrench 译为"偶单力组",在 81、89 页(论文五)中出现,并有解释说明。

译后记这部分的写作得到吴锡龙、梁家惠和魏乐汉先生的帮助。另外,袁梦欣先生也对译文提出了一些建议,在此一并致谢。

另外需要说明的是,英译本的目录中也显示了每篇文章的小节标题,有时还添加了一些正文中没有的小节标题。中译本的目录只显示了文章标题,而每篇文章的小节标题则在每一章开始处和正文中呈现,也包括英译本添加的小节标题。

译者,2022 年 12 月于美国硅谷

科学元典丛书

科学元典丛书，销量超过100万册！

——你收藏的不仅仅是"纸"的艺术品，更是两千年人类文明史！

科学元典丛书（彩图珍藏版）除了沿袭丛书之前的优势和特色之外，还新增了三大亮点：

① 增加了数百幅插图。

② 增加了专家的"音频＋视频＋图文"导读。

③ 装帧设计全面升级，更典雅、更值得收藏。

名作名译·名家导读

《物种起源》由舒德干领衔翻译，他是中国科学院院士，国家自然科学奖一等奖获得者，西北大学早期生命研究所所长，西北大学博物馆馆长。2015年，舒德干教授重走达尔文航路，以高级科学顾问身份前往加拉帕戈斯群岛考察，幸运地目睹了达尔文在《物种起源》中描述的部分生物和进化证据。本书也由他亲自"音频＋视频＋图文"导读。

《自然哲学之数学原理》译者王克迪，系北京大学博士，中共中央党校教授、现代科学技术与科技哲学教研室主任。在英伦访学期间，曾多次寻访牛顿生活、学习和工作过的圣迹，对牛顿的思想有深入的研究。本书亦由他亲自"音频＋视频＋图文"导读。

《狭义与广义相对论浅说》译者杨润殷先生是著名学者、翻译家。校译者胡刚复（1892—1966）是中国近代物理学奠基人之一，著名的物理学家、教育家。本书由中国科学院李醒民教授撰写导读，中国科学院自然科学史研究所方在庆研究员"音频＋视频"导读。

《关于两门新科学的对话》译者北京大学物理学武际可教授，曾任中国力学学会副理事长、计算力学专业委员会副主任、《力学与实践》期刊主编、《固体力学学报》编委、吉林大学兼职教授。本书亦由他亲自导读。

《海陆的起源》由中国著名地理学家和地理教育家，南京师范大学教授李旭旦翻译，北京大学教授孙元林，华中师范大学教授张祖林，中国地质科学院彭立红、刘平宇等导读。

第二届中国出版政府奖（提名奖）
第三届中华优秀出版物奖（提名奖）
第五届国家图书馆文津图书奖第一名
中国大学出版社图书奖第九届优秀畅销书奖一等奖
2009年度全行业优秀畅销品种
2009年影响教师的100本图书
2009年度最值得一读的30本好书
2009年度引进版科技类优秀图书奖
第二届（2010年）百种优秀青春读物
第六届吴大猷科学普及著作奖佳作奖（中国台湾）
第二届"中国科普作家协会优秀科普作品奖"优秀奖
2012年全国优秀科普作品
2013年度教师喜爱的100本书

科学的旅程
（珍藏版）

·

雷·斯潘根贝格　戴安娜·莫泽 著

郭奕玲　陈蓉霞　沈慧君 译

物理学之美
（插图珍藏版）

·

杨建邺 著

500幅珍贵历史图片；震撼宇宙的思想之美

著名物理学家杨振宁作序推荐；
获北京市科协科普创作基金资助。

九堂简短有趣的通识课，带你倾听科学与诗的对话，
重访物理学史上那些美丽的瞬间，接近最真实的科学史。

第六届吴大猷科学普及著作奖
2012年全国优秀科普作品奖
第六届北京市优秀科普作品奖

美妙的数学
（插图珍藏版）

·

吴振奎 著

引导学生欣赏数学之美

揭示数学思维的底层逻辑

凸显数学文化与日常生活的关系

200余幅插图，数十个趣味小贴士和大师语录，全面展现
数、形、曲线、抽象、无穷等知识之美；
古老的数学，有说不完的故事，也有解不开的谜题。